2015年绵阳师范学院学术专著出版基金资助

绵阳师范学院科研启动项目（QD2015B005）成果

羌族文化认同与心理韧性的实证研究

韩黎 著

中国社会科学出版社

图书在版编目（CIP）数据

羌族文化认同与心理韧性的实证研究／韩黎著 . —北京：中国社会
科学出版社，2016.8
ISBN 978 - 7 - 5161 - 8647 - 3

Ⅰ.①羌…　Ⅱ.①韩…　Ⅲ.①地震灾害—灾区—心理保健—
研究—四川省　Ⅳ.①B845.67②R161

中国版本图书馆 CIP 数据核字（2016）第 174947 号

出 版 人	赵剑英
责任编辑	吴丽平
责任校对	王 斐
责任印制	李寡寡

出　　　版	中国社会科学出版社
社　　　址	北京鼓楼西大街甲 158 号
邮　　　编	100720
网　　　址	http://www.csspw.cn
发 行 部	010 - 84083685
门 市 部	010 - 84029450
经　　　销	新华书店及其他书店

印刷装订	三河市君旺印务有限公司
版　　　次	2016 年 8 月第 1 版
印　　　次	2016 年 8 月第 1 次印刷

开　　　本	710 × 1000　1/16
印　　　张	20.25
字　　　数	332 千字
定　　　价	75.00 元

序 羌族文化研究的人文与科学 实证合璧的延展与拓深

一种感动，如同我在三十多年岷江、涪江上游高山古寨的岩路上行走，与高半山路走下来的羌族村民碰见，彼此搭话就被陌生羌族农民邀请进寨后，听到"一定要他家中去"请求，心中凸拥的感动一样。今年春上，韩黎老师的大作新稿电子文档发到我的邮箱，请我先睹，我仿佛又受到一个新"羌族村民"的邀请去她的家那样，心动荏苒，行走怡然。我打开后读到综述中提到我写的《神圣与亲和——羌族释比文化调查研究》，还有我协助毛明军主编的《羌族妮莎诗经》。感觉我与韩黎老师都是从文化心性走向羌族。于是非常快意的在韩黎老师的书稿中沉下去，走在5·12后一位新的羌学学者数年艰辛的文稿心路间。

通读全稿，我有三个鲜明的感受，其一，该部著述拓开了羌族文化传统研究视野，延展了研究。其二，韩黎老师的新作建立在翔实、缜密、精细调查材料与分析上，深透其研究课题。其三，贯穿着民族文化研究的严谨与人文关怀的亲和情愫。

其一，羌学包括林林总总范围。中国的羌，从甲骨文记载为他者文化所知，历经数千年延续，其泱泱大族内直系后裔的中一支尔玛羌族到今，他们没有文字，保留传承着古羌遗产，创造自我文明、历史。建构自者文化心性。吸引不少中外学者攀援其外而心仪其里。建国前的英籍托马斯.陶然士，美籍葛维汉，中国学者胡鉴民，马长寿等开拓起先。建国后，学者云起。2008年的5·12大震，重灾羌区，物质家园与精神家园重建，激起国内外学者"赢粮而景从"。羌学研究成为中国这个古老民族历史上一次空前繁荣期。从传统的宗教，历史，语言、经济，社会，文化，习俗，史诗，神话，哲学，文学，艺术、建筑，村落等等的范围。5·12以来，总体说来，国内大多数羌族文化研究者的视野与方向，大多囿于羌族传统文化的抢救，研究，虽然，这些研究对于探索与厘清没有文字记载的羌族本真文化有着非常重要的历史与现实意义。今天我们看到韩黎老师从20世纪以来心理学研究的前沿的一个特殊角度，"文化认同与心理韧性"的角度。

本研究综合国内已有关于文化认同的研究，提出了羌文化认同的理论结构与实践。韩黎老师的著述是从灾后羌文化主体心理与行为的研究。而单就其中羌族文化研究，我回忆起我的第一部专著《神圣与亲和——羌族释比文化调查研究》出版，受到北京的羌学研究老师、专家关注，中国少数民族文化研究中心主任张海洋教授曾经切中要旨地指出："中国的少数民族文化研究正在经历一场'从社会发展史到文化生态学'的范式转换。社会发展史用"文明"的尺度衡量各民族的文化，用"先进"与"落后"的程度来解释民族文化多样性，因此始终具有欧洲或中国大民族的"自我中心论"之弊。文化生态学则用自然和社会生态原因来解释民族文化多样性，倡导各民族文化公平传承。赵曦所著的《神圣与亲和——羌族释比文化调查研究》一书，便是从'生态到心态'的描述和呈现。"而今天我读韩黎老师的新作，她是用心理科学细致作卷作图作谱描一个民族主体的当下文化心迹的我者守候与他者认同的长卷。作者所作的数以千计的卷宗实证调查，记录模式的建构，多维符号矩阵勾勒，缜密的数字化分析，点要的讨论厘清，给羌族文化建立了第一个心理认同与分析研究的著述，拓开了羌学研究的视野。

韩黎老师为我们带来从心理学的遵伦原则，以翔实田野调查为基础，采用自陈问卷形式以验证羌族文化认同的外显特点；采用内隐测验（IAT）验证羌族文化认同的内隐特点，以提供来自内隐行为的证据。通过八项研究探讨灾后羌族心理韧性的特点及影响因素，并构建灾后羌族心理韧性的影响因素模型；采用房树人（H－T－P）绘画投射测验，验证羌族不同文化认同者心理韧性的差异；通过行为实验，验证其在注意、记忆偏向上的特点，以提供来自个体认知层面证据支持。通过个案研究，深入探讨羌族文化认同与心理韧性的关系；并将这一研究结果应用在羌族大学生心理韧性成长实践中：韩黎老师著述认为：采取整合文化认同态度的羌族人，他们的心理韧性更好；而对羌文化认同较低，不接受、回避本族的文化传统与价值观，仅一味追寻主流文化（中华文化）价值的羌族人所获得的心理韧性最低；这与前部分外显和内隐研究结果是一致的。这些结论来自艰辛的心理学调查，研究。非常宝贵。

其二，韩黎老师的著述，以翔实的调查数据和缜密的分析与出其理论，入其实践，深透了其研究的课题与成果。

灾后有关羌族文化的研究多聚焦在羌文化的历史考证、保护、传承与发展上，缺乏对羌文化主体心理与行为的研究。本书四个部分十个章19节加以谋篇布局、铺陈索论、文心擎睛。给现代羌族文化心性研究献上一份全新的人文与科学合璧的实证精细解剖谱系图，一份厚重的专于现实与发展未来的对策疏。

羌族的现实是建国后的一代已经成长为老一辈，5·12灾前的新一代成长为青年，壮年。他们成为新的羌族文化主体。离开对于他们的研究，羌族文化研究不仅没有现在，也不会有未来。韩黎老师的研究基于现在，着眼未来，而深耕于实证心理学科具体研究中。她的著述中有真实的深入心理学的专用方法、原则、原理、模式与大量的数据数字。比如"质性研究访谈提纲""灾后羌族成年人心理复原的半结构化访谈""潜在主题分析地图""高阶主题编码""意义生成式的归类""个案访谈结果分析的结构模型""在高阶主题的形成过程中，陈述性编码被逐步精炼为更具心理学意义的、概念化的主题。在大量的核查与编码的契合度，确保原始资料与聚类主题之间的连贯性，将所有9个潜在主题归入4个高阶主题，高阶主题分析地图"这些工作是科学性的，是枯燥的，它们是第一次在羌族当代文化主体人的心理的一个宝贵的检测与细心严谨的分析。这个工作值得我们这些传统羌学研究者的由衷敬意。它深透的研究，为羌族文化心理研究奠基一个宝贵专属著述。

其三，贯穿着民族文化研究的严谨与人文关怀的亲和情愫。

无论是人文科学，还是自然科学，其研究对象是民族文化，而直接关乎民族文化主体，都是人学的研究。那么，所有的学科终极均须秉持人文关怀，既具学科研究的客观，公正，严谨性，同时，一必然秉持其亲和性。世界范围内民族文化研究，有着大量的例子，无论学者们如何秉持客观，公正，保持距离在其文化之外而冷静观察所研究的民族文化，但是，他们最终都因为被研究的对象的真实生活以及这些民族的生活在其历史、现实的文化心性与心理动因、认同，韧性等多方的人情世故，命运遭际等，研究者本身没有亲和的情怀，他对于研究对象一定是深入不远；而韩黎老师的研究具有翔实的调查数据"采取现场施测的方式，先后多次到汶川、茂县、理县、北川、平武等地进行调查，共发放问卷千余份，最终获得有效问卷 752 份"，带着对于受访者亲和的挚情，编制了羌文化认同问卷。通过分别对 315 名和 437 名羌族人调查结果的探索性因素分析及验证性因素分析，确立问卷各因素结构清晰与良好的效度和信度。由此对于羌文化认同二阶 3 因素的结构模型为基础，建立由羌文化符号认同（文化认知、民族接纳）、羌文化身份认同（民族归属感、族物喜好）和羌文化价值认同（宗教信仰、社会俗约）三个维度组成谱系。深究羌文化符号认同是指对羌族语言、艺术、习俗等的认知情况及接纳程度；羌文化身份认同是指个体对羌文化的荣誉感、身为羌族人的自豪感以及对羌族服饰、歌舞、饮食等的喜好程度；羌文化价值认同是指对羌族社会宗教礼仪、民间习俗的信仰及尊崇程度。继而揭示羌文化认同多维度多层级的理论维度即由羌民族归属感、羌文化认知、羌族族物喜好、羌族民族接纳、羌族宗教仰、羌族社会俗约 6 个维度组成的二阶 3 因素结构。

韩黎老师写道：本研究认为对羌文化和中华文化持整合的态度，成为驱动羌族人心理复原的积极力量之一。国家灾后援建和扶持、各级政府的具体措施、族人之间的相互帮助等来自家庭外部的支持资源和亲人关怀等家庭内支持，都对震后羌族人的心理复原产生促进作用。同时，人格中的外倾性、开放性、宜人性、责任感等因子有助于羌族同胞采取积极有效的应对方式，进而促进其心理韧性和灾后心理的复原。在各个非常专业化的实证以后，韩黎老师提出：羌族人对于本族文化与主流文化（中华文化）之间的关系的态度通过他们的歌舞文化、服饰文化、房屋建筑、人生礼仪、宗教信仰等反映出他们的价值认同与民族身份认同特征等等论断，具有坚实的实证基础。

我在羌族文化的研究中，也深刻感觉其与中华大文化的多元一体的生态与文化心态性。我撰写的《神圣与亲和——羌族释比文化调查》的一个重要支点是多元一体视野下中华文化同心圆观点。尔玛羌族能够历经数千年而延续至今，释比文化能够跨越数千年而传承至今，释比的鼓点余响至今，皆因这一宏大的历史文化背景。这是我自己在羌族释比文化研究中得出的一个论断，我欣喜的读到韩黎老师通过心理学科的方法实证的得出与我相同的结论。不敢妄称英雄所见略同，至少可以说猩猩相惜吧。

在有可信的具体的研究基础上，难能可贵的是韩黎老师还作了通过团体音乐治疗验证音乐对羌族大学生心理韧性与情绪调节能力发展的促进作用实践与研究。其中既显示着韩黎老师该项研究深入到最具体的羌族个人的心灵深处，结构与解构他们不同年龄段、不同的我者、他者文化传承、认知、人格心理韧性积淀与特征，内隐与外显，吸纳与认同；又显示了韩黎老师把这些真切的研究成果，用于指导羌族文化主体的心理建构。在此之上，把成果转化在具体的实践过程，又是羌学研究中的一个新动态成果。尤其值得我们尊重与倡导。

　　韩黎老师的著述有着许多值得我们沉下心来远离浮躁喧嚣学习的地方。在她的大作即将问世之际，写上上面我个人的初步感受，向韩黎老师表达我的敬意与祝贺。在得到正式出版的著作后，再细心的学习。

赵曦

二零一六年　夏

目　　录

第一篇

绪论

第一章　文化认同：现代羌人的
价值选择

第一节　羌族与羌族文化

一　羌族

羌族，自称"尔玛""日麦（四川话发音'mei'，平声）"，意思是"'本地人''人民'，在新造的羌文中写作'Rrmea'"，它是甲骨文中（羌"𦎍"）唯一一个以族群称号出现的民族，是中国西南的一个古老民族，古羌人以牧羊为生，如《说文解字·羊部》中："羌，西戎牧羊人也，从人从羊，羊亦声。"费孝通先生曾强调羌族在中华民族形成过程中的地位："羌人在中华民族形成过程中起的作用似乎和汉人刚好相反。汉族是以接纳为主而日益壮大的，羌族却以供应为主，壮大了别的民族。很多民族包括汉族在内从羌人中得到血液。"① 现代羌族，主要聚居在四川省阿坝藏羌自治州和绵阳市所辖北川县和平武县境内，贵州、陕西、甘肃南部和云南的部分地区也有少部分羌族，现有人口 309576 人（2010）（图 1 - 1）。

羌族主要聚居区处于青藏高原东部边缘，地势陡峭，重峦叠嶂，境内有岷江、杂谷脑河、黑水河、青片河等。羌族依山傍河建造了古朴的石碉房、碉楼和一个个村寨形成了岷江上游独特的民族风情。由于羌区自然地理环境险峻，旱灾、雪灾、冰雹、洪水和地震等自然灾害时有发生，以地震最为惨烈，在近百年的时间里，羌区共发生了 3 次大地震：1933 年叠溪 7.5 级地震，1976 年平武、松潘 7.2 级地震，2008 年 5 月 12 日汶川

---

① 参见费孝通《中华民族的多元一体格局》，《北京大学学报》（哲学社会科学版）1989年第 4 期。

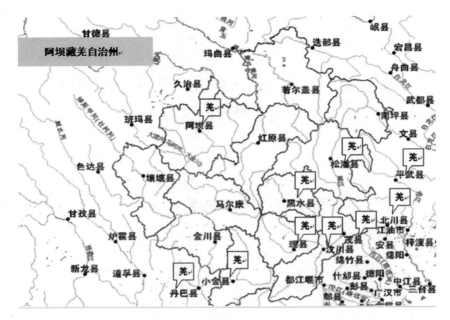

图 1 - 1   四川省境内主要羌族聚居区分布（来源：阿坝州旅游网）

8.0 级地震。沿着地震带分布的汶川、理县、茂县、北川和平武等羌族聚居均属于极重灾区①（民政部等，2008），近 3 万名羌人遇难，约占羌族总人口的 10%。大地震不仅夺去了羌族同胞的生命也摧毁了家园，给历史悠久的羌族文化也带来了沉重的打击，许多羌族历史文物、传统民俗文化及非物质文化的传承人都在地震中遭遇不同程度的损毁或伤亡。

二　羌文化

羌文化，被史学界称为"中国的玛雅文化"。在传统羌族文化中，物质形态文化与非物质形态文化的共存现象十分凸显，以羌族碉楼为例，碉楼、索桥是古羌人留给世界的物态文化遗产，而匠人建造碉楼的技艺却是代际相传的非物质文化遗产。羌族物态文化②以语言文化、释比文化、音

---

① 中国新闻网《5 部门印发"汶川地震灾害范围评估结果"》（http://news.21cn.com/domestic/yaowen/2008/07/22/4977370.shtml）。

② 参见刘志荣等《论羌族传统文化的基本类型与表现形式》，《阿坝师范高等专科学校学报》2010 年第 2 期。

乐艺术文化、工艺（技艺）文化、宗教文化、习俗文化及岷江上游古蜀
文化等呈现于世（图1-2）。

图1-2　羌语（音译）、口弦、释比、羌碉、羌绣、图腾等羌文化表征
（从左→右；上→下）

（一）语言文化

羌族有语言无文字，羌语是中国最古老的语言之一，羌语属于汉藏语
系藏缅语族羌语支，包括羌语、普米语、木雅语、嘉戎语、尔龚语、扎巴

语、却隅语、贵琼语、尔苏语、纳木依语、史兴语、拉乌戎语 12 种现行语言。羌语专家孙宏开先生将羌语分为南部和北部方言①。南、北方言差异较大，南部方言主要分布在茂县南部、汶川和理县；北部方言主要分布在平武、松潘、黑水、北川和茂县北部等地。羌族口头语言艺术发展非常丰富，它渗透在羌族社会各阶层，内容、题材涉猎广泛，从民族起源、农耕、游牧、迁徙、政治、经济、文化习俗到建筑、劳动、婚丧嫁娶、族群间交往等生活画面；表现体裁涉及神话、传说、故事、歌谣、史诗、释比戏等。羌语历经数千年的传承，几经迁徙，对秦、巴、蜀和藏族文化都有非常重要的影响②。羌族口头语言艺术的典型主体代表是"释比"，作为集羌族智慧、文化、教育、巫术、口传语言艺术大师于一身的释比，属于羌族文化的精英，由释比总结、归纳、创造的羌族口传语言艺术的精品——释比经典，被称为羌族的百科全书。

（二）释比文化

羌人称"释比"为"阿爸许"，不同方言区称谓有所不同：茂县沟口、渭门一带称为"许"，理县称为"诗谷"，北部羌语区称为"活鲁""活举"等，意思是天神派来主持公道、沟通天地人神、调节人与鬼邪矛盾的尊者。羌族社会没有专门的寺院，释比虽从事宗教活动，但不脱离生产劳动，过着有妻室儿女的生活。"释比是羌族的文化大师、巫师、祭师，口传经典语言大师，集美术、歌舞、教育、医药、仪式等等方面大师为一身，是羌族百科全书似的代表、精神领袖。"③ 释比从事的活动非常丰富：其一，主持祭祀，如祭天、祭山、祭祖先；其二，主持或参与各种日常庆典和仪式，如节庆、婚礼；其三，驱邪消灾、治病救人。这些都不是释比个人的事，而是羌族人世代沿袭下来的精神生活的主要内容，充满神秘神圣与热情虔诚。以释比为核心主体的包括释比口头经典、仪式、制作、占卜、图经、释比医治、教育、歌舞等诸种文化的总和，称为释比文化。释比文化是羌族文化的核心文化，释比代际间的师承制度"比格扎"，则把释比文化的圣火传播至今。

费孝通先生认为，中国社会存在的小农社会形态与社会结构是一个乡

---

① 参见孙宏开《羌语简志》，民族出版社 1980 年版，第 177 页。

② 参见张曦《持颠扶危：羌族文化灾后重建省思》，中央民族大学出版社 2009 年版，第 102 页。

③ 参见赵曦、赵洋、彭潘丹犁《图示羌族文化美》，中国戏剧出版社 2013 年版，第 93 页。

土社会的差序格局，在这一格局中，人与人之间的远近亲疏受"血缘"和"地缘"的影响，尤其是"血缘"的影响①。羌族社会在本质上仍是小农社会，血缘关系结构有着二重性与二元性②，即以阿古母舅与石朵母父系家门这二元、二重性构成血缘核心，分别承担着不同的家庭和社会功能。阿古母舅在羌族传统社会中有着崇高的地位，表现在对神圣层面的控制，如对释比产生的优先权的享有以及对羌人婚姻、死亡超度、修房造屋等仪式的权威组织上。父系血缘关系主要由家庭、家门、族房构成。在以村寨为中心的地缘认同上，以羌族社会中最小的社会细胞家庭为原点，牵动本村内部家门以外的族房，并扩及周围村寨，可见羌族社会的地缘关系在一定意义上是以血缘关系的扩展为基础的。释比文化作为这个二元多重血缘、地缘社会中的核心精神文化，其生存基础与生态机能紧紧依附其中，二元多重的社会结构成为支撑羌族释比文化的土壤。羌族研究者认为，"白、黑、黄"是释比文化的纲要所在③④。释比把整个宇宙分为白、黑、黄三维。白是自然的正价值发展的世界，黑是负价值发展的域界，黄是毁灭自然的鬼邪魔咒的域界。崇尚白、驱逐黑、扫除黄成为羌族社会集体心理意识与人的道德价值观的最高准绳与法则。

（三）音乐艺术文化

羌族在崇尚美、追求美和创造美的过程中，形成了独特的审美视角和审美创造力，其传统的音乐艺术文化以歌、舞、戏剧为表征，体现其鲜明的民族个性形象。羌族多声部民歌、羌笛演奏、口弦、羊皮鼓舞、羌族瓦尔俄足节等音乐与民俗，从不同视角再现了羌族古老的音乐艺术文化的长久生命力与魅力。

羌族是一个全民歌舞的民族，歌舞是羌族民族文化身份的重要标志。在长期的生产劳动生活中，羌族人喜爱用唱歌这种方式来表达自己的喜、怒、哀、乐，男女老幼大都会唱，劳动生产、节日聚会和婚丧嫁娶都要唱，青年男女更是多以唱歌来进行社交活动。羌族民歌从形式上可分为合唱、独唱、对唱三种；从内容上可分为酒歌、山歌、劳动歌、情歌、风俗

① 参见费孝通《乡土中国生育制度》，北京大学出版社 1998 年版，第 26 页。
② 参见赵曦《神圣与亲和——中国羌族释比文化的调查研究》，民族出版社 2010 年版，第 25 页。
③ 同上书，第 55 页。
④ 参见陈兴龙《羌族释比文化研究》，四川民族出版社 2007 年版，第 174 页。

歌、时政歌、巫师歌和耍山调等八类；其中以酒歌、情歌、山歌和劳动歌为数最多。羌族酒歌，又称为"唱酒戏""唱酒曲子"，多在婚礼、节庆中用羌语演唱。如《开坛酒歌》，由德高望重的寨老领唱，众人合唱或宾客齐唱。唱《开坛酒歌》，必须按羌族传统礼仪排坐，围住咂酒坛子，由长者致祝酒词后开唱。羌族情歌（羌语称"柔西"），是反映男女爱情生活的民间歌谣，有羌、汉两种语言的演唱形式。内容丰富多彩，有试探歌、赞美歌、求爱歌、定情歌、热恋歌、思念歌、盟誓歌、失恋歌等种类，如情歌《花儿纳吉》反映了羌族男女青年从恋爱到结合的全过程。山歌在羌语中叫作"拉那"或"拉索"，是羌人在山间或劳动中唱的歌曲，有劳动山歌和抒情山歌之分。歌词比较简练，劳动山歌具有鼓舞劳动情绪，使人充满劳动的喜悦之情；抒情山歌婉转优美，带有浓厚的抒情色彩，如《龙窝山上云重云》。劳动歌，是羌族历史上最早的民歌，有犁地歌、收割歌、打场歌、撕玉米皮歌等。有的节拍规整，接近歌舞曲；有的节拍自由，近似山歌；有的节奏舒缓，曲调悠扬。对于羌人来说，歌声与生俱来，歌声是劳动、生活的伴侣。

羌族最具代表性的乐器——羌笛，凭借唐诗"羌笛何须怨杨柳，春风不度玉门关"，将羌笛古老悠久的文化历史流传于世。现代羌笛与唐代羌笛从制作技法、材料上无法等同。羌笛分单管羌笛和双管羌笛，采用高山箭竹制作，粗细适宜，短而直，音色响亮。羌笛作为民族文化的重要象征物，使汉族和其他民族认知、理解羌族与羌文化，具有重要的民族价值。羌族口弦是产生并流传于北川羌族自治县境内的一种民间器乐，每当节日庆典、婚嫁、男女青年恋爱等时候，都能听到用口弦演奏出的优美动听的曲子。羌族口弦的表演形式大多为独奏或合奏，少则1人多则4—5人。口弦曲调大多即兴创作，音域一般在一度之内，系五声音阶，扯动麻线竹簧即发音响，发音优美，音量细小，娓娓动听，流传较广。口弦乐曲主要有《吆羊歌》《薅草歌》等。口弦的制作要求高、难度大，加之制作口弦的材料——金竹较稀少，客观上让口弦这一民间乐器传承难度增加，老一辈羌民中能"扯"口弦子的越来越少，年轻人对这一古老的民间传统器乐的传承意识就显得弥足珍贵。

研究者陈兴龙以赤布苏羌语记录，"莎朗"为羌族歌舞曲的总称，根据莎朗的内容和其在不同时间、不同场合的表现形式分为：喜庆莎朗、节庆莎朗、婚庆莎朗、瓦尔俄足莎朗、忧事莎朗、祭祀莎朗、劳动莎朗、时政莎朗等。在羌族人的生活中，遇事必有莎朗，遇大事必有制度化的莎朗；莎朗已成为羌族人生活中不可或缺的内容。研究者赵曦认为，上述分类主要针对民间民事的一般生活劳作与民俗歌舞，但忽略了羌族重要的、丰富的释比仪式歌舞；因而有待商榷；并建议使用"尔玛惹姆"作为羌族歌舞的总称谓。惹姆包括神圣的释比歌舞与世俗的莎朗两类，同时也包括了从音乐形式结构特征划分的羌族多声部歌曲、歌舞。羌族舞蹈与多种传统文化、民间信仰中的习俗、生产劳动相联系，比如羌族人要修房子，修建过程本身需要通过占卜、祭祀敬神才可以动工。族人在修建过程中身体上的伤痛，则习惯被认为是触动了土、木、石中的神灵，那么就需要请释比重新跟它们通告，通过释比跳羊皮鼓舞进行化解。羊皮鼓舞作为国家级非物质文化遗产，是羌族标志性的舞蹈。羊皮鼓的原型取自太阳的圆，在早期羌族观念中，圆形事物是神秘而具有威力的；比如羌族用于庆典或祭祀的太阳馍馍，就象征太阳照在前方，所有晦邪之气都被驱散了。释比作法时使用的羊皮鼓为祭祀用的山羊之皮制作而成，在祭祀前要比照用纸做取形神鸟的厄枝的做法制作大量纸条，装饰在鼓上，视为太阳神鸟之象征。因而，释比的鼓最有神灵之气，聚集自然万物之灵，能给日月星辰送神光、治病和驱邪解秽等。羊皮鼓在羌族人的宗教信仰体系中处于非常神圣的位置，也是释比文化的代表性符号。正如研究者认为："羊皮鼓舞原为一种祭祀性舞蹈，后逐步演变为民间舞蹈。它生动地反映了古羌的生活状态、宗教信仰和内心世界，是羌族人精神文化的一种体现。"[①]

释比主导表演的释比戏被称为"比莎"，蒲溪羌语称"俄日尔尕持"[②]。释比戏由释比和首事巴挪主导。巴挪决定祭祀或仪式的规模、场景，释比作为整个神灵戏剧的导演，负责分配演员，安排戏码和进程。释比头戴猴皮帽，身穿麻布百褶裙，外套貂皮背心，腰挂短剑；腰后吊铜钩、铜钱、贝壳等物件；手拿响盘，扛神棍，参与的群众也手拿皮鼓、响盘或花伞，一边击鼓一边舞蹈。羌族的音乐艺术形态，是族人祖先狩猎生活的原生态写照，如羌族多部最好地说明了他们生活空间同自然宇宙、自然生命本体保持浑然天成的和合状态。

---

① 贾银忠：《中国羌族非物质文化遗产概论》，民族出版社 2010 年版，第 237 页。
② 参见黄成龙《蒲溪羌语研究》，民族出版社 2006 年版，第 316 页。

（四）工艺（技艺）文化

羌族在技艺方面的创造是独特的，羌族民居、碉楼、羌族服饰和刺绣等建造和制作工艺堪称是人类在文明进程中的活化石，生动地体现出羌族在面对自然、处理人与自然关系、利用环境为人类生存发展服务的智慧与创造力。以羌族民居建筑为例，包括"基勒"和"罗则"两大形态；前者在羌语中的意思是石头建造的民居房屋，后者的意思是石头砌成的高大的羌碉（《后汉书》中记为"邛笼"）。羌族民居建筑的整体特征是：依山垒石（黄土），矩形多层、勒色石树、人天合道①。羌族民居房屋基勒，底层为牛羊马圈，底层圈与圈墙四周是植物生长之土，墙圈基石下是依山而流下的水流，这一层构造是象征大地符号；二层是火塘，羌族家家户户都建有火塘，作为人、氏族、家族成员活动中心，该层象征向上的矗立，作为中心中柱的一部分；三层是个人私密空间和农作物的储存室；在二至三层房顶间建有通道，沿通道进入一个空中开放式平台，它既是生活生产之用（农作物晾晒、女织男编的手工劳作、邻里之间的交流与闲暇生活），又是通往神圣祭台的台阶；四层是在照楼平台上端照圈，此层在屏蔽空间内穿透而出，再次回到自然天空中的高层平台，三面环墙，羌语称为"西碾"，即神墙，完全进入神圣领地，勒色（石砌矮小方形墙体，其上放置白石）供奉在此，是为天、宇宙中心、最高天神太阳神的象征之处。

羌族"罗则"（羌碉）是羌族工艺文化中的又一传世经典。罗则以规则的多层梯锥形立体为典型特征，建筑直接以石土层层堆砌，其宽、高、大的石砌墙面或黄泥板面如印刷符号般笔直，高者十余丈恍如天垂线，笔直矗立在天与山之间。这种没有现代钢筋水泥的建筑物经历了5·12特大地震仍得以幸存，与其精湛的建筑工艺是密不可分的。罗则的修建非一日之工，也非一人、一族之力，它是多人、氏族、民族集体劳动的结果。羌族建筑工艺呈现多面多角向上倾斜的特点，石片的垒砌与相互间的契合均向上、向内收敛，这既能保证建筑物的牢固性，又象征整个民族像邛笼一样围绕生命中心——火和太阳的一种强大的向心力和凝聚力。

羌族服饰在羌语中被称为"纳啵"，是羌人服装式样与装饰图案的总称。羌族服饰以束腰长袍、羊皮褂子、绑腿、缠头、围腰（荷包）和云

---

① 参见赵曦等《神圣与秩序——羌族艺术文化通论》，民族出版社2013年版，第28页。

云鞋为基本特征，女性佩戴银质耳环、簪子、项链、手镯等饰品。历史上羌族村寨多建于山上或半山腰，以"沟"来划分村寨，因而在服饰上也呈现一沟、一村各具特色的服饰文化，但由于所处地理位置，受汉藏文化影响较深，呈现愈往南、东方向，愈受汉文化的影响，而往西、北方向，愈受藏文化的影响。美国考古学家葛维汉认为，羌族的"天神"信仰是长期受汉、藏古文化影响的残余，在衣服和鞋子上绣花的习俗则是从邻近的汉族或嘉戎藏族那里习得的。羌族服饰中以丰富的色彩和技法钩织的刺绣纹样，除了具有典型的民族服饰特征外，也是羌族文化中最具表现力的艺术语言之一。羌绣作为服装的一种装饰，主要在帽子、领口、肩部、门襟、香包、袖口、裙摆、围裙、腰带、背带、鞋垫和鞋帮等部位出现。其中以十字形构图，呈二方连续纹样或角隅纹样的图案被广泛使用，构成羌绣的典型特征。羌绣的图案多取自生活中的自然景物，如牡丹、杜鹃花、梅花、狗齿纹、羊纹、云纹、火纹、白石头、虫鸟以及一些固定题材，如"喜鹊闹梅""四羊护宝""石榴送子""凤穿牡丹"等，图案寓意多数与汉族传统图案寓意相通，比如，缠枝牡丹象征富贵连连，羊角花象征爱情和婚姻，而老人服装上的福、禄、寿类图案，祈祷健康长寿。此外，鲜艳的色彩是羌绣的又一大特色，用色彩浓烈对比鲜明的棉线、丝线或绒线，在白色和黑色中挑绣、游绣，体现了羌族粗犷豪迈又不乏厚重、细腻的民族性格。

（五）宗教文化

羌人主张万物有灵，自然崇拜，天人合一，与世和谐的宗教文化观念①。羌人信奉"天神一千，地神八百"，即是说，羌人将那些与自身生产生活密切相关的自然物人格化，认为人有灵魂，自然物也有灵魂，从而产生"万物有灵"的多神信仰。随着佛教、道教、藏传佛教（喇嘛教）以及西方宗教的传入和影响，羌族的宗教又接受了它们的一些成分，但直至新中国成立，羌族宗教仍然保留着原始宗教的内核，停留在多神信仰的阶段，以白石为象征的多神崇拜是其显著特点。羌族史诗《羌戈大战》中有这样的描述：羌人从西北大草原到岷江上游的大迁徙途中，因其始祖天神木姐的帮助，用白石变成大雪山，阻挡了"魔兵"的追击，转危为安。

---

① 参见刘志荣等《论羌族传统文化的基本类型与表现形式》，《阿坝师范高等专科学校学报》2010 年第 2 期。

到达岷江上游后，羌人首领阿爸构又因在梦中得天神几波尔勒的启示，用白石击败了"戈基人"，羌人始得重建家园，安居乐业，兴旺发达。为了报答神恩，并保佑羌人永世平安昌盛，便将白石作为天神的象征，供奉在每家屋顶正中最高处和村寨附近以及"神树林"中的石塔上①。羌人民居的屋顶是私祭白石神的地方，神树林是每个村寨公祭的场所，这就是羌族天神崇拜和白石崇拜的开端，并成为羌人的传统习俗。此外，羌人崇拜白石神性，主要是其白色而非石块本身，这与羌人尚白、恶黑有关，《明史·四川土司·茂州志》中载，羌民"其俗以白为善，以黑为恶"。羌人为何尚白？可能与羌人最早是从西北大草原迁徙来的游牧民族有关："尚白"和"黑白对应"在最早的原始社会时期，是北方游牧民族相当普遍的宗教习俗，羌族至今仍保留着这种悠久古老的习俗。需要提及的是，羌人崇拜的天神并不是单一的神，而是与祖先神合二为一的。据羌族史诗《木姐珠与斗安珠》中记载，在远古人神相同的时代，天神阿爸木比塔的三公主木姐珠与凡间羌人斗安珠相爱成亲，繁衍后代，被羌族尊为始祖。木姐珠既是羌人崇拜的天神，又是族人敬奉之祖先神，每逢祭天和祭山大典，必由释比祭祀作法，演唱史诗《木姐珠与斗安珠》。由此，释比作为羌族社会文化的重要传承者，参与主持重要的祭祀、仪式和宗教活动，如前所述已然成为羌文化中另一典型的文化形态。

　　羌族的多神崇拜多达三十种，大致分为四类：一是自然界诸神，如天神、地神、山神、树神、火神、羊神、牲畜神等，属于自然崇拜类。二是家神，如"莫初"代表历代祖先，"活叶依稀"代表男性祖先，而"迟依稀"代表女性祖先，属于祖先崇拜类。三是劳动工艺神，如建筑神、木匠神、石匠神和铁匠神等，是手工技艺者在羌族社会地位受到尊敬的反映。四是寨神，即各地方神，随各地不同的历史传说而异，有的是石羊，有的是石狗，有的是石雕猴子，有的是石雕白马，这或许是图腾崇拜的遗迹②。关于羌族的图腾，较为普遍的是羊图腾，这不仅与先古羌戈大战传说有关，抑或是由于羌人对自己的称谓"尔玛""尔麦"的读音与羊声"咩"相近。至今羌人在参加祭祀典礼时，还要由释比分别在他们的身上系上羊毛线，以表示与羊同体。又如，羌族宗教祭师释比在作法时戴猴皮

---

① 参见徐铭《羌族白石信仰解析》，《西南民族大学学报》（哲学社科版）1999 年第 3 期。
② 参见邓宏烈《羌族的宗教信仰与"释比"考》，《贵州民族研究》2005 年第 4 期。

帽，供奉猴头，源于金丝猴是其祖师爷的引路和作法时的帮助者，并尊猴为"老祖师"，这可能是猴图腾崇拜的遗迹。

中国台湾学者王明珂先生认为，羌在汉藏文化之边缘，在羌、汉、藏等民族交错杂居生活背景下，以及汉族统治阶级力量的影响下，羌族的宗教信仰受到道教、佛教（藏传佛教）等教的影响。如在羌区东南部的村寨中，大都建有汉族庙宇，每年举行"佛主会""玉皇会""上元会"等大大小小的庙会。汉族的儒、释、道的精神信仰便逐渐渗透到羌族社会中，影响了羌人的宗教观念。

（六）习俗文化

一个民族的生产和生活方式是不断与环境之间适应、协调、发展的结果，它反映人们与自然的关系，最能体现民族之间的文化差异与风俗特点，正所谓"百里不同风，十里不同俗"，习俗文化既是羌人心理特征、信仰追求的折射，更是其处世法则、道德伦理在日常生活中的体现。羌族民间习俗和中国其他少数民族一样，体现在族人社会生活的诸多方面，包括经济民俗（衣食住行、集市贸易、村落及与生产有关的仪式等）、社会民俗（宗族村落、人生礼仪、岁时节令、乡里往来等）、信仰民俗（宗教信仰、迷信及占卜等）、文艺民俗（口头文字、民间美术、民间音乐、民间舞蹈、民间艺术等）①。由于羌族无法用文字记载民族历史与文化的发展，只能通过语言与行为，借助各种民俗活动来完成。例如，羌族传统节日"转山会"，邀请释比主持，唱诵羌族史诗、历史传说等，如《羌戈大战》《雪阿日》《勒》等经文中，都包含了劝说族人要分清是非，辨明善恶，尊老爱幼，团结友爱，共同维护好家庭、家族与民族的利益，同时祈祷神灵保佑人畜兴旺、风调雨顺、五谷丰登。如作为国家级非物质文化遗产的"瓦尔俄足"，是羌族社会保存的人类古老的女性天歌神舞接领的文化习俗，其核心是人类到高山神树岭接领（天）歌（神）舞。它以女性特殊的节日活动为标志，以传统的女神梁子接领天歌为主要活动，承载羌族宗教、歌舞、审美、服饰、仪式、教育等多层文化活动，是羌族崇尚歌舞文化的表征与体认②。在羌族社会中，婚丧嫁娶、节庆活动、宗教祭祀、驱邪祈雨、家庭接待均需要歌舞，无论是在释比主持下的羊皮鼓舞，

---

① 参见蔡文君等《羌族民俗与羌族教育》，《贵州民族研究》2005 年第 6 期。

② 参见赵曦等《神圣与秩序——羌族艺术文化通论》，民族出版社 2013 年版，第 324 页。

还是在女性带领下的羌族歌庄，以一种无意识的潜移默化的渐进方式融入羌人日常生活、道德伦理中，积淀和升华了羌族的民族精神。

人生礼仪作为社会民俗的重要载体和鲜活的表现形式，是羌文化又一精彩侧面。"人生礼仪是指人一生中几个重要环节上所经过的具有一定仪式的行为过程，主要包括诞生礼、成年礼、婚礼和葬礼。"① 羌族的人生礼仪在社会的发展中代代相传，并在与其他民族的交往过程中得到发展。羌族谚语说："死有选法，生不由己。"羌人出生礼包括：报喜、取名、满月、入谱。羌族受汉族文化的影响很深，说汉语，写汉文，汉族的价值取向和生育观念都决定了羌族在对待新生儿的态度上和汉族有着相同点，如给婴儿剃头的行为由婴儿的舅舅（羌族传统社会中以母舅为代表的母系血缘是权威的象征）转到婴儿的爷爷手中，体现父系血缘的强化与母系血缘的局部式微②。羌族传统的成年礼一般在"祭山会"时在村寨的神树林中举行。届时全村年满 16 岁的男青年身着传统的羌族服饰，站在神树林中空地上，由释比（又俗称"端公"）主持对天神、火神、树神、山神等诸神灵进行祭祀，希望他们保佑全村的男青年茁壮成长。青少年完成祭山会中的仪式，才能成为一名真正的男人。但如今，由于祭山会在羌族社会生产生活中订立的乡规民约的作用逐渐被各级乡镇、村所取代，祭山会的社会功能被削弱，成年礼被迫从祭山会中转移到各自家庭中，并成为婚礼的一个组成部分。

现代羌人的婚姻已经摆脱了传统落后的包办婚姻模式，提倡自由恋爱，但传统的婚俗礼仪仍然被保留和遵循。男女青年相好后，由"红爷"（媒人，通常由有声望的、能说会道并与女方沾亲的中年男子担任）出面撮合婚姻。经过说亲，送头道"手情"（礼物）；吃小酒，送二道手情、订婚；吃大酒，定婚期；接亲；举办男女"花夜"（男方或女方在嫁娶的前一晚举行，庆祝娶妻或出嫁的小型宴会）；出嫁或迎娶和回门等七道环节，婚礼方被认可完成。这一过程，通常持续半年到几年不等，男女双方家族为了达到婚姻关系的认同感，展开了漫长烦琐的渲染和接触过程。羌族重今生，不重来世，因而格外看重儿女婚姻大事，很多家庭从结婚开始

---

① 钟敬文：《民俗学概论》，上海文艺出版社 1998 年版，第 157 页。

② 参见马宁《羌族社会的人生礼仪研究》，硕士学位论文，西北民族大学，2004 年，第 14 页。

就为未来孩子积攒成亲的财物；婚礼中大量的歌舞，既是羌族尚歌舞的情感抒发，更是其宗教礼仪的表达。羌族人信奉"万物有灵、祖先有灵"，传统婚礼中必请释比作"下坛经"驱鬼，唱诵赞语表示祖先对后代的关爱。此外，在整个订婚过程中，男方始终处于主动地位，通过婚姻再次对其成年身份进行确认，标志着人的成熟并获得父辈和族人的认可。

历史上，羌族盛行火葬、土葬、水葬和岩葬等葬法，各寨葬俗基本相同。现在被人们普遍实行的是火葬和土葬，以火葬历史最为悠久，被沿用至今。火葬最初源于古羌人的游牧生活，亲人死后进行火葬，骨灰便于收藏携带。更重要的是，羌族对火神的崇敬，火被视为最圣洁的吉祥物，尸骨经过火的洗礼，骨灰中的灵魂才是纯正的氏族祖先魂魄，才能荫庇族人安宁①。火葬与羌族生来遵从的习俗关联密切，羌族每家都有火塘，称为"永不熄灭的万年火"，火塘中放置有铁三角，铁三角的其中一角就是火神的象征；而在释比宗教礼仪中，把它进一步规范为一种宗教祭祀礼仪——火祭。火祭时，释比要念解秽词、消灾经，请神灵在临赐福，做过红锅、踩烨头、耍链子等法事，并唱诵经典《厄》，以表示对火神的崇敬。现行羌族丧葬过程主要包括：处理遗体、搭设灵堂；择葬期，停灵、报丧、奔丧；母舅诘责、盖棺；出丧。羌葬中再次体现"母舅"在羌族社会中的监管和控制功能及较高的社会地位，正如羌族谚语"天上的雷公，地上的母舅""亲不过小母舅，大不过大母舅"以母舅为代表的母系宗族力量是对羌族社会父系宗族的限制，羌葬礼过程中所唱的《迎舅歌》是母舅权力的最好体现。羌族人的宗教观认同，死亡不是生命的终结，而是生命的转移。人死以后还要吹唢呐，表示转忧为喜，被羌族人称作"打响器"。唢呐在羌族人的人生礼仪中起着很重要的作用，羌族在婚礼时用唢呐，葬礼时也要用唢呐，这体现了羌族人对汉文化的吸收和发扬。

（七）岷江上游古蜀文化——羌文化的外延与发展

羌族与古蜀共同生活在岷江上游区域，《先蜀记》载："蚕丛始居岷山石室中。"李白诗云："蚕丛及鱼凫，开国何茫然。"羌文化和以营盘山文化（距今5500—6500年前）为代表的岷江上游古文明与古蜀文明有着割不断的联系，蜀汉文化是古羌文化的近亲。在释比经典《泽基格布》

---

① 参见富育光《萨满教与神话》，辽宁大学出版社1990年版，第270页。

《必格溜》《色阿日耶》《祖师请》中都描述到古蜀都名（羌语称"笮达"）和古蜀都神王（羌语称"笮基"）。"神树"和"太阳"崇拜是古羌和古蜀共有的文化现象。神树崇拜源于万物有灵的自然崇拜体系，神树被称为人与天相通的天梯。在古蜀文化代表——三星堆出土的有标志性的神树，与羌族类似，其神树上都有神鸟状器物被赋予太阳神鸟的含义，而在羌族最大型、最高级别的祭祀仪式——"刮巴尔"中，神树是号令群巫、领军诸神、万物共敬之物。羌族研究者通过对释比经典的考释，证实了羌蜀之间战争与和平、宗教与商贸等交往，在漫长的历史岁月中，和谐与和平成为羌蜀的共同历史文化心理、价值追求与作为①。羌族与汉族、藏族共同生活在岷江上游地域内，古蜀文化中的非战祈和、安邦睦邻、崇尚生命与和谐共享等精神价值诉求，影响和渗入睦邻羌族、藏族和彝族文化中。释比经典中塑造的泽基格布、吉西基和珍笮基王在羌族社会中的崇高地位和辉煌形象，传承至今，演绎在释比神圣的祭祀活动中，共同成就了羌蜀文化中美好文化心理的精神价值。

三　羌族与羌文化的有关研究

20 世纪初，随着《青衣羌——羌人的历史、习俗和宗教》（*The History, Customs and Religion of Ch'iang*）一书的问世（英国牧师陶然士所著），开始了关于羌族与羌文化的探索与研究；研究范围涉及历史学、宗教学、民族学、艺术学及大量交叉学科灵活运用，研究成果主要集中在以下几个方面。

（一）通过田野调查，以较为翔实的第一手资料对羌族社会生活、传统文化和习俗进行了民族志式的具体研究

1952 年 5 月至 1953 年 6 月，西南民族学院民族研究所通过对茂汉地区的羌族考察，整理出了《羌族调查资料》集结在 2009 年出版的《羌族社会历史调查》一书中。《文化的适应和变迁——四川羌村调查》② 对四川阿坝州汶川县绵虒乡羌峰村人的经济生活模式、社会结构、人生礼仪、精神世界（宗教）和文化适应与变迁进行了田野考察，从羌族的发展历史到羌村社会现实的巨大变化，提出了文化的本质在于适应的观点。中国

---

① 参见赵曦等《神圣与秩序——羌族艺术文化通论》，民族出版社 2013 年版，第 377 页。

② 参见徐平《文化的适应和变迁——四川羌村调查》，上海人民出版社 2006 年版。

台湾学者王明珂经过对羌族多年的田野考察，著有《羌在汉藏之间——川西羌族的历史人类学研究》① 一书，对羌族地区的社会、历史与文化展开调查与讨论，以一个古老的华夏边缘——羌族说明华夏的成长历程，以及推动此成长历程的社会与文化微观过程。《羌族火文化研究》② 则是以人类学和民族学方法，对羌族火文化的内涵特点、表现范式及其文化体系进行了深入的探讨。

（二）运用历史学、宗教学的相关理论，将历史考古文献与地方志等资料相佐证，对羌族历史、宗教文化进行研究

任乃强所著《羌族源流探索》③ 论述了羌族族源衍变、历史形成、宗教文化以及与其他民族间的族源关系。冉光荣等所著《羌族史》④ 一书，搜集整理了从夏朝至新中国成立 4000 多年的史料，探寻了羌族历史的发源与历史演变过程。史学家、民族学家马长寿所著的《氐与羌》⑤，分析了羌族的民族起源、迁徙及西羌部落的发展与演变。被誉为是继《羌族史》之后，又一部是王康等全面反映羌族宗教文化的重要著作《神秘的白石崇拜——羌族的信仰和礼俗》⑥，以对羌族祖先崇拜、自然崇拜及释比文化的研究为显要。

（三）羌族宗教、文化的社会功能相关研究

吴定初等著《羌族教育发展百年》⑦ 呈现了羌族教育百年来的发展概况，对羌族教育的文化背景、历史经验、发展规律及显现的问题进行梳理，为少数民族教育事业的发展提供了有益的参考和借鉴。诸多学术论文从历史、文化、艺术、宗教等多角度探讨了羌族文化的社会功能，如《羌族在经济、文化、科技方面的贡献》（周锡银等，1994）、《论羌族民间舞蹈的多元文化特征及其社会功能》（秀花，2003）、《羌族生育文化研究》（蒋华等，2004）、《试论藏羌古碉的类别及其文化价值》（刘波，2007）、《〈羌族释比经典〉评议》（李绍明，2009）和《释比文化的渊源与社会功用》（焦虎三，2013）等论述，为羌族文化的传承与再造提供了

---

① 参见王明珂《羌在汉藏之间——川西羌族的历史人类学研究》，中华书局 2009 年版。
② 参见蓝广胜《羌族火文化研究》，硕士学位论文，中央民族大学，2010 年。
③ 参见任乃强《羌族源流探索》，重庆出版社 1984 年版。
④ 参见冉光荣等《羌族史》，四川人民出版社 1985 年版。
⑤ 参见马长寿《氐与羌》，广西师范大学出版社 2006 年版。
⑥ 参见王康等《神秘的白石崇拜——羌族的信仰和礼俗》，四川民族出版社 1992 年版。
⑦ 参见吴定初等《羌族教育发展百年》，商务印书馆 2011 年版。

良好的平台。

5·12 汶川地震后，学界对羌族文化研究重点集中到羌族文化的拯救、保护与传承上。如《羌去何处：紧急保护羌族文化遗产专家建言录》①《羌笛悠悠：羌文化的保护与传承》②《民族学与灾后重建——震灾中的羌族：简况与建议》③ 等著述，针对震后羌文化的现状，提出对羌族文化的发展性保护策略。2008 年民进中央倡议，由教育专家和羌学研究者共同编著《羌族文化学生读本》④ 正式发行；2009 年由国家民委和四川省民委组织编写的《羌族释比经典》问世，通过对 48 位释比口传经典进行国际音标转录，最终完成了 340 万字的羌语（国际音标）直译汉文（拼音）的工作，为羌族释比经典的传承与保护做出了重要的贡献。

羌族文化，作为"藏彝走廊"⑤ 文化域中岷江中上游文化的典型代表，在整个藏彝走廊中尤为凸显，其在与汉、藏、彝、回等民族文化长时期的交汇、碰撞、传承、融合的过程中，形成了自己独特的文化特色和民族风貌。中国台湾学者王明珂认为，"羌"这个概念所指的人一部分被"汉化"，一部分被"番化"，另一部分被"羌化"成今天的羌族，形成与汉族杂居的社会生活状态。然而，传统羌文化在现代工业化与全球化的冲击碰撞中，又遭遇了大地震的打击，民族原生的文化栖息地受毁严重，羌族传统文化面临着消失的危险。因此，5·12 震后对羌文化的活态保护与传承，不仅是中华民族"和而不同"历史文化智慧的生动体现，也符合"文化多元"的价值实践趋势，对羌文化的传承与发展具有重要的意义。

---

① 参见冯骥才《羌去何处：紧急保护羌族文化遗产专家建言录》，中国文联出版社 2008 年版。

② 参见邓延良《羌笛悠悠：羌文化的保护与传承》，四川人民出版社 2012 年版。

③ 参见王明珂《民族学与灾后重建——震灾中的羌族：简况与建议》，《西北民族研究》2008 年第 3 期。

④ 参见冯骥才、向名驹《羌族文化学生读本》，中华书局 2008 年版。

⑤ "藏彝走廊"是费孝通先生于 1978 年首次提出的一个历史—民族区域概念，主要指今四川、云南、西藏三省（区）毗邻地区由一系列北南走向的山系与河流所构成的高山峡谷区域，亦即地理学上的横断山脉地区。

第二节　文化认同的心理学研究

一　文化认同

"认同"（Identity）一词最早由弗洛伊德提出，《心理学大辞典》中将"认同"定义为，个人在态度观念、价值标准和行为方式上，与他人或群体趋于一致的心理过程①。关于"文化认同"（Cultural identity）的定义，研究者尚未产生一致性结论：Phinney 认为②，文化认同是一个包含个体归属感、价值评判和行为趋同等因素的复杂结构；崔新建认为③，文化认同的依据是：人与人之间或个人与群体间共同文化的确认，使用相同的文化符号、秉承共同的文化理念、思维模式和行为规范。高永久则认为④，民族心理认同是民族成员意识上的自觉民族认同，它包括群体心理认同和个体心理认同。研究者从不同视角对民族文化认同的本质和内涵予以界定，归纳起来具有代表性的有两种观点：一是态度情感说，认为个体的文化认同取向反映的是个体文化心理需求满足程度的主观体验，表现为人们对于某种相对稳定的文化模式的归属感，包括社会价值规范、宗教信仰、风俗习惯、语言艺术等认同；二是价值类型说，主张民族文化认同具有生存适应价值，是特定群体或个体将某种文化系统内化于自身心理结构中，并自觉循以认知评价和规范行为⑤。

本研究中将文化认同（Cultural identity）定义为个体将认知、态度和行为与某种文化中多数成员保持一致的程度，即个体对某种文化的认同程度。进而"羌族文化认同"是指羌族个体或群体对本民族或主流文化的认同程度，人们接纳和使用相同的文化符号、秉承共同的文化理念、思维模式并遵循共同的行为规范。

---

① 参见林崇德等《心理学大辞典》，上海教育出版社 2003 年版，第 1036 页。

② Phinney，J. S.，& Haas，K. "The process of coping among ethnic minority first-generation college freshmen：A narrative approach". *Journal of Social Psychology*，Vol. 143，No. 6，2003，p. 707.

③ 参见崔新建《文化认同及其根源》，《北京师范大学学报》（社会科学版）2004 年第 4 期。

④ 参见高永久《论民族心理认同对社会稳定的作用》，《中南民族大学学报》（人文社会科学版）2005 年第 5 期。

⑤ 参见王沛、胡发稳《民族文化认同：内涵与结构》，《上海师范大学学报》（哲学社会科学版）2011 年第 1 期。

二　文化认同的结构

（一）文化认同的单维度理论

文化认同的单维度理论认为，文化认同中的个体总是位于从纯粹原有文化（Heritage culture）到完全的主流文化（Dominant culture）两级之间连续体的某一点上，且个体最终将到达完全的主流文化这一极点，即文化认同的最后结果是，个体必然是被主流文化所同化；而个体受到主流文化的影响越大，则对原有民族文化的保留越少。Cross 提出的黑人民族文化认同发展模型[①]，研究集中于黑人个体接受和保持本民族文化的质量和程度，假定黑人青少年按照线性发展的方向，从最不健康的白人认同或主流文化认同发展到最健康的黑人认同，而黑人群体过分的白人认同就是一种心理不健康的表现[②]。

（二）文化认同的二维结构模型

Berry 研究认为[③]，是否保留本民族的文化传统和民族认同，以及是否愿意发展与主流文化群体成员的密切关系是少数民族或移民在新环境下面临的两个主要的认同问题。同时，根据文化适应中个体对两个维度的不同态度会产生四种文化认同模式：（1）整合：个体既认同主流文化群体的生活态度和方式，又不愿意放弃自己原有的价值观与认同态度模式。（2）同化：个体基本上放弃自己原有的文化认同态度和价值观念，完全融入主流文化之中。（3）分离：个体限制自己与其他文化发展密切的关系，并希望保留原有的民族文化认同。（4）边缘化：个体处于两种文化边缘位置，既不能完全认同本民族文化，也不能完全认同主流文化（图 1 - 3）。

---

① Cross, W. E. "The Thomas and Cross models of psychological nigrescence: A literature review". *Journal of Cross-Cultural Psychology*, No. 26, 1978, p. 673.

② Donald, B., William, M., & Shannon, J. "African American acculturation and black, racial identity: A preliminary investigation". *Journal of Multicultural Counseling and Development*, Vol. 28, No. 2, 2002, p. 98.

③ Berry, J. W. "Intercultural relations in plural societies". *Canadian Psychology*, No. 40, 1999, p. 3.

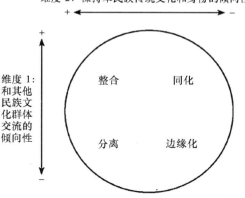

维度 2：保持本民族传统文化和身份的倾向性

维度 1：和其他民族文化群体交流的倾向性

整合　　同化

分离　　边缘化

图 1 - 3　Berry 的双维度理论模型

（三）文化认同的发展阶段

Phinney 提出了民族认同发展的三阶段模型[①]：第一阶段是未出现或未经验证的民族认同阶段，个体要么不在乎、不关心自己的民族认同，要么表现出对主流文化的偏好；第二阶段是寻求民族认同，即融入自己文化本源，排斥主流文化；第三阶段是民族认同的实现，即正确评价自己的民族，在与主流文化之间找到一种自己的解决方法。该模型主要探讨个体对自己民族性的探寻过程。Joel 等人认为，Phinney 所提出的这个模型适用于多种族群，为许多研究所广泛使用，是极为有用的一个模型[②]。

三　文化认同的本质与建构

（一）文化认同的本质

本尼·迪克特曾言："每一种文化代表自成一体的独特的和不可替代的价值观念，因为每一个民族的传统和表达形式是证明其在世界上的存在

---

① Phinney, J. S. "Stages of ethnic identity in minority group adolescents". *Journal of Early Adolescence*, No. 9, 1989, p. 36.

② Joel R., Sneed S. J., Schwartz W. E., Cross J. R. "A multicultural critique of identity status theory and research: a call for integration". *Identity: an international journal of theory and research*. Vol. 6, No. 1, 2006, p. 61.

的最有效手段。"① 文化认同作为个体对于所属文化以及文化群体的归属感及内心的承诺，表达了个体文化价值和文化属性的旨归。文化认同引导着人们热爱和忠实于所属文化共同体，从而保存和光大文化，最终将其纳入个人的价值观这一深层心理结构之中，因此，文化认同也是一种社会整合、国家整合的巨大的社会心理资源②。不同民族和群体都有其文化传承的内在生成和转换机制，各民族通过世代相传的传统思想、习俗和行为予以界定，形成相互有别的态度倾向、社会文化规范和行为模式，进而发展成独具特色的民族文化单元。跨文化心理学研究发现，虽然不同民族间文化存在显著差异，但文化集群之间也存在一些共通因素，即内在一致性。那么不同文化群体间的一致性表现在哪些方面？许多学者从不同角度对民族文化认同的本质予以界定，其中最具典型的代表有二：一是态度情感说，认为个体的民族文化认同取向反映的是一定社会文化资源满足其内在文化心理需求程度的主观体验，表现为人们对于某种相对稳定的文化模式的归属感，包括语言、艺术、宗教信仰、风俗习惯、社会价值规范等的认同，其实质是一种"自我认同"，是个体协调自己的认知、态度和行为与某个文化中多数成员的认知、态度和行为相同或相一致的程度③。因而，人们对某一民族文化认同一旦形成就具有较强的稳定性，可以不受地域、环境和语言等因素的限制而存在④。二是价值类型说，主张民族文化认同具有生存适应价值，是个体借以评量外来新异文化的内在心智操作准则，指特定个体或群体认为某一文化系统内在于自身心理和人格结构中，并自觉循之以评价事物、规范行为⑤。

　　无论哪种学说，对民族文化认同本质的界定必须基于人类社会实践发展规律以及人们在特定文化模式下的文化需求和反应；关注民族文化认同的社会动态性的同时，强调个体民族文化认同的自稳态性与文化认同的系

---

　　①　参见李虹、侯春娜《文化认同：少数民族文化传承与发展的时代诉求》，《中国教育学刊》2012 年第 6 期。

　　②　参见樊红敏《国家认同建构中的文化认同与民族认同——汶川地震后的启示》，《郑州航空工业管理学院学报》2008 年第 5 期。

　　③　参见郑雪、王磊《中国留学生的文化认同、社会取向与主观幸福感》，《心理发展与教育》2005 年第 1 期。

　　④　参见闫顺利、郭鹏《中华民族文化认同的哲学反思》，《阴山学刊》2009 年第 1 期。

　　⑤　参见丁宏《从东干人反观回族的文化认同》，《中央民族大学学报》（哲学社会科学版）2005 年第 4 期。

统结构特征。王沛等人认为①，文化认同隶属文化主体的价值系统，通过态度心理结构得以展现。就文化主体的价值诉求而言，文化认同的实质是观念的反映与客观的表现的有机统一。在表现层面上，把人的主体性投射到文化认识活动及其成果中；就反映而言，是将特定民族文化认同对象的存在方式转化为主体的观念性存在。这一动态过程意指民族文化认同是个体在诉求自身需要满足中，契合时宜地选择并依附于特定文化，将之改造为符合文化主体需求的文化形式与内容。在此意义上，文化认同是个体文化存在的形式，其核心是文化主体间价值的选择与遵循，反映了人的一种文化价值观和归属倾向。

（二）文化认同的建构

文化认同建构过程不仅是各种价值观相互冲突和相互否定的过程，也是认识主体对不同的价值观进行自由选择的过程。文化认同与民族认同、国家认同形成相互附着的关系，文化认同和民族认同作为国家认同的两个重要层面和主要内容，构成国家认同中最为持久与稳定的部分。研究认为，文化认同的建构方应从文化认同的建构主体、文化认同的培育方式、文化认同的组织和制度基础进行阐释②。

其一，在文化认同的培育主体方面，要在主流价值观的引导下，充分发挥媒体和公众的主体作用，借助媒体和公众的互动式参与，构筑民族文化发展的动力体系。全球化背景下各种社会文化思潮的兴起，对民族地区的文化认同产生一定的冲击。中共十六届六中全会提出了以"社会主义核心价值体系"是在对中华民族传统文化价值和各民族价值观升华基础之上生成的，是中华民族传统文化价值观在当下的最新书写和最深刻表达。社会主义核心价值观对文化认同构建的引领作用主要体现在导向功能、规范功能和整合功能上。用社会主义核心价值体系引领各民族文化价值观念、价值信仰和价值追求，使得每一个民族成员都能体认"文化成为社会成员内在和外在的行为规则"③。同时，面对多民族文化的共生和

① 王沛、胡发稳：《民族文化认同：内涵与结构》，《上海师范大学学报》（哲学社会科学版）2011 年第 1 期。

② 参见樊红敏《国家认同建构中的文化认同与民族认同——汶川地震后的启示》，《郑州航空工业管理学院学报》2008 年第 5 期。

③ 参见［美］菲利浦·巴格比《文化：历史的投影》，夏克等译，上海人民出版社 1987 年版，第 99 页。

冲突，社会主义核心价值体系的规范作用，更能促进"各美其美，多元一体"的格局。诚然，每一种文化价值观都有其既定的适用性和限制性，社会主义核心价值体系亦然。这就要求发挥社会主义核心价值体系的整合功能，以开放的态度对文化多样性和多元文化的发展保持尊重，吸纳各民族文化的精髓，共同推动民族文化的发展。

其二，在文化认同的培育方式上，要将主流价值观与群体的感情共鸣、文化归属相结合。要将普世的价值和中华民族独特的文化传统结合起来共塑民族文化的独特性。在 5·12 特大地震救援中，以国民的生命危机为国家的最高危机，以国民的生命尊严为国家的最高尊严，以整个国家的力量去拯救一个个具体的生命，国家正以这样切实的行动兑现自己对于普世价值的承诺。如以"抗震救灾、众志成城"为标识的价值体系得到了中华儿女的积极响应和情感共鸣，主流价值观激发了民众的感情共鸣和文化归属感。与此同时，文化的异质性和个性，决定了文化之间的碰撞与冲突是不可避免的。如何解决冲突，促进文化和谐发展，中国古已有之的"和而不同"的处世原则，既是为多元文化背景下文化和谐发展的价值追求即多元一体，亦可为文化和谐发展之路径选择即和谐对话。

其三，文化认同的组织和制度基础。结合各民族文化特点、地缘特点和民俗特点探索各种政府与非政府的组织形式，利用各民族的重大节庆活动通过社会公共环境、文化仪式、庆典活动、参观展览、优秀人物宣传等多种形式传承和发扬民族文化，从组织上促进文化认同的建构。通过扩展多元化政治参与渠道，回应少数民族的利益诉求，从制度上促进民族文化认同的构建①。中国制度体系内明确规定的公民政治参与的方式主要有：基层民主选举、信访、政府热线、网络留言、向有关地方政府部门直接反映问题等；民族地区地方政府在积极引导各民族成员制度内参与的同时，要注意选择适合当地民风民俗的参与渠道，维护民族地区和谐稳定的同时，兼顾少数民族在政治、经济和文化利益上的诉求，从而为文化认同的建构提供制度保障。

---

① 参见孙凯民、曹清波《全球视野下民族地区文化认同建构路径》，《内蒙古财经学院学报》2012 年第 4 期。

第三节 羌文化与中华文化认同：
现代羌人的价值选择

随着经济全球化的发展以及经济与文化的相互渗透，文化的民族性与世界性的关系越来越紧密，文化全球化问题日益凸显。在此背景下，少数民族如何既能保持自己原有的民族文化认同，又能融入现代、当代文化，形成对中华文化的认同和世界优秀文化认同的问题显得尤为突出。研究者认为，文化认同的逻辑起点是实践，实践是文化产生和发展的基础，当然也是文化认同的基础①。马克思和恩格斯在《德意志意识形态》中明确指出：不是思想决定生活，而是生活决定思想。换言之，文化认同和社会实践认同事实上是一致的，文化认同即对人的类生活或类实践本身的认同。

一 5·12 震后羌文化的重构

羌族作为我国最古老的民族之一，素有民族活化石之称，拥有悠久的历史和灿烂的文化。由于羌族没有自己的文字，许多古老的文化形态依靠"口耳相传"得以延续。5·12 汶川特大地震对羌族传统文化造成毁灭性的重创，部分非遗传承人的伤亡使得羌族传统文化面临生存与延续危机，羌文化的灾后重构比以往任何时候都显得更为重要和迫切②。5·12 震后，国家启动对灾区大规模援建，给满目疮痍的灾区带来了生机，羌族文化的拯救、保护与传承受到高度重视，羌族民众的文化自豪感与自信心提高了，羌族文化的分布范围进一步扩大，羌族文化的内涵和表现形式得到丰富和发展，羌文化对现代文明的适应性增强③。

灾后学界对羌族及其文化的大量研究，媒体对羌文化及活动宣传报道，增进人们对羌族、羌文化的了解与认知。通过灾后重建，保护和传承羌文化成为社会共识，羌族文化生态保护实验区成为我国第二个少数民族

---

① 王雷、余晓慧：《民族文化认同的逻辑、机制及其建构》，《贵州民族研究》2014 年第 4 期。

② 参见徐学书《岷山历史文化和羌文化保护与利用座谈会综述》，《中华文化论坛》2008 年第 2 期。

③ 参见喇明英《羌族文化灾后重构研究》，《西南民族大学学报》（人文社会科学版）2012 年第 5 期。

文化的国家级文化生态保护区和唯一对全民族的文化实行整体保护的国家级文化生态保护区[①]，外部社会对羌族及羌文化的认同得到极大提升。这种社会认同感促进了羌人的民族自信心和归属感，羌人为自己身为"大禹"子孙而自豪，讲羌语、穿羌装、唱羌歌、跳羌舞逐渐成为羌区民众的文化自觉。通过灾后重建，羌族传统文化元素的分布地域较灾前更广。以羌族建筑文化为例，具有羌族建筑风貌特征的建筑和体现羌族信仰的在房顶和窗楣上放置的白石，被现代人作为羌族"图腾"崇拜图形符号使用的羊头和羊角图形符号等，广泛出现在涪江上游的北川新县城、老县城、禹里（古县城）的沿线城镇乡村和平武县的羌族聚居村镇中。随着灾后异地安置，一部分保持着羌族传统生活方式的羌人集体搬迁到了成都平原的邛崃市南宝山，客观上促进了羌族传统文化元素的分布地域扩展。随着羌文化的恢复和重构，传统羌族歌舞艺术中融入了许多现代音乐歌舞元素；羌族传统民俗得以在现代化城市舞台上展演，灾后羌族文化活动的兴盛大大丰富和发展了羌文化，尤其是抗震救灾和灾后重建工作中展现的大爱文化和奋斗精神，极大地丰富了传统羌文化内涵。在灾后重建进程中，羌人开始注重将羌文化保护与改善民生相结合，如新修的羌寨和农房的功能更加适应现代生活的需要，电视、手机进入千家万户成为人们生活的重要内容，图书室、非物质文化传习所、娱乐健身设施等进入村寨使羌寨文化生活更加丰富。产业结构调整使羌寨的经济功能和人们的生产劳动进一步与现代生产接轨，羌文化保护与改善民生相结合，增强了羌寨文化功能的现代适应性[②]。

随着羌族现代适应性的增强，与他文化的交流、融合进一步加强。尤其是灾后旅游业的复兴，带动了传统羌文化象征物的发展，如羌绣融入了蜀绣技艺，并以产品形式大规模地生产；而作为非遗的释比文化，仿效旅游文化的演绎模式进一步程式化、表演化，登上更大的文化舞台。羌文化的对外交流与展演，不仅促进了传统羌文化的复兴，更扩大了与中华民族其他文化的交流与碰撞。正如美国人类学家斯图尔德认为，文化发展需要新的适应，适应环境是文化发展的主要动因。

---

① 2008年10月，文化部正式设立"羌族文化生态保护实验区"，并将其纳入《国家汶川地震灾后恢复重建整体规划》中。

② 参见喇明英《羌族文化灾后重构研究》，《西南民族大学学报》（人文社会科学版）2012年第5期。

二　对羌文化与中华文化的"双认同"是现代羌人的价值选择

亨廷顿认为"文化认同对于大多数人来说是最有意义的东西"。① 不同民族常以对他们来说最有意义的事物来回答"我们是谁"。比如说用"祖先、宗教、语言、历史、价值、习俗和体制来界定自己"，并以某种象征物作为标志来表示自己的文化认同②。中华民族从整体上作为一个民族，有其独特的民族文化；中华文化由各民族文化间相互交融、促进、共同创造而成。在中华传统文化中，儒、释、道是三大支柱。在漫长的发展历程中，三家典籍浩繁，流派纷纭，相互渗透，呈现出错综复杂的景象。尽管如此，儒、释、道一以贯之的精神旨趣却清晰可见：儒家以"有为"为核心的"勇于担当"；释家以"解脱"为核心的"勇于放弃"；道家以"无为"为核心的"顺其自然"。"中华文化是中华民族生生不息、团结奋进的不懈动力。"③ 中华文化为解决现代化过程中所遇到的种种危机，提供了正确的价值导向和丰厚的文化资源。由于人们的社会属性和文化属性都是后天形成且可塑性强，文化认同也具有相对的可变性。一般说来，民族认同、社会认同，对于个人而言是相对稳定和不可选择的；而文化认同的可变性则意味着文化认同在一定意义上是可以选择的，即选择特定的文化理念、思维模式和行为规范。

随着羌族社会现代化进程的发展，相对封闭的文化生态环境正逐渐被打破。正如全国唯一的羌族自治县北川县委书记宋明谈道："地震带来了巨大的灾难，但从某种意义上说，也为我们重建家园，发扬羌族文化带来了机遇。"灾后重建为羌族同胞改善了生活条件、提高了生活质量，而追求舒适的现代生活方式成为羌族同胞的价值选择，促进羌人传统的文化价值观的变迁。这一结果，一方面有助于丰富传统羌文化的内涵和内生力的增长，另一方面也可能导致现代性的文化认同危机④；茂县羌族学者黄成龙说："地震不仅减少了羌族人口，很多人灾后重建期间会从山区搬到大城市居

---

① ［美］塞缪尔·亨廷顿：《文明的冲突与国际秩序的重建》，周琪译，新华出版社 2002 年版，第 6 页。

② 参见朱贻庭、赵修义《文化认同与民族精神》，《学习时报》2008 年 10 月 31 日第 6 版。

③ 胡锦涛：《在中国共产党第十七次全国代表大会上的报告》，《人民日报》2007 年 10 月 16 日第 1 版。

④ 参见李克钦《论文化全球化与文化认同建构》，《学术问题研究》2013 年第 1 期。

住，这将给保护羌族文化带来巨大困难。"①客观上，现代工业文明的发达，对羌族以农业文明为基础的文化生态构成文化挤压，羌文化逐步失去了生存发展的文化土壤，影响了羌族人对其民族文化的价值判断。主观上，作为羌文化传承的主体的羌族青年一代，在外出求学和务工的过程中，逐渐走出自我文化传承的时间空间与习俗生活，接受外界文化影响和现代传媒的熏染，加之学校教育和社会教育对民族文化的忽视，使得他们容易产生对本民族文化的盲目自卑，消解对民族文化的自信，从而造成羌文化传承断裂的危机。同时，经济方式的改变和对经济利益的追求，使得羌族文化的原生形态从其传统中剥离开来，逐步成为纯粹的工艺或文化表演，导致羌族文化的断层和文化传承上的变异。如表现为对本民族传统文化的一味否定，对他文化的一味接纳。与此相反，民族文化如若故步自封，停滞不前，也不利于其传承与光大。从本质上讲，中华文化的共性与各族文化的特性并不矛盾，而是相互联系、相辅相成的。少数民族文化与中华文化之间的联系是多样性的统一，是多元与一体的关系。"一体"并非完全相同，而是文化间共同因素的逐渐增多，同时要保持民族文化的特色与多样性，继承和发扬各自的文化传统，使不同民族的文化增强创新和适应的能力。正如费孝通先生所言："中国人从本民族文化的历史发展中深切地体会到，文化形态是多种多样的，丰富多彩的，不同的文化之间是可以相互沟通、相互交融的。"②"人类的存在与发展，除了需要自然生态环境，还需要有文化生态环境。文化生态环境是根据人类不断创造的文化历史发展与社会生活环境建立起来的一种生态结构。这种生态文化结构具有生态化的平衡特征与有机性的生存本质，同时还具有不断延续的生存本质。"③因此，现代羌人对羌文化和中华文化采取"双认同"模式，即在保持本民族文化身份与价值的同时，接纳中华文化并积极融入主流社会，是处理好羌族社会传统文化与现代文化、地域文化与外来文化、经济发展与文化传承等冲突，构建本民族文化与中华文化之间的文化生态平衡的应然选择。

---

①　《美报：地震后古老羌文化面临消失威胁》，徐乃岑译，载《环球时报》2008 年 5 月 26 日。

②　费孝通：《中华文化在新世纪面临的挑战》，《中华文化与二十一世纪》（上卷），中国社会科学出版社 2000 年版，第 6 页。

③　周绍斌：《城市文化生态及其保护》，载《非物质文化遗产研究集刊》，学苑出版社 2008 年版，第 43 页。

第二章　文化认同与心理韧性

第一节　心理韧性：个体创伤后成长的动力

一　心理韧性的概念

韧性（resilience）的研究始于美国，我国学者对其意义所指不相一致：国内学者倾向将其译为"心理弹性"，台湾地区学者倾向于译为"复原力"，而香港地区学者倾向于译为"抗逆力"。就心理学意义而言，resilience 不仅意味着个体能在应激或经历创伤后能够恢复到最初的状态，是一种在压力和逆境下能够坚韧不拔、顽强持久的生存状态，更强调个体在经历挫折后的成长和新生；因此，译为"韧性"更准确[①]，而鉴于"resilience"与"psychological resilience"内涵相同，resilience 亦指心理韧性。

自 20 世纪 70 年代末 Rutter 关于儿童母爱剥夺的系列实验研究伊始，国外研究者们对 resilience 的定义各有偏重，但大致可以归为三类：一是结果性定义，二是能力性定义，三是过程性定义，这是从心理韧性的不同特征进行归纳和总结；而综合性定义，则包含了上述三类，如 Tusaie 和 Dyer 认为[②]，心理韧性表示个体在遭受重大压力和危险时，通过自身能力和特征动态交互作用，帮助个体成功应对压力/逆境并迅速从中恢复的过程。基于此，目前学界一致公认的两个操作性定义要素为：一是个体曾经或正在遭遇困难/逆境；二是个体能够成功应对（困难/逆境），或者适应良好。"心理韧性"意指曾经历或正经历严重压力/逆境的个体，其身心未

---

① 参见于肖楠、张建新《韧性（resilience）——在压力下复原和成长的心理机制》，《心理科学进展》2005 年第 5 期。

② Tusaie, K., Dyer, J. "Resilience: A historical review of the construct". *Holistic Nursing Practice*, Vol 18, No. 1, 2004, pp. 3 – 10.

受到不利处境损伤性影响甚或愈挫弥坚的发展现象①。

二　心理韧性的结构

尽管学者们对心理韧性结构的看法不尽相同，但认同心理韧性是一个具有多维度的复杂结构。总体而言，心理韧性由两大类因子构成。

一是内部保护性因素。与整体结构相似，内部保护性因素被认为是多维的。研究者认为，内部保护性因素有两类因素，一是生理因素，如身体吸引力也被认为是增加心理韧性能力的因素之一；另一类是心理因素，积极的气质、内控性、高自尊、对未来的乐观展望、忠诚的宗教信仰等都是韧性个体的个性特征②③；Garmezy 等人④将韧性保护因素分为三组：个人特征、家庭关系、高外部支持，而个人特征被认为是心理韧性的内部保护性因子。Richardson 的研究则从认知、情感、人格与能力等方面归纳了心理韧性的良好品质⑤。

二是个体外部保护性因素。早期研究发现，儿童的心理韧性与家庭、学校环境和社会支持水平有高度的相关⑥。（1）家庭因素：Werner 和 Smith 1982 年对夏威夷考艾岛纵向研究发现⑦，在温暖、友爱、情感上互相支持的家庭中长大的孩子更能适应生活中的逆境；家庭凝聚力和良好的家庭氛围，善于关怀的父母等都对青少年成长起着保护功能⑧。（2）学校

---

①　参见席居哲、桑标、左志宏《心理弹性研究的回顾与展望》，《心理科学》2008 年第 4 期。

②　Murphy, L., B. "Further reflection on resilience". In E. J. Anthony & B. Cohler (Eds.). *The invulnerable child.* NY: Guildford. 1987, pp. 84 – 105.

③　Smokowski P., Reynolds, A. & Bezrucko, N. "Resilience and protective factors in adolescence: An autobiographical perspective from disadvantaged youth". *Journal of School Psychology.* Vol. 37, No. 4, 1999, pp. 425 – 448.

④　Garmezy, N., Masten, A., S., & Tellegen, A. "The study of stress and competence in children: A building block for developmental psychology". *Child Development*, No. 55, 1984, pp. 97 – 111.

⑤　Richardson, G. E. "The metatheory of resilience and resiliency". *Journal of Clinical Psychology*, No. 58, 2002, pp. 307 – 321.

⑥　Rutter, M. "Psychological resilience and protective mechanisms". In: J. Rolf, A. S. Masten, D. Cicchetti, et al. (Eds.), *Risk and protective factors in the development of psychopathology.* New York: Cambridge University Press. 1990, pp. 181 – 214.

⑦　Werner, E. E., & Smith, R. S. "Vulnerable but invincible: A longitudinal study of resilient children and youth". New York: McGraw Hill. 1982, pp. 209 – 217.

⑧　McLoyd, V. C. "Socioeconomic disadvantage and child development". *American Psychologist*, Vol. 53, No. 2, 1998, pp. 185 – 204.

因素：Rutter 研究发现[①]，如果能获得老师和同伴的关心与支持，即便是在不利家庭环境中长大的孩子也可能比其他孩子表现出更多的韧性；因此，良好的师生关系和同学关系，个体在学校中快乐或成功的积极经历都是心理韧性的保护性因素。（3）社会支持因素：研究表明，成熟和优良的社区环境、良好的公共医疗保健和公共服务体系，有利于青少年更好地适应和应对压力与逆境。

三　心理韧性的研究范式与模型

（一）心理韧性的研究范式

Masten 认为，对心理韧性的研究一般采用被试为中心和变量为中心两种研究范式[②]。以被试为中心的研究，主要关注的是某个群体或个人，而不是变量本身；试图弄清楚自然情境下心理韧性的结构模式，并通过鉴别不同生活环境（高危、低危）中具有良好适应模式与不良适应模式的人群，进而明确哪些因素导致个体适应结果的差异。以变量为中心的研究，主要目的则是考察各变量的特点和相互关系。两种研究范式各有其优缺点：以被试为中心的研究，将多变量整合在同一心理结构中，有助于比较现实生活中不同人的心理韧性模式，但容易使各变量间的关系变得模糊，从而影响了对心理韧性机制的探讨[③]。以变量为中心的研究适用于探讨各变量间的相互关系，能对干预研究提供有力的证据支持，但这种取向不利于呈现个体心理韧性的特点。

此外，席居哲等人对心理韧性研究进路进行梳理后，总结了可供遵循的研究范式包括：以人为中心的研究进路（包括个案模型、韧性—非韧性群体模型、一般人群模型）、以变量为中心的研究进路（包括累加模型、相互作用模型和间接模型）和时间路径模型（Pathway Models）（包括个案追踪模型、群体追踪模型）等[④]，还出现了颇具整合性的更复杂模

---

①　Rutter, M. "Psychosocial resilience and protective mechanisms". *Journal of Orthopsychiatry*, Vol. 57, No. 3, 1987, pp. 316 – 331.

②　Masten, A., S. "Ordinary Magic: Resilience process in development". *American Psychologist*, Vol. 56, No. 3, 2001, pp. 227 – 238.

③　Bergman, L. A., Magnusson, D. A. "A person-oriented approach in research on developmental psychopathology". *Development and Psychopathology*, Vol. 9, No. 2, 1997, pp. 291 – 319.

④　参见席居哲、左志宏、Wu Wei：《心理韧性研究诸进路》，《心理科学进展》2012 年第 9 期。

型，比如因素—过程模型等；并就每类研究进路的内涵、分支及其研究操作予以详述，对其优缺点进行简评，进一步深化心理韧性的研究范式。

（二）心理韧性的发展模型

国外研究者提出了不同的作用机制模型来描述保护性因素如何减少或弥补危险因素的不利影响。主要有以下四种典型的发展模型。

1. Garmezy 的理论模型[①]

Garmezy 等人提出三种理论模型：预防模型（The inoculation model）、补偿模型（The compensatory model）和保护因素模型（The protective factor model）。（1）预防模型：认为危险性因素与发展结果之间是曲线关系；中等水平的危险性因素与积极发展结果相对应，而低水平或高水平的危险性因素均与消极的发展结果相对应。（2）补偿模型：危险性因素与保护性因素能共同预测个体的发展结果，危险性因素起负向预测作用，而保护性因素起正向预测作用。（3）保护因素模型：存在如乐观、自信等人格特质，可以调节或减少危险性因素对发展结果的影响。

2. Rutter 的发展模型[②]

通过对已有研究的整理和总结，Rutter 提出四种心理韧性的发展机制：（1）尽量降低危险性因素的影响，避免或减少与危险性因素的接触，并改变个体对危险性因素的认知；（2）减少受长期危险性因素影响而产生的消极连锁反应；（3）可以通过自尊和自我效能的提升，来实现保护性因素对儿童心理韧性发展的影响；（4）创造机会，帮助个体获取成功的资源并产生希望。

3. Kumpfer 的心理韧性框架[③]

Kumpfer 基于生态系统理论提出的心理韧性框架（图 2 - 1），是基于社会生态模型而建立的。该韧性框架由三部分构成：一是外部环境/情境特征（如危险性或保护性因素）；二是个体的内部心理韧性因素（如认

---

① Garmezy, N. , Masten, A. , S. , & Tellegen, A. "The study of stress and competence in children: A building block for developmental psychology". *Child Development*, No. 55, 1984, pp. 97 – 111.

② Rutter, M. "Psychological resilience and protective mechanisms". In: J. Rolf, A. S. Masten, D. Cicchetti, et al. (Eds.), *Risk and protective factors in the development of psychopathology*. New York: Cambridge University Press. 1990, pp. 181 – 214.

③ Kumpfer, L. K. "Factors and processes contributing to resilience: The resilience framework". In M. D. Glantz & J. L. Johnson (Eds), *Resilience and development: Positive life adaptations*. New York: Academic/Plenum. 1999, pp. 179 – 224.

知、情感、精神等）；三是中介作用的动态机制以及个体心理韧性的重组和发展。同时，保护性因素效应与危险性因素的数量和水平相关，而保护性因子数量增加，也将有效缓冲危险因子的影响①。该模型充分阐述了环境与个体之间的相互作用，特别是对内部中介过程有了较为清晰的描述，体现了交互作用模型和过程模型的整合趋势②。

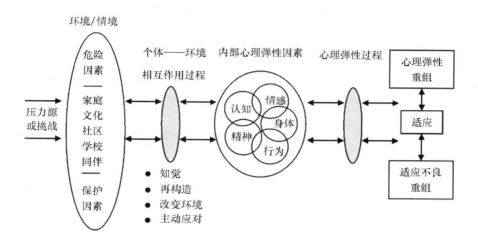

图 2 - 1 Kumpfer 的心理韧性框架

4. Richardson 的韧性模型③

"破坏—重整"模型（Richardson，2002）描述个体生理和心理在某个时间点上，受到来自内部和外部各种保护性因素和危险性因素的联合作用而适应了环境时所呈现的暂时平衡状态；系统失调是否发生，则取决于危险生活事件与保护因素的交互作用。个体对生活的积极认知取决于他的弹性品质和弹性重组过程（图 2 - 2）。

---

① Rutter, M. "Resilience: Some conceptual considerations". *Journal of Adolescent Health*, No. 14, 1993, pp. 626 – 631.

② Ford, D. L., Lerner, R. M. "Developmental systems theory: An integrative approach". Newbury Park, CA: Sage. 1992.

③ Richardson, G. E. "The metatheory of resilience and resiliency". *Journal of Clinical Psychology*, No. 58, 2002, pp. 307 – 321.

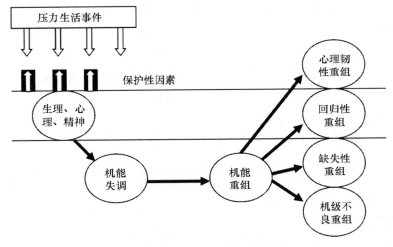

图 2 - 2　Richardson 的韧性模型

上述模型从不同角度探讨心理韧性的作用机制，如 Kumpfer 的模型，强调危险、保护因素之间的交互作用，而 Richardson 的模型则强调了生理、心理和环境三方面的危险性因素与保护性因素的相互作用。

四　心理韧性的评估工具

（一）自陈问卷测量法

评估心理韧性的标准化量表主要有以下几类：（1）气质性心理韧性量表（Dispositional Resilience Scale，DRS）是现有文献资料中最早的心理韧性量表之一，由 Bartone，Ursano，Wright 和 Ingraham（1989，1995，2007）编制并修订，该量表的维度与坚韧性人格的维度是一致的，即挑战、控制和承诺。（2）心理韧性量表（Resilience Scale，RS）是较为成熟且使用较多的量表之一，由 Wagnild 和 Young（1993）编制[①]，主要用于鉴别个体的心理韧性水平；RS 量表分别有 25 题、15 题和 10 题组成的三个版本。（3）自我韧性量表（Ego-Resiliency Scale，ERS）是目前唯一的单维度心理韧性量表，由 Block 和 Kremen（1996）编制[②]，用于测查个体

---

①　Wagnild，G. M.，Young，H. M. "Development and psychometric evaluation of the Resilience Scale". *Journal of Nursing Measurement*，Vol. 1，No. 2，1993，pp. 165 - 178.

②　Block，J.，Kremen，A. M. "IQ and ego-resilience: Conceptual and empirical connections and separateness". *Journal of Personality and Social Psychology*，Vol. 70，No. 2，1996，pp. 349 - 361.

的人格特质，共 14 个题项。（4）CD-RISC 心理韧性量表（Connor-David-son Resilience Scale，CD-RISC）由 Connor 和 Davidson（2003）编制[1]，涉及应对负性情感、接受变化、能力、控制感和精神信仰五个因素，共 25 个题项。CD-RISC 中文版由于肖楠和张建新（2007）修订完成，但中国人的心理韧性更支持坚韧、乐观和力量三个维度，内部一致性分别为：0.88、0.80 和 0.60。（5）成人心理韧性量表（Resilience Scale for Adults，RSA）由 Friborg 等（2003）编制[2]，主要涉及人格特质、家庭凝聚力和外部支持系统等三个方面，共 45 个题项，主要用于测量个体面对压力或应激情境时的保护性因素。（6）青少年心理韧性量表（Resiliency Scale for Adolescents，RSA）由 Oshio 等（2004）编制[3]，主要用于测查青少年心理韧性的特征，由新异性探索、情绪调节和积极的未来取向三个分量表构成，共 21 个题项。

（二）投射法

Strumpfer 报告了一项用投射法评估心理韧性的研究[4]，要求被试根据提示构思故事，主试根据标准化的评分方案对其进行评价；评分者一致性达到了 0.19，投射测验结果与社会支持量表等具有一定的相关。Tychey 等人运用多种投射方法[5]（罗夏墨迹测验、补全故事和房屋绘画测验等）对罗马尼亚双胞胎姐妹 12 年的追踪调查，发现创伤后心理韧性的发展两个基本要素是心理化和对认同能力发展的引导。

（三）行为症状评定法

研究发现，心理韧性常被认为是没有精神机能障碍、认知功能提高和

---

[1]　Connor, K. M., Davidson, R. T. "Development of a new resilience scale: the Connor-Davidson Resilience Scale (CD-RISC)". *Depress Anxiety*, Vol. 18, No. 2, 2003, pp. 76 – 82.

[2]　Friborg, O., Hjemdal, O., Rosenvinge, J. H., & Martinussen, M. "A new rating scale for adult resilience: what are the central protective resources behind healthy adjustment?" *International Journal of Methods in Psychiatric Research*, Vol. 12, No. 2, 2003, pp. 65 – 76.

[3]　Oshio, A., Kaneko, H., Nagamine, S., & Nakaya, M. "Construct validity of the Adolescent Resilience Scale". *Psychological Reports*, No. 93, 2003, pp. 1217 – 1222.

[4]　Strumpfer, D. J. W. "Psychometric properties of an instrument to measure resilience in adults". *South African Journal of Psychology*, No. 31, 2001, pp. 36 – 44.

[5]　Tychey, C., Lighezzolo-Alnot, J., Claudon, P., Garnier, S., & Demogeot, N. "Resilience, mentalization, and the development tutor: A psychoanalytic and projective approach". *American Psychological Association*, Vol. 33, No. 1, 2012, pp. 49 – 77.

积极的行为适应①。LaFromboise 等人认为②，对青少年心理韧性的评估可以通过其学业计划、学业等级和对同伴和学校的态度，以及是否存在物质滥用的因素进行。在 9·11 事件亲历者的心理韧性研究中，将良好心理韧性的诊断指标定为：没有或只有 1 项创伤后应激障碍症状、低水平抑郁或低水平物质滥用③。行为症状评定法大致有两种取向：积极取向和消极取向。积极取向更关注个体经历挫折后的发展与进步，而消极取向更关注是否出现心理障碍和问题行为。

五　心理韧性的相关研究

综合国内外现有心理韧性文献，对当前心理韧性的研究内容进行梳理，大致可归纳为心理韧性综述类、评估方法与工具、心理韧性与心理健康、人格等因素间关系的研究等主题（表 2 - 1）。

表 2 - 1　　　　　　心理韧性的主要研究主题（摘录）

相关主题	研究涉及主要内容	主要研究
心理韧性与心理健康关系研究	心理韧性对个体心理健康的作用与影响	于辉，2008；涂阳军、郭永玉，2010；杨琴，2012；Doll，1998；Betancourt & Khan，2008；Fazel et al.，2012；Rutten et al.，2013
心理韧性的跨文化研究	文化对心理韧性及心理健康的影响；文化适应与应对文化压力研究	张劲梅，2008；葛艳丽，2010；罗平等，2011；Hunter，2001；Clauss-Ehlers，2004，2008；Loh & Klug，2012；Sirikantraporn，2013
心理韧性与社会支持研究	社会支持系统对个体心理韧性发展的影响	骆鹏程，2007；李志凯，2009；晁粉芳，2010；姬彦红，2013；Gore & Aseltine，1995；Hunter，2001；Clauss-Ehlers，2004；Haroz et al.，2013

---

①　Harvey, J., & Delfabbro, P. H. "Psychological resilience in disadvantaged youth: A critical o-verview". *Australian Psychologist*, Vol. 39, No. 1, 2004, pp. 3 - 13.

②　LaFromboise, T. D., Hoyt, D. R., Oliver, L., & Whitbeck, L. B. "Family, community, and school influences on resilience among American Indian adolescents in the upper Midwest". *Journal of Community Psychology*, No. 34, 2006, pp. 193 - 209.

③　Bonanno, G. A., Galea, S., Bucciarelli, A., & Vlahov, D. "What predicts psychological re-silience after disaster? The role of demographics, resources, and life stress". *Journal of Consulting and Clinical Psychology*, Vol. 75, No. 5, 2007, pp. 671 - 682.

续表

相关主题	研究涉及主要内容	主要研究
心理韧性与主观幸福感、生活满意度研究	心理韧性对个体主观幸福感、生活满意度影响研究	陶塑等，2009；王永等，2013；Ryan & Deci，2001；Bonanno，2004；Cohn et al.，2009；Waugh et al.，2011
心理韧性与人格特质研究	不同人格特质的个体心理韧性发展特征	张海峰，2012；丁娅，2012；Medvedova，1998；Block，2002；Friborg et al.，2003；Campbell-Sills et al.，2005；Eley et al.，2013；Khademia & Aghdam，2013
心理韧性与负性生活事件、应对方式、干预研究	遭遇压力/逆境时，个体心理韧性的调节作用及其应对方式与干预比较研究	席居哲，2006；姬彦红，2013；Beasley et al.，2003；Tusaie & Dyer，2004；Harvey & Delfabbro，2004；Joyce et al.，2005；Eggerman & Panter-Brick，2010；Bonanno et al.，2011；Haroz et al.，2013

（一）心理韧性与心理健康

心理韧性对心理健康的影响和作用已毋庸置疑：Doll 和 Lyon 探讨了心理韧性对学校心理健康教育的影响以及如何培养心理韧性以促进心理健康的发展[①]。Betancourt 和 Khan 从社会生态视角研究战争环境下的儿童，各种危险因素和保护性因素的交互作用对其心理健康的影响[②]。涂阳军和郭永玉探讨了创伤后成长的影响因素及与心理健康的关系[③]。Fazel 等人对高收入国家中流浪儿童和难民儿童心理健康的危险因素和保护因素进行了研究，并通过纵向追踪调查，探讨心理韧性和心理健康的预测变量之间的相互作用和关系[④]。Rutten 等人从神经生物学的视角探讨心理韧性与心理

[①] Doll, B., Lyon, M. A. "Risk and resilience: Implications for the delivery of educational and mental health services in schools". *School Psychology Review*, Vol. 27, No. 3, 1998, pp. 348 – 363.

[②] Betancourt, T. S., & Khan, K. T. "The mental health of children affected by armed conflict: Protective processes and pathways to resilience". *International Review of Psychiatry*, Vol. 20, No. 3, 2008, pp. 317 – 28.

[③] 参见涂阳军、郭永玉《创伤后成长：概念、影响因素、与心理健康的关系》，《心理科学进展》2010 年第 1 期。

[④] Fazel, M., Reed, R. V., Panter-Brick, C., & Stein, "A. Mental health of refugee and internally displaced children resettled in high-income countries: Risk and protective factors". *The Lancet*, Vol. 379, No. 9812, 2011, pp. 266 – 282.

健康的关系①，他认为安全的依恋、积极情绪和有目标的生活是心理韧性的三大要素，虽然有研究表明获得奖励的经历对心理韧性起到关键的作用，但来自生物学和心理学的交叉研究表明对压力的敏感性对心理韧性具有重要的作用。心理韧性无论是作为一种特质或是动态过程，它对心理健康的影响与作用已引起越来越多的研究者的关注和重视。

（二）文化认同与心理韧性

Shen 对美籍华人的文化适应和心理健康关系研究发现，文化适应不仅与高压力、社会经济地位相关，也与心理健康相关；较高程度的文化适应直接或间接地与较少抑郁症状存在联系②。Loh 和 Klug 通过对澳大利亚社会中移民妇女文化适应及心理压力的研究发现，心理韧性在文化适应过程中是一个重要的中介因素，有助于减轻心理压力③。Koneru 等人对有关文化适应和心理健康的文献进行回顾，发现对多元文化持"整合"态度的文化认同方式与良好的心理健康水平相关④。Sirikantraporn 对经历过家庭暴力儿童青少年的研究发现，双文化认同态度有助于这些见证过家庭暴力的儿童青少年心理韧性的发展，积极的文化认同态度作为心理韧性的一种保护性因子而存在⑤。近年来，我国心理学研究者们对心理学的本土化问题一直进行着有益的探索，试图将心理学的研究方法与中国本土文化特点相结合，做出了许多有益的尝试。于辉研究了朝鲜大学生文化认同与心理健康的关系，大学生对母体文化和主流文化的认同态度间接地影响其心理健康状况⑥。张劲梅对西南地区少数民族的文化适应研究发现，不同民

---

① Rutten, B. P., Hammels, C., Geschwind, N., Menne-Lothmann, C., Pishva, E., Schruers, K., van den Hove, D., et al. "Resilience in mental health: Linking psychological and neurobiological perspectives". *Acta Psychiatrica Scandinavica*, Vol. 128, No. 1, 2013, pp. 3 – 20.

② Shen, B. J. "A structural model of acculturation and mental health status among Chinese Americans". *American Journal of Community Psychology*, Vol. 29, No. 3, 2001, pp. 79 – 104.

③ Loh, M., & Klug, J. "Voices of migrant women: The mediating role of resilience on the relationship between acculturation and psychological distress". *Australian Community Psychologist*, Vol. 24, No. 2, 2012, pp. 59 – 78.

④ Koneru, V., & Weisman de Mamani, A. "Acculturation, ethnicity, and symptoms of schizophrenia". *Interamerican Journal of Psychology*, Vol. 40, No, 3. 2006, pp. 355 – 362.

⑤ Sirikantraporn, S. "Biculturalism as a protective factor: An exploratory study on resilience and the bicultural level of acculturation among Southeast Asian American youth who have witnessed domestic violence". *Asian American Journal of Psychology*, Vol. 4, No. 2, 2013, pp. 109 – 115.

⑥ 参见于辉《朝鲜族大学生民族认同、文化适应与心理健康的关系研究》，硕士学位论文，延边大学，2008 年。

族间的文化差异可能引起文化适应和心理健康问题，而对多元文化的积极适应有助于心理健康[1]；特别是在压力或逆境中，文化因素对心理韧性的促进作用逐渐凸显出来，如葛艳丽探讨了汶川地震后羌族心理复原力的影响因素，认为羌族文化对震后心理复原力的形成起着重要作用[2]。

（三）人格与心理韧性

心理韧性与人格的相关性已被许多研究证明，Medvedova 研究发现，积极的人格特质有利于个体采取更为积极有效的应对策略，更好地应对生活中的压力和逆境[3]。Block 研究发现，心理韧性与人格中的好社交、良好的人际关系能力、情绪的稳定性、责任心、积极的自我肯定、热情和乐观等因素呈正相关[4]，心理韧性与大五人格中的神经质呈现显著的负相关，而与外倾性和责任感呈正相关[5]。一项关于军人心理韧性的研究发现，人格特质中的外向性、正直与心理弹性各维度均有显著的正相关，并对心理弹性水平起着明显的正向预测作用[6]。张海峰对 607 名大学生生活事件、人格与心理韧性的关系进行了调查，发现生活事件和人格两个因素对心理韧性具有较显著的预测力[7]。

（四）社会支持与心理韧性

研究表明，社会支持、胜任感具有明显地削减压抑心境的作用，即压力缓冲效应[8]。Hunter 对青少年心理韧性的跨文化研究发现，大部分青少

---

① 参见张劲梅《西南少数民族大学生的文化适应研究》，博士学位论文，西南大学，2008年。

② 参见葛艳丽《影响羌族震后心理复原力的文化因素研究》，硕士学位论文，四川师范大学，2010 年。

③ Medvedova, L. "Personality dimensions: 'Little Five' and their relationships with coping strategies in early adolescence". *Study Psychological*, Vol. 40, No. 4, 1998, pp. 261 – 265.

④ Block, J. "Millennial contrarianism: The five-factor approach to personality description 5 years later". *Journal of Research in Personality*, No. 35, 2001, pp. 98 – 107.

⑤ Campbell-Sills, L., Cohan, S. L., & Stein, M. B. "Relationship of resilience to personality, coping and psychiatric symptoms in young adults". *Behavior Research and Therapy*, No. 4, 2005, pp. 585 – 599.

⑥ 参见丁娅《军人积极人格特质及其与心理弹性的关系研究》，硕士学位论文，重庆师范大学，2012 年。

⑦ 参见张海峰《大学生生活事件、大五人格与心理韧性的关系研究》，硕士学位论文，南京师范大学，2012 年。

⑧ Gore, S., & Aseltine Jr, H. "Protective processes in adolescence: Matching stressors with social resources". *American journal of community psychology*, Vol. 23, No. 3, 1995, pp. 301 – 327.

年都认为自己能从逆境中恢复过来，这取决于他们是否能得到足够的支持和关爱帮助他们走出困境[①]。一项对留守儿童的研究结果显示，社会支持和人格对留守儿童的心理韧性具有显著的预测作用[②]。晁粉芳对大学生心理韧性的调查发现，获得的社会支持度越高，其心理韧性水平越高；但对社会支持的利用水平越高，心理韧性反而越低，这说明过多的社会支持如果不能正确运用，反而不利于个体心理韧性的发展[③]。Haroz 等人对乌干达北部青少年心理韧性、社会支持与亲社会行为对心理健康影响的研究发现，高水平的亲社会行为与焦虑症状改善之间相关，亲社会行为有助于增强心理韧性[④]。

（五）幸福感与心理韧性

Ryan 研究认为高心理韧性个体在逆境中更能保持幸福，继续追求实现目标使生活快乐而有意义[⑤]。心理韧性对于处在逆境或严重压力的个体幸福感具有积极作用[⑥]，同时，积极情绪在心理韧性和幸福感之间起中介作用[⑦]。由于心理韧性具有灵活性的特征，有助于个体调动各种资源适应环境的变化，从而保持较高的幸福感[⑧]。对地震灾区遇难者家属心理韧性的研究发现，个体韧性和社会支持与震后生活满意度呈显著正相关[⑨]。

---

① Hunter, A. J. "A cross-cultural comparison of resilience in adolescents". *Journal of Pediatric Nursing*, Vol. 16, No. 3, 2001, pp. 172 – 179.

② 参见骆鹏程《留守儿童心理弹性与人格、社会支持的关系研究》，硕士学位论文，河南大学，2007 年。

③ 参见晁粉芳《大学生心理韧性与人格、社会支持的关系》，硕士学位论文，东北师范大学，2010 年，第 29 页。

④ Haroz, E. E., Murray, L. K., Bolton, P., Betancourt, T., & Bass, J. K. "Adolescent Resilience in Northern Uganda: The role of social support and prosocial behavior in reducing mental health problems". *Journal of Research on Adolescence*, Vol. 23, No1, 2013, pp. 138 – 148.

⑤ Ryan R. M & Deci E. L. "On happiness and human potentials: A review of research on hedonic and eudaimonic well-being". *Annual Review of Psychology*, No. 52, 2001, pp. 141 – 166.

⑥ Bonanno, G. A. "Loss, trauma, and human resilience: Have we underestimated the human capacity to thrive after extremely aversive events?" *American Psychologist*, Vol. 59, No. 1, 2004, pp. 20 – 28.

⑦ 参见王永、王振宏《大学生的心理韧性及其与积极情绪、幸福感的关系》，《心理发展与教育》2013 年第 1 期。

⑧ Waugh, C., E., Thompson, R., J., & Gotlib, I., H. "Flexible emotional responsiveness in trait resilience". *Emotion*, Vol. 11, No. 5, 2011, pp. 1059 – 1067.

⑨ 参见吴胜涛、李娟、祝卓宏《地震遇难者家属的个体韧性及与社会支持、心理健康的关系》，《中国心理卫生杂志》2010 年第 4 期。

（六）应对方式与心理韧性

许多研究关注心理韧性对应对方式的作用及影响，如 Beasley 等人研究了坚韧的认知、应对方式和心理健康之间的关系，发现韧性认知、负性生活事件和应对方式直接影响心理健康和身心功能[1]。张智等人研究发现，问题解决、求助等积极的应对方式与心理韧性呈显著正相关[2]，幻想、退缩、逃避和压抑则与心理韧性呈负相关[3]。对地震灾区初中生的心理韧性调查发现，受灾程度、自尊、社会支持和积极的应对方式是心理韧性的影响因素[4]。

综上，有关心理韧性与心理健康、文化认同与适应、人格、社会支持、幸福感和应对方式等方面的研究，为心理韧性的本土化、多视角研究提供了理论支持。上述研究结果对羌文化、中华文化认同与心理韧性的关系研究具有重要的启示。

第二节 羌文化与心理韧性的研究框架

一 羌文化的研究局限

羌族作为中国西南部最古老的少数民族繁衍生息，但在 5·12 地震中遭受了毁灭性的重创。灾后政府对羌族文化保护与重建高度重视，采取一系列措施和政策保障，积极促进灾后羌文化的恢复、重建与传承。学者们对羌族文化的研究日益凸显，研究多集中于民族学、人类学、历史学、宗教学等取向的质化研究，而对心理学取向的研究甚少。研究内容多为对羌族社会生活、传统文化和习俗进行了民族志式的具体研究，如《羌族火文化研究》（蓝广胜，2010）、《羌在汉藏之间——川西羌族的历史人类学研究》（王明珂，2003）、《文化的适应与变迁——四川羌

---

① Beasley, M. , Thompson, T. , & Davidson, J. "Resilience in response to life stress: The effects of coping style and cognitive hardiness". *Personality and Individual Differences*, No. 34, 2003, pp. 77 – 95.

② 参见张智、郭磊魁《大学生应对方式与自我复原的关联》，《中国临床心理学杂志》2005 年第 4 期。

③ 参见席居哲《基于社会认知的儿童心理弹性研究》，博士学位论文，东北师范大学，2006 年，第 152 页。

④ 参见陈珍妮、何芙蓉、周欢等《地震灾区初中生心理弹性及其影响因素分析》，《中国学校卫生》2012 年第 4 期。

村调查》（徐平，2006）；或为对羌文化历史、宗教、民俗等的传承与保护性研究，如《氏与羌》（马长寿，2006）、《羌笛悠悠：羌文化的保护与传承》（邓延良，2009）、《从远古文明中走来——西南氐羌民族审美观念》（张胜冰，2007）、《神圣与亲和——中国羌族释比文化调查研究》（赵曦，2010）、《神圣与秩序——羌族艺术文化通论》（赵曦等，2013）。但缺乏对文化场域下群体或个体心理与行为的实证性研究，无法充分体现羌文化中积极元素对个体心理健康的作用与价值，也不利于羌文化的保护、传承与创新。

二　心理韧性的研究局限

心理韧性的研究反映了当前积极心理学的研究趋势，而近几十年的研究主要集中在心理韧性的概念界定、影响因素、发展模型及测评工具等几个方面。研究对象从成年人、青少年、儿童到婴幼儿，研究领域涉及精神卫生、教育、文化、社会学等诸多领域。许多研究将心理韧性作为一种保护性因子，探讨其如何促进个体的心理健康，例如经历过或正在经历逆境、压力等群体的心理健康等。近年来，越来越多的研究者开始关注心理韧性的跨文化研究，将质性研究和量化研究的方法用于心理韧性的研究中，不同文化背景下个体心理韧性的研究日益受到关注。研究发现，不同种族或文化差异的个体，同样具有成功应对逆境的经验[1]；而文化认同与文化适应对心理韧性的发展具有重要意义[2][3]。

国内对心理韧性的研究起步虽晚但发展较快，从对心理韧性概念、结构的探讨，到影响因素的分析，逐渐重视文化对心理健康的影响和作用。文化心理学作为心理学研究的一种新思路，强调文化与心理的关系在心理学研究中的重要作用，对人类心理活动的解读，必须在一定的社会文化环

---

[1]　Eggerman, M., & Panter-Brick, C. "Suffering, hope, and entrapment: Resilience and cultural values in Afghanistan". *Social Science & Medicine*, Vol. 71, No. 1, 2010, pp. 71 – 83.

[2]　Bhui, K., Stansfeld, S., Head, J., Haines, M., Hillier, S., Taylor, S., & Booy, R. "Cultural identity, acculturation, and mental health among adolescents in east London's multiethnic community". *Journal of Epidemiology and Community Health*, No. 59, 2005, pp. 296 – 302.

[3]　Weaver, D. "The relationship between cultural/ethnic identity and individual protective factors of academic resilience". *Retrieved from http: //counseling out fitters. com/vistas/ vistas*10/ *Article_67. pdf.* 2010, pp. 1 – 21.

境中进行①。国外有关文化认同与适应的研究源于移民文化的土壤，无论是文化、心理韧性的测量工具还是研究方法而言，并不完全适用于我国多元一体文化特征的具体实践，特别是对少数民族个体的心理韧性的研究，因而，本土文化取向的心理韧性研究亟待加强②。

三　灾后心理韧性的研究

5·12 特大地震对羌族聚居区阿坝藏羌自治州的汶川、北川、茂县、理县、平武等地带来重创，地震夺去了近 3 万名羌族同胞的生命，大量羌族文化毁于一旦。有研究表明，震后创伤后应激障碍的发病概率较高，如不进行及时有效的干预，甚至会诱发自伤、自杀等不良后果③；张本等人对唐山地震幸存者的研究发现，地震 20 多年后他们仍然存在焦虑、恐惧或出现神经衰弱等神经症的症状，13 例孤儿被诊断为创伤后应激障碍④。可见，对于经历了地震的幸存者而言，摆脱灾难带来的不利影响是一个漫长而艰难的过程。

在灾后心理复原的研究中，心理韧性经常被作为一个中介变量或调解变量来考察⑤⑥，而对心理韧性本身的特点和发展关注较少。积极心理学主张研究为什么和如何使个人活得有自尊和充满自我效能，而不只是了解什么原因使个人放弃希望，这样会更有意义。Kathleen 和 Janyce 认为，个体能否从创伤经历中恢复，取决于个体心理的保护性因素能否帮助个体成

---

① 参见田浩、葛鲁嘉《文化心理学的启示意义及其发展趋势》，《心理科学》2005 年第 5 期。

② Pan, J. Y. "A resilience-based and meaning-oriented model of acculturation: a sample of mainland Chinese postgraduate students in Hong Kong". *International Journal of Intercultural Relations*, No. 35, 2011, pp. 592 – 603.

③ 参见赵广建、李学文《灾害事件对人群身心健康的影响》，《中国急救复苏与灾害医学杂志》2008 年第 3 期。

④ 参见张本、张凤阁、王丽萍等《30 年后唐山地震所致孤儿创伤后应激障碍现患率调查》，《中国心理卫生杂志》2008 年第 6 期。

⑤ Wang, L., Shi, Z., Zhang, Y., & Zhang, Z. "Psychometric properties of the 10-item Connor-Davidson resilience scale in Chinese earthquake victims". *Psychiatry and Clinical Neurosciences*, Vol. 64, No. 5, 2010, pp. 499 – 504.

⑥ Yu, X. N., Lau, J. T., Mak, W. W., Zhang, J., Lui, W. W., & Zhang, J. "Factor structure and psychometric properties of the Connor-Davidson Resilience Scale among Chinese adolescents". *Comprehensive Psychiatry*, Vol. 52, No. 2, 2011, pp. 218 – 224.

功适应和应对逆境，并从中获得"创伤后成长"[1]；而与创伤后成长有关的概念较多，如坚韧（hardiness）、韧性（resilience）、乐观、寻求意义（making sense）和凝聚感（sense of coherence）等[2]，因而，心理韧性的研究对震后心理复原与成长具有重要意义。研究发现，汶川地震后灾区青少年会表现出创伤后成长，且不同类型的社会支持对青少年的创伤后成长有不同的正性影响[3]。张姝玥等人研究认为，复原力中的积极认知和信任两个维度对降低学生创伤后应激反应、促进学生心理健康恢复具有比较大的作用[4]。有研究者认为，由于文化差异，使得不同民族即使是面对同样的灾难也会产生不一样的认知、反应和应对方式[5]，而一些有关极重灾区北川的研究发现，相对于汉族幸存者而言，羌族幸存者的 PTSD 的发生率更高[6][7]。葛艳丽采用质性研究的方法探讨了羌族文化中的积极元素对震后羌族村民心理复原的作用[8]。青海玉树地震后的心理干预研究发现，将藏文化中的积极元素运用于心理治疗中，对缓解急性应激反应（ASR）症状，促进地震伤员的心理复原起到了积极作用[9]。上述研究为我们提供了心理韧性文化取向研究的理论支持，也为 5·12 地震后羌文化与个体心理韧性研究奠定了基础。

---

[1]　Kathleen, T., & Janyce, D. "Resilience: A historical review of the construct". *Holistic Nursing Practice*, No. 18, 2004, pp. 3 – 10.

[2]　参见涂阳军、郭永玉《创伤后成长：概念、影响因素、与心理健康的关系》，《心理科学进展》2010 年第 1 期。

[3]　参见杨寅、钱铭怡、李松蔚《汶川地震受灾民众创伤后成长及其影响因素》，《中国临床心理学杂志》2012 年第 1 期。

[4]　参见张姝玥、王芳、许燕《受灾情况和复原力对地震灾区中小学生创伤后应激反应的影响》，《心理科学进展》2011 年第 3 期。

[5]　Marsella, A. J., & Christopher, M. A. "Ethnocultrual considerations in disasters: An overview of research issues and directions". *Psychiatric Clinics of North America*, No. 27, 2004, pp. 521 – 539.

[6]　参见黄河清、杨惠琴、韩布新《汶川地震后不同灾情地区老年人创伤后应激障碍发生率及影响因素》，《中国老年学杂志》2009 年第 10 期。

[7]　Wang, L., Zhang, Y., Wang, W. Shi, Z., Shen, J., Li, M., & Xin, Y. "Symptoms of posttraumatic stress disorder among adult survivors three months after the Sichuan earthquake in China". *Journal of Traumatic Stress*, Vol. 22, No. 5, 2009, pp. 444 – 450.

[8]　参见葛艳丽《影响羌族震后心理复原力的文化因素研究》，硕士学位论文，四川师范大学，2010 年，第 12 页。

[9]　参见李小麟、李涛、吴学华《结合藏文化的心理干预对玉树地震伤员急性应激反应的效果》，《中国心理卫生杂志》2011 年第 7 期。

四 研究工具的问题

已有关于文化认同的测量工具较多，如在文化认同和文化适应上：Suinn 等人编制的亚裔自我认同文化适应量表（Asian Self-Identity Acculturation Scale）[1]，把源文化和主流文化置于线段两端，将个体在线段中的位置作为评判指标；但由于其测量内容过于片面，评价过于主观而较少被使用；Kim 编制的亚裔价值观量表（Asian values Scale）[2] 则以美国亚裔的价值观发展变化为依据，来测量其文化适应程度；Berry 编制的文化适应量表[3]，把源文化和主流文化分别看作独立的维度，该量表在国外相关的研究中被广泛使用，但该测量内容以态度测量为主，并未涉及语言和行为适应的部分。

国内关于文化认同或适应的测量工具，主要是借鉴或修订国外相关测量工具，如万明刚等人修订了 Berry 的文化适应方式量表[4]；胡兴旺等人基于白马藏族初中学生文化适应与智力水平关系的单维度问卷[5]；史慧颖编制的少数民族文化认同与行为倾向问卷，从语言、情感和行为等方面对文化适应进行调查[6]；张劲梅编制的西南少数民族双维度文化适应问卷对少数民族的文化认同与压力适应情况进行了调查[7]。已有问卷有一个共同的特点，即民族性和独特性，大都依据研究对象的文化背景和生活场域而编制，因此不具备普适性，但对羌族文化认同的研究具有重要的参考

---

① Suinn, R. M., Rickard-Figueroa, K., Lew, S., & Vigil, P. "The Suinn - Lew Asian SelfIdentity Acculturation Scale: An initial report". *Educational and Psychological Measurement*. No. 47, 1987, pp. 401 - 407.

② Kim, B. S. K., Atkinson, D. R., & Yang, P. H. "The Asian Values Scale: Development, factor analysis, validation, and reliability". *Journal of Counseling Psychology*, No. 46, 1999, pp. 342 - 352.

③ Berry, J. W. "Conceptual approaches to acculturation: Advances in theory, measurement, and applied research". Washington, DC: *American Psychological Association*. 2003.

④ 参见万明钢、王亚鹏、李继利《藏族大学生民族与文化认同调查研究》，《西北师范大学学报》（社会科学版）2002 年第 5 期。

⑤ 参见胡兴旺、蔡笑岳、吴睿明等《白马藏族初中学生文化适应和智力水平的关系》，《心理学报》2005 年第 4 期。

⑥ 参见史慧颖《中国西南民族地区少数民族民族认同心理与行为适应研究》，博士学位论文，西南大学，2007 年，第 41 页。

⑦ 参见张劲梅《西南少数民族大学生的文化适应研究》，博士学位论文，西南大学，2008 年，第 50 页。

价值。

关于心理韧性的测量工具业已成熟，其中自陈问卷因其测量的便易性而运用较多。其中，Connor-Davidson（2003）编制的 Resilience Scale（CD-RISC）是一个典型代表，CD-RISC 中文修订版共 25 个题项，但并不符合五因素结构，心理韧性是一个三因素结构——坚韧、力量、乐观[1]，说明中国文化背景下的心理韧性有异于国外研究。另一个运用较广泛的心理韧性量表是 Wagnild 和 Young 编制的 Resilience Scale（RS），有 25 个条目[2]，包含两个因素，分别是个人能力、对自我和生活的接纳，采用 7 点计分的方式，信效度可靠；也有国内学者自编量表，如青少年心理韧性量表[3]。此外还有投射法（绘画测验、补全故事法等）和行为症状评定法等。

上述测量工具从不同角度对文化认同和心理韧性进行考察，各有优缺点。根据研究对象和研究目的的需要，本研究拟自编羌族民众文化认同问卷（包含羌文化和中华文化认同分问卷），同时选取 CD-RISC（中文版）作为震后羌族民众心理韧性的自陈量表，采用调查法、投射法和行为实验，多角度地考察震后羌族民众文化认同、心理韧性的特点及其影响因素。

五　本研究目的和意义

（一）研究目的

本研究的目的在于：第一，对震后羌族民众的文化认同特点进行测查。已有对羌族文化的研究多从历史学、人类学、宗教学和社会学等角度而进行的质化研究，立足心理学取向的研究甚少，针对个体文化心理的研究较为匮乏，研究方法和测量工具缺乏系统性，较少将量化研究与质化研究相结合，形成体系化的研究态势和框架。因此，为探讨 5·12 震后羌族民众文化认同特点，从前期研究、量化研究，到投射测验、行为实验，再

---

① 参见于肖楠、张建新《韧性（resilience）——在压力下复原和成长的心理机制》，《心理科学进展》2005 年第 5 期。

② Wagnild, G. M., & Young, H. M. "Development and psychometric evaluation of the Resilience Scale". *Journal of Nursing Measurement*, Vol. 1, No. 2, 1993, pp. 165 – 178.

③ 参见胡月琴、甘怡群《青少年心理韧性量表的编制和效度验证》，《心理学报》2008 年第 8 期。

到个案访谈，将量化研究与质性研究相结合，为羌族民众文化认同研究提供实证依据，也弥补相关理论研究的不足。第二，探讨不同文化认同类型的羌族民众，其心理韧性的特点及影响因素。本研究的对象是5·12地震重灾区的羌族民众，经历创伤后的心理韧性特点和发展具有典型性：一方面，羌民生活在羌、汉、藏文化相融交叉的文化场域下，长期的社会文化生活形成了一定类型的文化认同态度，而对羌文化和中华文化不同的认同态度对其心理韧性有无影响？从量化研究得到的羌民外显心理韧性特征，是否与其内隐行为的结果相一致？另一方面，具有不同文化认同态度的羌民在面对与地震相关的应激情境时，文化认同态度与心理韧性是否存在某种联系？民族文化元素对羌民灾后心理恢复是否具有积极作用？这些研究对于深入而系统地了解震后羌民心理韧性的发展是很重要的。

（二）研究意义

在理论层面上：当前，基于文化取向的少数民族心理韧性研究甚少，本研究采用结构化量表、建立关系模型及行为实验等方法进行系统化研究，并结合投射测验和个案分析等质性研究方法，以期可以丰富心理韧性相关的理论研究成果。

在实践层面上：首先，有助于发现不同文化认同态度的羌族个体心理韧性的特点及震后心理复原的状况，以促进其达到更好的文化认同与适应，实现心理健康和生活幸福。其次，对灾后羌族心理韧性的研究，既有助于把握羌文化保护与传承过程中心理层面的问题，更有助于维护羌族社会人际和谐，与主流文化社会形成良好互动，更好地促进"中华民族多元一体格局"。

六 本研究框架和理论假设

（一）研究框架

本研究分别在2008年、2009年和2011年3次对5·12地震后羌族地区民众心理健康状况进行了测查，通过前期研究发现，震后羌族地区青少年、成人的应对方式和心理健康与其心理复原过程密切相关，而对羌族成人的质性研究发现，他们对羌文化和中华文化的认知态度，对其心理健康具有一定的影响和促进作用。

基于前期研究的结果，第一，对羌族民众进行开放式问卷和访谈，结合心理学专家、研究人员的意见，构建结构化问卷进行测验，对羌族民众文化认同的特点和类型进行研究。第二，采用问卷调查，考察不同文化认同类型的羌族民众心理韧性的特点，以及心理韧性的影响因素，并建立心理韧性的影响因素模型。第三，运用内隐测验（IAT）和绘画投射测验法对灾后羌族民众的文化认同和心理韧性的特点进行深入分析，并验证量化研究的结果。第四，采用行为实验范式，探讨不同文化认同态度类型的羌族民众，在与地震相关的威胁性刺激情境下心理韧性的特点，进一步验证羌族民众文化认同与其心理韧性的关系。第五，采用个案研究法，深入了解震后羌族民众文化认同与心理韧性特点，以及心理韧性发展的促进因素。第六，采用团体音乐辅导，探讨音乐（古典音乐和羌族妮莎）对羌族大学生情绪调节能力与心理韧性发展的影响。具体的技术路径见图 2－3。

图 2－3　羌族文化认同与心理韧性实证研究框架

根据上述研究框架，拟定了本研究的主要内容：第一部分为绪论（第一、第二、第三章），回顾羌文化和心理韧性相关研究并进行梳理和总结；提出问题并整理出研究思路和框架；报告前期研究结果，为后续研究提供实证依据。第二部分为羌族的文化认同的调查研究（第四、五章），编制羌族文化认同问卷，探讨羌族民众文化认同特点和类型；通过内隐测验（IAT）验证自陈测验的结果。第三部分为羌族心理韧性的调查研究（第六、七章），通过系列相关研究探讨羌族民众心理韧性特征和影响因素，并建立心理韧性的影响模型加以验证；采用绘画投射测验，验证量化研究中羌族民众心理韧性的特点，通过行为实验再次验证特殊情境下文化认同与心理韧性的关系。第四部分为心理韧性：压力下成长的动力（第八、九、十章），通过个案研究和团体音乐辅导，进一步提供民族文化影响个体心理韧性的证据。

（二）理论假设

根据前期调研结果，结合相关研究理论，本研究做出以下理论假设。

（1）通过自陈问卷的编制，可以发现灾后羌族民众文化认同的类型和特点。

（2）通过对羌族民众心理韧性的系列相关研究，结合羌族民众文化认同特点的研究结果，建立羌族文化认同与心理韧性的关系模型。

（3）通过内隐测验和投射测验，能得到与自陈问卷相同或相似的研究结果，进一步验证羌族民众文化认同和心理韧性的特点。

（4）行为实验的证据能验证不同文化认同态度的羌族民众，其心理韧性特点的差异。

（5）个案研究和后续研究在个体水平上提供了羌族文化认同对个体心理韧性的作用证据。

第三章　前期研究：来自5·12极重灾区的调查报告

第一节　羌族、汉族青少年心理健康与应对方式的调查

一　研究目的

通过对5·12地震极重灾区青少年心理健康与灾后应对方式的测查，了解灾区青少年心理健康状况，引导青少年采取合理的应对方式，为灾后青少年心理复原和发展贡献价值。

二　研究方法

（一）被试

本研究选取极重灾区四川省绵阳市北川县和绵竹市汉旺镇（极重灾区划分依据2008年民政部等五部委关于印发汶川地震灾害范围评估结果）两地青少年为样本，采用现场施测的方式，先后两次对极重灾区北川、绵竹等地240名青少年的心理健康与应对方式进行测查。地震两周时，被试为240名青少年，年龄从11岁到15岁，平均年龄为12.60±0.80岁，男生122人，占50.8%，女生118人，占49.2%；羌族136人，占56.7%，汉族104人，占43.3%。地震一年后再次测查时，由于部分被试随家人异地复学等因素，共188名青少年参加测查，年龄从11岁到15岁，平均年龄为13.76±0.81岁，男生85人，占45.2%，女生103人，占54.8%；羌族109人，占58%，汉族79人，占42%。

（二）工具

（1）采用沃建中等（2003）编制的中小学生心身健康量表，对部分题目进行修订。该问卷共53个题项，包括情绪、认知和生理适应三个分

量表，每个分量表包括3—11个题目，问卷采用1—5级评分，从"没有""很轻""中度""偏重"到"严重"；各因子分为各条目分之和除以条目数；修订后问卷克隆巴赫系数为0.875，分半信度为0.869，均达到统计学要求。

（2）采用肖计划等（1996）修订的应对方式问卷，包括自责、幻想、退避、求助、合理化和问题解决等维度，每个维度包含3—5个条目，共计21题；问卷采用1—5级评分，从"完全不符合"到"完全符合"；各因子分为各条目分之和除以条目数；问卷克隆巴赫系数为0.884，分半信度为0.875，均达到统计学要求。

（三）施测程序和统计分析

调查由经过培训的心理学专业学生进行施测，在调查员说明本次测试的目的后，所有被试均征得监护人或本人同意，自愿参加测查；在问卷填写过程中，对于被试不理解的条目，调查员进行解释说明，所有问卷均现场匿名回收，第一次共发放问卷275份，回收有效问卷240份，回收率87.3%；第二次共发放问卷188份，回收有效问卷188份，回收率为100%。数据采用SPSS 18.0进行统计分析。

三　研究结果

5·12地震2周后，我们随心理健康教育专家团赴灾区参与灾后心理援助工作。2008年5—6月，对四川省绵阳市的北川县中学和绵竹市汉旺镇中学的240名中学生进行震后心理健康水平的测查工作，结果发现，地震后2周的时间点上，男生、女生在心身健康量表和应对方式量表的维度上均分高低各不同：在情绪维度上，汉族青少年得分均高于羌族青少年（敏感因子除外），男生得分高于女生，而在认知维度、生理适应维度得分高低各不同；在解决问题上男生得分高于女生，而在求助上女生得分高于男生，女生在退避、幻想、自责等不成熟应对方式得分上高于男生，但灾区青少年在心身健康和应对方式上，均未呈现性别和民族上的差异。

2009年6月，我们再次对5·12地震极重灾区的北川和绵竹两所中学的青少年心理健康和应对方式进行了调查，但由于第一次参与调查的部分学生随外出务工的家人异地复学，此次有效被试人数仅为188人，结果发现：地震1年后，不同民族的青少年在心身健康和应对方式上仍未呈现显著差异，但在性别间呈现显著差异：在敏感因子上女生得分（$M =$ 3. 01，$SD = 1. 02$）高于男生（$M = 2.40$，$SD = 0.86$，$p < 0.001$）；在抑郁因子上女生得分（$M = 2.80$，$SD = 1.08$）高于男生（$M = 2.25$，$SD = 0.94$，$p < 0.001$）；在自责因子上女生得分（$M = 2.66$，$SD = 0.96$）高于男生（$M = 2.36$，$SD = 0.88$，$p < 0.001$）；在合理化因子上女生得分（$M = 3.03$，$SD = 0.75$）高于男生（$M = 2.77$，$SD = 0.79$，$p < 0.01$）。

进一步将地震 2 周和地震 1 年后两次测查的数据进行独立样本的 T 检验发现，灾区青少年无论从总体得分，还是不同性别、民族间在震后不同时间点测查结果差异显著（表 3 – 1、表 3 – 2）。从总体得分情况看（表 3 – 1），除暴躁因子得分上升以外，灾区青少年在地震 1 年后的不良心身反应较 2 周时均有所下降；地震 1 年后问题解决的得分高于地震 2 周时，并在退避、幻想、自责、合理化和求助因子的得分上均低于地震 2 周的得分。除暴躁、孤独、注意力、食欲下降、求助和问题解决等因子外，其余因子两次测查结果差异显著。

男生在地震 1 年后各种不良心身反应较地震 2 周时显著下降，求助和问题解决等成熟应对方式得分较 2 周时有所上升，除暴躁、孤独、注意力、食欲下降、求助和问题解决等因子外，其余因子在两次测查结果中差异显著。女生地震 1 年后在暴躁、孤独、抑郁等不良心身反应和求助上得分较地震 2 周时有所上升，其余各因子得分均较 2 周时下降；女生在强迫（$p < 0.001$）、回避（$p < 0.01$）、自罪（$p < 0.001$）、恐惧（$p < 0.001$）、兴趣（$p < 0.01$）、自我效能（$p < 0.01$）、失眠（$p < 0.001$）、易累（$p < 0.01$）和退避（$p < 0.05$）等因子上两次得分差异显著。此外，地震 2 周时男生各种不良心身反应较女生严重，而地震 1 年后，女生在不良情绪维度和生理适应维度上得分却高于男生；地震 1 年后女生在退避、幻想、自责、求助和合理化等应对方式上得分高于男生，男生在问题解决上得分高于女生。

通过不同民族的青少年两次测查结果比较（表 3 – 2）发现：羌族和汉族青少年地震 1 年后各种不良心身反应较震后 2 周均有所下降，且在成熟应对方式求助、问题解决上得分较 2 周时高。地震 1 年后，羌族在情绪、认知等不良心身反应上得分低于汉族青少年，在生理适应上得分高于汉族；羌族青少年在幻想因子上得分高于汉族；而在其他应对方式上，汉族青少年得分均高于羌族，但羌汉青少年之间无显著差异。

表3-1　地震2周与地震1年后灾区不同性别青少年心理健康与应对方式的比较（n=188）

		总体（n=188）		男生（n=85）		女生（n=103）		t（总体）	t（男生）	t（女生）
		2周	1年	2周	1年	2周	1年			
心身健康量表	情绪维度									
	敏感	2.98±0.92	2.73±1.00	2.91±0.84	2.40±0.86	3.05±1.00	3.01±1.02	2.65**	4.32***	0.28
	强迫	3.02±0.96	2.33±1.03	3.01±0.91	2.26±1.00	3.02±1.01	2.40±1.05	7.09***	5.61***	4.52***
	回避	2.67±0.89	2.16±0.83	2.75±0.89	2.12±0.92	2.60±0.89	2.19±0.87	6.14***	5.28***	3.43**
	冷漠	2.72±0.91	2.40±0.86	2.78±0.91	2.38±0.84	2.66±0.90	2.42±0.88	3.67***	3.21**	1.96
	愤怒	2.85±0.91	2.57±0.86	2.90±0.94	2.52±0.83	2.81±0.88	2.61±0.88	3.27**	2.96**	1.66
	暴躁	2.69±1.04	2.75±1.05	2.70±1.03	2.62±1.00	2.68±1.05	2.85±1.08	-0.52	0.55	-1.15
	抑郁	2.75±0.88	2.55±1.05	2.73±0.92	2.25±0.94	2.77±0.84	2.80±1.08	2.06*	3.63***	-0.28
	恐惧	3.44±1.01	2.79±1.05	3.40±0.99	2.68±1.01	3.49±1.03	2.88±1.09	6.52***	5.14***	4.24***
	孤独	2.43±0.98	2.26±1.04	2.60±1.00	2.17±1.01	2.24±0.94	2.34±1.05	1.66	3.08**	-0.75
	自杀	2.26±1.05	1.88±0.96	2.39±1.09	1.78±0.88	2.12±1.00	1.97±1.02	3.79***	4.30***	1.09
	自罪	2.86±1.06	2.16±1.11	2.91±1.01	2.07±1.03	2.81±1.12	2.24±1.17	6.65***	5.87***	3.72***
	兴趣	2.83±1.36	2.13±1.25	2.89±1.45	2.01±1.30	2.76±1.27	2.23±1.21	5.44***	4.49***	3.17**
	认知维度									
	注意力	2.92±0.96	2.78±0.98	2.97±0.92	2.80±0.91	2.87±1.00	2.75±1.04	1.53	1.31	0.82
	自我效能	3.43±0.75	3.28±0.75	3.40±0.80	3.36±0.80	3.47±0.70	3.22±0.71	2.09*	0.34	2.69**
	生理适应维度									
	易累	2.69±0.92	2.22±0.89	2.71±0.89	2.09±0.82	2.67±0.96	2.32±0.93	5.37***	5.09***	2.74**
	失眠	2.86±1.08	2.27±0.94	2.85±1.06	2.25±0.88	2.87±1.11	2.29±0.99	5.95***	4.30***	4.12***
	食欲下降	2.62±0.94	2.52±0.86	2.59±0.91	2.44±0.84	2.63±0.97	2.59±0.88	1.10	1.21	0.47
	自责	2.90±1.00	2.52±0.93	2.97±0.99	2.36±0.88	2.83±1.01	2.66±0.96	4.70***	4.51***	1.31
应对方式量表	幻想	3.56±0.75	3.34±1.07	3.52±0.77	3.29±0.82	3.60±0.72	3.38±1.24	2.82**	2.11*	1.65
	退避	2.84±0.80	2.46±0.84	2.91±0.79	2.40±0.86	2.78±0.80	2.50±0.83	3.02**	4.35***	2.58*
	合理化	3.19±0.82	2.91±0.78	3.16±0.85	2.77±0.79	3.22±0.79	3.03±0.75	3.37***	3.38**	1.78
	求助	3.28±0.70	3.22±0.76	3.12±0.71	3.18±0.79	3.36±0.67	3.26±0.73	0.82	-0.58	1.03
	问题解决	3.35±0.61	3.41±0.59	3.37±0.59	3.51±0.64	3.33±0.63	3.33±0.53	-0.16	-1.62	0.01

注：* $P<0.05$，** $P<0.01$，*** $P<0.001$。下同。

　　对羌族青少年而言，地震 2 周与地震 1 年后的测查结果除敏感、暴躁、自我效能、食欲下降等因子外，在其他不良心身反应因子上差异显著；在应对方式上，仅自责因子差异显著（$p < 0.01$）；对汉族青少年而言，震后 2 周与 1 年的测查结果在回避、暴躁、愤怒、自罪、恐惧、注意力、兴趣、失眠和易累上差异显著，在应对方式上退避、自责和求助因子得分差异显著（$p < 0.01$）。

表 3 - 2　　　地震 2 周与地震 1 年后灾区不同民族青少年心理健康与
应对方式的比较（$n = 188$）

			羌族（$n = 109$）		汉族（$n = 79$）		t（羌）	t（汉）
			2 周	1 年	2 周	1 年		
心身健康量表	情绪维度	强迫	2.35 ± 1.08	1.99 ± 0.92	2.31 ± 0.95	2.03 ± 0.99	- 2.57 **	- 1.85
		回避	2.14 ± 0.77	1.74 ± 0.73	2.18 ± 0.90	1.89 ± 0.85	- 3.87 ***	- 2.13 *
		敏感	2.74 ± 0.98	2.60 ± 1.00	2.73 ± 1.03	2.51 ± 0.98	- 1.00	- 1.40
		冷漠	2.39 ± 0.88	2.12 ± 0.70	2.43 ± 0.83	2.24 ± 0.77	- 2.42 *	- 1.47
		暴躁	2.68 ± 1.01	2.49 ± 1.16	2.83 ± 1.10	2.50 ± 1.07	- 1.29	- 1.98 *
		愤怒	2.57 ± 0.84	2.19 ± 0.79	2.57 ± 0.88	2.31 ± 0.74	- 3.44 ***	- 2.04 *
		抑郁	2.56 ± 1.05	2.22 ± 1.02	2.54 ± 1.07	2.26 ± 1.13	- 2.41 *	- 1.64
		自杀	1.92 ± 0.98	1.53 ± 0.80	1.83 ± 0.94	1.73 ± 0.95	- 3.22 **	- 0.68
		自罪	2.07 ± 1.06	1.42 ± 0.65	2.29 ± 1.18	1.61 ± 0.85	- 5.39 ***	- 4.25 ***
		孤独	2.23 ± 0.98	1.82 ± 0.98	2.30 ± 1.11	2.03 ± 1.07	- 3.02 **	- 1.59
		恐惧	2.74 ± 1.03	2.44 ± 0.97	2.87 ± 1.08	2.53 ± 1.03	- 2.14 *	- 2.07 *
	认知维度	注意力	2.39 ± 0.99	2.76 ± 1.08	2.38 ± 0.91	2.80 ± 0.95	- 2.66 **	- 2.88 **
		兴趣	1.60 ± 0.91	2.09 ± 1.27	1.65 ± 1.12	2.19 ± 1.23	- 3.24 ***	- 2.96 **
		自我效能	3.62 ± 0.85	3.24 ± 0.72	3.48 ± 0.86	3.35 ± 0.79	3.55	1.09
	生理适应维度	失眠	1.86 ± 1.00	2.28 ± 0.95	1.88 ± 0.88	2.25 ± 0.92	- 3.08 **	- 2.71 **
		易累	2.12 ± 0.89	2.55 ± 0.89	2.07 ± 0.90	2.49 ± 0.85	- 3.51 ***	- 3.12 **
		食欲下降	2.09 ± 0.94	2.24 ± 0.93	2.05 ± 0.96	2.18 ± 0.84	- 1.20	0.95
应对方式量表		退避	2.23 ± 0.89	2.40 ± 0.81	2.27 ± 0.83	2.54 ± 0.86	- 1.39	- 2.06 *
		幻想	3.14 ± 0.84	3.38 ± 1.22	3.10 ± 0.80	3.28 ± 0.80	- 1.68	- 1.44
		自责	2.17 ± 0.92	2.50 ± 0.92	2.20 ± 0.81	2.55 ± 0.96	- 2.58 **	- 2.51 *
		求助	3.01 ± 0.77	3.17 ± 0.74	3.02 ± 0.73	3.30 ± 0.78	- 1.54	- 2.48 *
		问题解决	3.37 ± 0.62	3.39 ± 0.60	3.34 ± 0.61	3.43 ± 0.57	- 0.27	- 0.89
		合理化	2.84 ± 0.86	2.90 ± 0.78	2.81 ± 0.80	2.92 ± 0.78	- 0.58	- 1.00

进一步分析心理健康与应对方式的相关性发现（表 3-3）：震后 1 年灾区青少年不成熟应对方式与不良心身症状显著相关（$p < 0.01$，$p < 0.05$）；成熟应对方式中求助与冷漠、暴躁、抑郁、孤独、易累、兴趣下降等呈显著负相关，而与恐惧呈显著正相关（$p < 0.05$）；问题解决与抑郁、孤独、易累呈显著负相关，与自我效能呈显著正相关（$p < 0.01$）；除自我效能外，混合型应对与不良心身症状均呈显著正相关（$p < 0.01$）。

表 3-3　　地震 1 年后灾区青少年应对方式与心理健康的相关关系（$n = 188$）

		不成熟型应对方式			成熟型应对方式		混合型应对
		退避	幻想	自责	求助	问题解决	合理化
情绪维度	强迫	0.417**	0.283**	0.514**	0.028	0.033	0.287**
	回避	0.410**	0.201**	0.494**	-0.092	-0.021	0.237**
	敏感	0.232**	0.244**	0.454**	0.024	-0.024	0.317**
	冷漠	0.352**	0.109**	0.456**	-0.110*	-0.016	0.283**
	暴躁	0.260**	0.192**	0.435**	-0.106*	-0.064	0.233**
	愤怒	0.309**	0.218**	0.485**	-0.092	0.090	0.221**
	抑郁	0.316**	0.266**	0.545**	-0.146**	-0.124*	0.280**
	自杀	0.306**	0.058	0.522**	-0.126*	-0.048	0.336**
	自罪	0.370**	0.232**	0.445**	0.074	0.104*	0.252**
	孤独	0.269**	0.153**	0.536**	-0.167**	-0.129*	0.332**
	恐惧	0.348**	0.336**	0.405**	0.126*	0.101	0.313**
认知维度	注意力	0.366**	0.307**	0.524**	-0.057	-0.086	0.298**
	兴趣	0.255**	0.074	0.488**	-0.121*	-0.053	0.251**
	自我效能	-0.182**	0.110*	-0.157**	0.020	0.392**	0.098
生理适应维度	失眠	0.401**	0.203**	0.465**	-0.023	-0.016	0.270**
	易累	0.313**	0.239**	0.499**	-0.114*	-0.156**	0.338**
	食欲下降	0.210**	0.104*	0.440**	-0.070	-0.085	0.209**

四　讨论

5·12 汶川特大地震造成 8.7 万余人死亡或失踪，直接经济损失 8451 亿元，四川省的损失占总损失的 91.3%（国务院新闻办，2008）。地震除了给灾区人民带来巨大的经济损失和躯体创伤外，也给幸存者造成了严重的心理创伤，尤其是青少年群体，他们正处于"心理断乳期"，情绪调节能力和抗挫能力相对较弱，如何面对地震这一灾难性事件，成为研究者关注的焦点。通过地震 2 周极重灾区青少年心理健康的测查发现，虽在心身健康和应对方式各个维度上得分高低不同，但在不同性别、民族间未表现出明显的差异，这说明，地震初期，青少年在面对死亡的威胁、亲朋伤亡及恶劣的生存环境时，不同民族、性别的青少年所遭受的打击程度是相同的①。虽然在解决问题得分上男生高于女生，羌族高于汉族，但不同性别、民族在应对方式上没有显著差异，这与已有研究结果相似②。青少年早期可能处于未经检验的民族认同阶段，这一阶段的特征是：个体要么不关心、不在乎自己的民族认同，要么表现出对主流文化一味地偏好，进而导致青少年不同民族间无显著差异③。与此同时，地震的不可预测性和突发性也会导致个体产生无力感，从而直接或间接地对个体心理造成影响，并可能引发焦虑、紧张、恐惧等一系列应激反应；因而在地震 2 周的时间点上，灾民容易出现"废墟"或不平衡状态，特别是青少年由于心智的不成熟，更容易受灾难性事件的影响而出现趋同的不良心身症状。

研究发现，应对方式在应急事件刺激与心身健康中起着重要的中介作用，同时也是保持个体心身健康的重要因素④。为进一步了解灾后青少年应对方式与心理健康的复原状况，我们于 2009 年再次对 188 名灾区青少年进行测查，结果发现：与震后 2 周时相比，不同性别、民族的青少年在地震 1 年后的不良心身反应症状均有所下降且与震后 2 周时相比差异显著，这与刘娅等人的研究结果一致，随着时间的推移以及灾后救援工作的不断深入，对青少年的心理复原具有一定促进作用⑤。与男

---

① 参见楚彩云、张理义、张元兴《汶川地震青少年心身健康的特点及其心理承受力的研究》，《精神医学杂志》2011 年第 4 期。

② 参见胡发稳、韩忠太、李丽菊《滇南民族中学学生的生活事件、归因特点及应对方式研究》，《中国学校卫生》2007 年第 10 期。

③ Phinney, J. S. "Stages of ethnic identity in minority group adolescents". *Journal of Early Adolescence*, No. 9, 1989, pp. 34 – 49.

④ Edwards, J. R., & Cooper, C. L. "The impacts of positive psychological states on physical health: A review and theoretical framework". *Social Science & Medicine*, No. 27, 1988, pp. 1447 – 1459.

⑤ 参见刘娅、袁萍、贾红等《汶川震后灾区中学生 PTSD 时间趋势分析》，《中国公共卫生》2011 年第 3 期。

生相比，震后1年女生面临灾难时更倾向采取不成熟的应对方式，不良心身症状也高于男生，这与已有的研究相一致[①]。青少年所面临的社会生活环境会影响其心理成长，特别是进入青春期后，女生的自我评价会降低，表现出更多不自信和对他人的评价较敏感，进而在面临重大灾难性事件时女生表现出的应激性心身反应比男生更严重[②③]。无论是羌族还是汉族青少年，震后1年的不成熟应对方式得分均高于震后2周，这可能与青少年的人格特征、主客观支持和支持利用度等相关，青少年从地震初期的惊吓期、麻木期逐渐恢复，在面临灾后生活、学习的一系列问题时，心身并未成熟的他们不知道如何应对；这也提示我们，青少年是灾后创伤心理的易感人群，各种不良心身症状在震后的长时期内仍然可能存在。

生活事件能否引起心理生理反应进而导致不良心身问题，不仅取决于生活事件本身的频率和影响程度，也受其应对方式、归因风格、自我认知评价和人格特征等因素的影响。面对同样的应激源，不同个体产生截然不同的心理反应和后果，一个重要的原因是个体所采取的应对方式。已有研究证明，灾后成熟的应对方式有助于形成良好的心理状态并与不良心身症状呈负相关，不成熟应对方式则与不良心身症状呈正相关[④⑤]。5·12震后1年灾区青少年应对方式与心理健康的相关分析表明，青少年成熟型应对方式中，求助与心身症状的相关度更显著，求助、问题解决等成熟应对方式与冷漠、暴躁、抑郁、孤独等不良心身症状呈显著负相关，这与已有研究相一致。

上述研究结果提示，培养和帮助青少年运用成熟的应对方式来处理压力事件在灾后心理复原过程中的重要性，引导个体采取积极应对策略而尽

①　参见李二霞、沃建中、向燕辉《5·12重震区儿童青少年心身健康与应对特点及关系》，《社会心理科学》2010年第4期。

②　Groome, D., Soureti, A. "Post-traumatic stress disorder and anxiety symptoms in children exposed to the 1999 Greek earthquake". *British Journal of Psychology*, No. 95, 2004, pp. 387 – 397.

③　Shioyama, A., Uemoto, M., Shinfuku, N. et al. "The mental health of school children after the Great Hanshin-Awaji Earthquake: II. Longitudinal analysis". *Seishin Shinkeigaku Zasshi*, Vol. 102, No. 5, 2000, pp. 481 – 497.

④　参见董惠娟、顾建华、邹其嘉《论重大突发事件的心理影响及本体应对——以印度洋地震海啸为例》，《自然灾害学报》2006年第4期。

⑤　参见聂衍刚、杨安、曾敏霞《青少年元认知大五人格与学习适应行为的关系》，《心理发展与教育》2011年第2期。

量避免消极应对方式是青少年心理干预与治疗中的重要一环。

第二节 灾区成年人心理健康与应对方式的调查

一 研究目的

通过对 5·12 地震极重灾区成年人心理健康与灾后应对方式的测查,了解灾区成年人心理健康状况,引导其采取积极合理的应对方式,为成年人灾后心理复原与发展提供参考依据。

二 研究方法

(一) 被试

根据研究目的,本研究选取极重灾区四川省绵阳市北川县成年人为样本,采用现场施测的方式,于 2011 年 3—4 月对北川县城、陈家坝乡两地 300 名民众震后心理健康与应对方式进行测查,共发放问卷 300 份,回收有效问卷 274 份。被试年龄从 19 岁到 48 岁,平均年龄 27.30 ±7.26 岁,男性 116 人,占 42.3%,女生 158 人,占 57.7%;羌族 172 人,占 62.8%,汉族 102 人,占 37.2%。

(二) 工具

(1) 采用 SCL - 90 症状自评量表 (L. R. Derogatis, 1975),共 90 题项,包括躯体化、强迫、人际关系敏感、焦虑、抑郁、偏执、敌对、恐怖、精神病性和其他 10 个因子;问卷采用 1—5 级评分,从"没有""很轻""中度""偏重"到"严重";因子分为各条目分之和除以条目数;按全国常模结果,满足以下任一标准,可考虑筛查阳性:总分超过 160 分;或阳性项目数超过 43 项;或任一因子分超过 2 分。

(2) 采用肖计划等 (1996) 修订的应对方式问卷,包括自责、退避、幻想、合理化、求助和问题解决等维度,每个维度包含 3—5 个条目,共 21 个题项,问卷采用 1—5 级评分,从"完全不符合"到"完全符合";各因子分为各条目分之和除以条目数;问卷克隆巴赫系数为 0.88,分半信度为 0.88,均达到统计学要求。

（三）施测程序和统计分析

现场施测由经过培训的心理学专业的教师或学生统一进行施测，在调查员说明本次测试的目的后，所有被试均征得监护人或本人同意，自愿参加测查。在问卷填写过程中，对于调查对象不理解的条目，调查员进行解释说明；对于文化程度较低者，采用现场统一读题作答的调查方式；所有问卷均现场匿名回收，数据采用 SPSS 18.0 进行统计分析。

三　研究结果

（一）不同年龄、性别者灾后心理健康与应对方式状况

参与测查的 274 名有效被试平均年龄为 27.3 岁，根据个体心身发展特点，我们将 25 岁及以下的 151 名被试划分为青年组，26 岁及以上的 123 名被试划分为成年组；同时将 116 名男性被试与 158 名女性被试灾后心理健康与应对方式进行比较，结果见表 3 - 4。

调查显示，震后 3 年青年组 SCL - 90 症状自评总分和各因子得分上均高于成年组，并且在偏执（$p < 0.05$）、精神病性（$p < 0.05$）、其他（$p < 0.01$）和症状总分（$p < 0.05$）上差异显著；男性除强迫因子外，其余因子得分均高于女性，并在躯体化（$p < 0.05$）、人际关系（$p < 0.05$）、焦虑（$p < 0.05$）、敌对（$p < 0.05$）、偏执（$p < 0.05$）、精神病性（$p < 0.01$）和症状总分（$p < 0.05$）上呈现显著差异。

将不同性别、年龄被试 SCL - 90 测查结果与全国常模[①]相比较发现：男性在各组症状因子上得分均高于全国常模，女性除人际关系敏感外，其他症状均高于全国常模；青年组除人际关系敏感外的各症状得分均高于全国常模，而成年组各组症状得分均高于全国常模。在应对方式上，青年组在应对方式得分上均高于成年组，并在退避（$p < 0.05$）、自责（$p < 0.001$）上差异显著；而男性在退避、幻想、自责等不成熟应对方式及合理化上得分高于女性，女性在求助和问题解决等成熟应对方式上得分高于男性，但不同性别被试仅在问题解决上（$p < 0.05$）呈现显著差异。

[①]　金华、吴文源、张明园：《中国正常人 SCL - 90 评定结果的初步分析》，《中国神经精神疾病杂志》1986 年第 5 期。

表 3 – 4　　　　地震 3 年后灾区成年人不同年龄段、性别心理健康与
应对方式的比较（$n = 274$）

		青年组 （$n = 151$）	成年组 （$n = 123$）	男性 （$n = 116$）	女性 （$n = 158$）	$t1$	$t2$
症状自评量表	躯体化	1.45 ± 0.31	1.41 ± 0.35	1.48 ± 0.33	1.40 ± 0.32	1.22	2.09*
	（常模）	1.34 ± 0.45	1.37 ± 0.52	1.38 ± 0.49	1.37 ± 0.47		
	强迫	1.75 ± 0.47	1.66 ± 0.40	1.70 ± 0.43	1.72 ± 0.45	1.64	− 0.38
	（常模）	1.69 ± 0.61	1.50 ± 0.50	1.66 ± 0.61	1.59 ± 0.64		
	人际关系敏感	1.67 ± 0.49	1.61 ± 0.39	1.72 ± 0.47	1.57 ± 0.43	1.10	2.33*
	（常模）	1.76 ± 0.67	1.47 ± 0.51	1.66 ± 0.64	1.61 ± 0.58		
	抑郁	1.63 ± 0.45	1.57 ± 0.36	1.65 ± 0.39	1.57 ± 0.42	1.33	1.47
	（常模）	1.57 ± 0.61	1.39 ± 0.52	1.51 ± 0.60	1.49 ± 0.56		
	焦虑	1.58 ± 0.41	1.55 ± 0.37	1.62 ± 0.38	1.52 ± 0.39	0.52	2.02*
	（常模）	1.42 ± 0.43	1.33 ± 0.42	1.41 ± 0.44	1.37 ± 0.42		
	敌对	1.64 ± 0.44	1.56 ± 0.42	1.67 ± 0.46	1.56 ± 0.41	1.63	2.05*
	（常模）	1.50 ± 0.57	1.41 ± 0.50	1.48 ± 0.56	1.45 ± 0.52		
	恐怖	1.60 ± 0.43	1.55 ± 0.42	1.63 ± 0.43	1.54 ± 0.42	0.94	1.61
	（常模）	1.33 ± 0.47	1.20 ± 0.36	1.23 ± 0.37	1.30 ± 0.47		
	偏执	1.58 ± 0.48	1.48 ± 0.40	1.60 ± 0.45	1.49 ± 0.44	1.87*	2.11*
	（常模）	1.52 ± 0.60	1.35 ± 0.53	1.46 ± 0.59	1.41 ± 0.54		
	精神病性	1.55 ± 0.37	1.46 ± 0.36	1.57 ± 0.35	1.46 ± 0.37	2.08*	2.44**
	（常模）	1.36 ± 0.47	1.20 ± 0.31	1.32 ± 0.44	1.26 ± 0.39		
	其他	1.63 ± 0.54	1.50 ± 0.36	1.63 ± 0.44	1.53 ± 0.49	2.43**	1.77
	症状总分	144.37 ± 31.09	138.02 ± 26.72	145.88 ± 29.60	138.32 ± 28.80	1.82*	2.11*
应对方式量表	退避	2.94 ± 1.14	2.67 ± 0.77	2.89 ± 1.29	2.77 ± 0.73	2.29*	0.88
	幻想	3.34 ± 1.68	3.07 ± 0.78	3.25 ± 1.90	3.20 ± 0.74	1.78	0.30
	自责	3.02 ± 1.00	2.60 ± 1.03	2.86 ± 1.00	2.80 ± 1.06	3.43***	0.49
	求助	3.19 ± 0.64	3.13 ± 0.60	3.09 ± 0.62	3.21 ± 0.62	0.77	− 1.53
	问题解决	3.24 ± 0.55	3.14 ± 0.60	3.11 ± 0.56	3.26 ± 0.57	0.95	1.04
	合理化	3.13 ± 0.80	3.04 ± 0.79	3.15 ± 0.79	3.05 ± 0.80	1.44	− 2.20*

注：$t1$ 为不同年龄段差异值，$t2$ 为不同性别间差异值，* $P < 0.05$，** $P < 0.01$，*** $P < 0.001$。

　　（二）不同民族、受教育程度者灾后心理健康与应对方式状况

　　274 名被试中羌族 172 人（62.8%），汉族 102 人（37.2%），受教育程度分布从小学及以下至大学，其中小学及以下文化程度者 51 人（18.6%）、初中/高中文化程度者 138 人（50.4%）、专科/大学文化程度者 85 人（31.0%），比较不同民族和受教育程度者灾后心理健康与应对方式，结果见表 3－5。

　　调查发现，震后 3 年，灾区汉族成年人症状自评除强迫因子外，症状总分和其余各因子得分均高于羌族成年人，并在焦虑因子上（$p < 0.05$）呈现显著差异；在应对方式上，羌族成年人在除自责因子外的其余各因子得分上均高于汉族成年人，并在幻想（$p < 0.01$）、求助（$p < 0.05$）和问题解决（$p < 0.05$）上呈显著差异。

　　通过对不同受教育程度者心身健康状况与应对方式的比较，发现受教育程度越高者，其不良心身症状总分越低；受教育程度越低者，不良心身症状上得分越高，受教育不同程度者在躯体化（$p < 0.01$）、抑郁（$p < 0.05$）、恐怖（$p < 0.05$）、偏执（$p < 0.01$）、精神病性（$p < 0.01$）上呈现显著差异；在应对方式上，小学及以下文化程度者得分低，初中/高中、专科/大学文化程度者得分高，并在幻想（$p < 0.01$）和自责（$p < 0.05$）和合理化上（$p < 0.001$）差异显著；而初中/高中文化程度者在求助（除羌族）、问题解决等成熟应对方式上得分最高，小学及以下文化程度者求助得分最低，并在问题解决上呈现极显著差异（$p < 0.001$）。

表 3－5　　　　　**地震 3 年后灾区不同民族、受教育程度者心理
健康与应对方式的比较**（$n = 274$）

		羌族 （$n = 172$）	汉族 （$n = 102$）	小学及以下 （$n = 51$）	初中/高中 （$n = 138$）	专科/大学 （$n = 85$）	t	F
症状自评量表	躯体化	1.41 ± 0.33	1.47 ± 0.32	1.50 ± 0.34	1.47 ± 0.35	1.34 ± 0.26	−1.59	5.54**
	强迫	1.71 ± 0.45	1.71 ± 0.42	1.75 ± 0.36	1.66 ± 0.44	1.77 ± 0.48	−0.14	2.06
	人际关系敏感	1.62 ± 0.47	1.68 ± 0.41	1.73 ± 0.43	1.61 ± 0.48	1.65 ± 0.42	−1.23	1.34
	抑郁	1.57 ± 0.41	1.66 ± 0.40	1.74 ± 0.47	1.57 ± 0.39	1.59 ± 0.38	−1.67	3.52*
	焦虑	1.53 ± 0.38	1.62 ± 0.38	1.66 ± 0.37	1.54 ± 0.40	1.55 ± 0.36	−1.97*	1.98
	敌对	1.59 ± 0.44	1.63 ± 0.41	1.69 ± 0.45	1.59 ± 0.44	1.57 ± 0.42	−0.63	1.31

续表

		羌族 ($n = 172$)	汉族 ($n = 102$)	小学及以下 ($n = 51$)	初中/高中 ($n = 138$)	专科/大学 ($n = 85$)	t	F
症状自评量表	恐怖	1.55 ± 0.43	1.63 ± 0.41	1.71 ± 0.47	1.57 ± 0.41	1.51 ± 0.40	-1.53	3.50^{*}
	偏执	1.52 ± 0.43	1.57 ± 0.47	1.69 ± 0.48	1.54 ± 0.46	1.43 ± 0.38	-0.96	5.42^{**}
	精神病性	1.48 ± 0.37	1.55 ± 0.36	1.63 ± 0.44	1.50 ± 0.35	1.43 ± 0.33	-1.65	4.47^{**}
	其他	1.57 ± 0.52	1.58 ± 0.39	1.58 ± 0.36	1.58 ± 0.54	1.54 ± 0.41	-0.23	0.26
	症状总分	139.51 ± 30.22	144.92 ± 27.55	149.84 ± 29.95	140.26 ± 30.11	138.58 ± 26.99	-1.52	2.64
应对方式量表	退避	2.84 ± 0.68	2.80 ± 1.38	2.69 ± 1.76	2.90 ± 0.69	2.76 ± 0.77	0.26	1.12
	幻想	3.36 ± 1.56	2.99 ± 0.88	2.74 ± 0.77	3.39 ± 1.73	3.24 ± 0.76	2.50^{**}	4.33^{**}
	自责	2.83 ± 1.04	2.83 ± 1.01	2.61 ± 1.04	2.98 ± 1.00	2.72 ± 1.05	-0.05	3.12^{*}
	求助	3.22 ± 0.61	3.06 ± 0.62	3.07 ± 0.47	3.19 ± 0.57	3.17 ± 0.76	2.09^{*}	0.67
	问题解决	3.25 ± 0.53	3.10 ± 0.60	2.88 ± 0.55	3.28 ± 0.51	3.25 ± 0.62	1.74^{*}	10.33^{***}
	合理化	3.16 ± 0.79	2.98 ± 0.81	2.80 ± 0.80	3.23 ± 0.82	3.04 ± 0.71	1.71	5.87^{***}

进一步对应对方式与 SCL - 90 各症状因子的相关性进行分析，发现两者的相关性较弱，不成熟应对方式中的自责与 SCL - 90 的恐怖因子之间存在显著正相关（$p < 0.05$），成熟应对方式中的求助与 SCL - 90 中抑郁因子存在显著负相关（$p < 0.05$），而问题解决与躯体化、人际关系敏感、抑郁、焦虑、恐怖、偏执、精神病性等因子存在显著负相关（$p < 0.01$）；混合型（合理化）应对方式合理化与抑郁、偏执存在显著负相关（$p < 0.05$）。

（三）灾区成年人 SCL - 90 筛查结果比较

进一步对 274 名地震灾区成年人 SCL - 90 阳性筛查发现，症状总分大于 160 分，阳性项目大于 43 项的共 70 人，占总人数的 25.6%；各分项比例如下：男性 36 人（51.4%），女性 34 人（48.6%）；羌族 36 人（51.4%），汉族 34 人（48.6%）；青年组（年龄在 25 周岁及以下）40 人（57.1%），成年组（年龄在 26 周岁及以上）30 人（42.9%）；受教育程度在小学及以下者 23 人（32.9%），初中/高中文化 31 人（44.3%），专科/大学文化 16 人（22.8%）。在对 SCL - 90 阳性症状 70 人与阴性症状 204 人的比较发现，两类人群在不良心身症状（$P < 0.001$）、求助（$P < 0.01$）、解决问题（$P < 0.001$）上均呈现出显著差异。进一步分析 SCL - 90 症状阳性者的测查结果如下（表 3 - 6）。

表3-6　地震3年后灾区SCL-90阳性者人口学统计结果比较　(n=70)

		青年组(n=40)	成年组(n=30)	羌族(n=36)	汉族(n=34)	小学及以下(n=23)	初中/高中(n=31)	专科/大学(n=16)	t1	t2	F
症状自评量表	躯体化	1.75±0.30	1.76±0.36	1.73±0.35	1.77±0.29	1.72±0.35	1.83±0.29	1.66±0.33	-0.19	-0.49	1.59
	强迫	2.23±0.44	2.06±0.43	2.24±0.44	2.06±0.43	1.98±0.28	2.16±0.46	2.40±0.50	1.53	1.76	4.76**
	人际关系	2.23±0.49	2.06±0.34	2.27±0.47	2.04±0.37	2.04±0.36	2.23±0.47	2.17±0.45	1.64	2.32*	1.35
	抑郁	2.22±0.33	2.02±0.31	2.19±0.35	2.08±0.31	2.10±0.39	2.15±0.31	2.15±0.30	2.55**	1.43	0.22
	焦虑	2.03±0.42	2.01±0.28	2.05±0.40	1.99±0.32	1.93±0.29	2.08±0.37	2.04±0.42	0.27	0.65	1.19
	敌对	2.17±0.35	2.00±0.48	2.17±0.42	2.02±0.40	2.00±0.46	2.12±0.40	2.19±0.38	1.65	1.55	1.08
	恐怖	2.10±0.40	2.02±0.32	2.12±0.40	2.00±0.31	2.04±0.41	2.11±0.36	2.01±0.30	0.90	1.43	0.49
	偏执	2.15±0.52	2.06±0.29	2.17±0.42	2.05±0.45	2.13±0.31	2.18±0.52	1.96±0.39	0.96	1.13	1.46
	精神病性	2.00±0.35	1.89±0.26	1.98±0.35	1.92±0.29	1.96±0.39	1.96±0.29	1.93±0.28	1.41	0.75	0.08
	其他	2.13±0.74	1.86±0.38	2.12±0.79	1.90±0.36	1.86±0.30	2.13±0.83	2.00±0.48	2.00*	1.52	1.32
	症状总分	187.90±22.35	177.17±13.45	188.19±22.14	178.11±14.92	176.91±16.91	187.61±20.06	184.13±21.32	65.29*	61.24*	2.03
应对方式量表	退避	2.80±0.73	2.54±1.00	2.95±0.76	2.41±0.89	2.20±0.79	2.76±0.79	3.25±0.76	1.17	2.73**	8.70***
	幻想	3.21±3.11	2.87±0.94	3.52±3.20	2.57±0.96	2.46±0.85	3.37±3.47	3.33±1.01	0.65	1.70	1.07
	自责	2.84±1.06	2.64±0.98	3.16±0.99	2.33±0.90	2.52±1.08	2.88±1.03	2.85±0.95	0.80	3.65***	0.90
	求助	3.07±0.57	2.99±0.56	3.10±0.62	2.96±0.49	2.96±0.56	3.08±0.61	3.06±0.49	0.57	1.06	0.32
	问题解决	2.90±0.53	3.03±0.69	3.04±0.56	2.85±0.62	2.81±0.63	2.94±0.52	3.18±0.66	-0.93	1.34	1.81
	合理化	2.89±0.92	3.11±1.02	3.15±0.96	2.81±0.94	2.62±0.91	3.01±0.94	3.46±0.90	-0.87	1.47	3.89*

注:t1为不同年龄组差异值,t2为不同民族差异值。

调查显示，SCL-90 阳性者中，男、女在不良心身症状及应对方式各因子间均未呈现显著差异。青年组在除躯体化而外的其他不良心身症状上得分均高于成年组，并在症状总分（$p < 0.05$）、抑郁（$P < 0.01$）和其他（$p < 0.05$）上差异显著。羌族在除躯体化而外的其他不良心身症状上得分均高于汉族，并在人际关系（$p < 0.05$）和症状总分（$p < 0.05$）上差异显著；无论在成熟或不成熟应对方式上，羌族得分均高于汉族，并在退避（$p < 0.01$）、自责（$p < 0.001$）上呈现显著差异。不同受教育程度者，在不良心身症状上得分高低各不同：受教育程度越高，其强迫因子得分越高并呈现显著差异（$P < 0.01$）；在应对方式上，专科/大学文化和初中/高中文化者分别在退避、幻想和自责等不成熟应对方式上得分最高，并在退避因子上呈现极显著差异（$p < 0.001$）；初中/高中文化者在求助上得分最高，而专科/大学文化程度者在合理化和问题解决上得分最高；不同文化程度者在合理化（$p < 0.05$）上呈现显著差异。

四 讨论

5·12 汶川地震震级为里氏 8.0 级，最大烈度 11 度，破坏力强且救援难度极大，加之频繁余震、疫情谣言和堰塞湖险情，使地震幸存者的心理健康受到巨大威胁。研究发现，在震后 1 年半的时间段上，灾区仍有近 1/2 的居民自觉心理状态较地震前更差，且抑郁和焦虑情绪仍有较高的检出率①。地震 3 年后，我们对极重灾区的 274 名成年人心理健康和应对方式进行测查结果发现：不同年龄段、性别的成年人在 SCL-90 各症状因子的得分上均高于全国常模，且青年组高于成年组，男性高于女性并存在显著差异，这与已有研究一致②；依据个体心理发展的特点，青年人正处于向成年期的过渡时期，是完成生理、心理和社会性成熟的过渡阶段，在面对重大灾难时容易产生认知失调，需要依靠外界的力量予以解决，自身在成熟应对方式上的能力尚待发展。本研究结果也表明，在应对方式上青年人更多趋于采取退避、自责等不成熟的应对。有研究认为，女性在面临重大困难时，多采用消极或情绪缓冲性应对方式，更容易出现各种不良心

---

① 参见彭丹、李晓松、张强等《汶川地震灾区居民心理健康状况的影响因素分析》，《现代预防医学》2012 年第 6 期。

② 参见吴垠、陈雪军、郑希付《汶川地震极重灾区妇女创伤后应激症状、心理健康及其影响因素》，《中国临床心理学杂志》2011 年第 1 期。

身症状①；但我们的研究发现，5·12 灾区的成年女性，她们更倾向于采取求助、问题解决等成熟的应对方式，这可能与地域特征、传统性别角色特征有关；四川地区的女性性格多豪爽，自主能力强，在面临灾难时表现出较好的心理韧性。

不同文化程度者的应对方式和心理健康水平各异：受教育程度越高者，不良心身症状得分越低，这与已有研究结果一致②。小学文化程度者在不成熟应对方式上得分最高，初中/高中文化程度者在成熟的应对方式上得分最高。吴垠等人研究也发现，汶川地震极重灾区的妇女，小学文化程度者 PTSD 的检出率高于高中文化程度者；但本研究发现，中学文化程度者相对于大学文化程度者更倾向采用求助、解决问题等成熟的应对方式，大学文化程度者在人格上独立性更强、控制点上趋于内控型，虽能积极解决问题，但相比而言更愿意自己解决而不是求助他人。

不同民族成年人的灾后心理健康与应对方式比较发现：羌族相比汉族而言不良心身症状得分更低，在成熟与不成熟的应对方式上得分均高于汉族成年人。侯丰苏等人对汶川震后藏族、羌族和汉族学生心理健康的比较发现，藏族学生心理复原最好，羌族次之，汉族最低，这可能与民族性格特征、民族文化、个人宗教信仰等因素有关③。研究者认为，当文化价值得以在孩童时期传导和孕育，人们自然就会逐渐形成心理复原力，并且这种复原力是根植于文化认同④。羌族人是"天的儿女，神的子孙"，对天地万物的自然崇拜以及在长期的羌汉杂居生活过程中，吸纳藏、汉等文化的影响，逐渐形成其能歌善舞、积极乐观、真诚自信的民族性格特征，在面临重大灾难时，民族性格、积极的文化元素可能成为其创伤心理复原的积极因素。宗教作为信徒重要的精神上的社会支持来

---

①　参见张金凤、赵品良、史占彪等《玉树地震后幸存者创伤后应激症状、生活满意度与积极情感/消极情感》，《中国心理卫生杂志》2012 年第 4 期。

②　参见任凯、彭龙颜、邢济春等《什邡地震灾区 984 名灾民心理健康调查》，《中国公共卫生管理》2008 年第 3 期。

③　参见侯丰苏、刘之月、向莹君等《汶川大地震灾区中学生心理自评症状随访结果分析》，《中国学校卫生》2010 年第 10 期。

④　Heavy-Runner, I., Sebastian-Morris, J. "Traditional native culture and resilience". *Center for Applied Research and Educational Improvement*, No. 5, 1997, pp. 1 – 6.

源，能够为个体减轻压力，缓冲刺激性事件对于个体的消极作用[1]，但宗教信仰对能否在震后羌族的心理复原力上起到积极作用，取决于他们对宗教的认识和理解以及信教程度[2]。Soderstrom 等人研究发现，不良心理症状与积极应对呈显著负相关，而与消极应对呈显著正相关[3]；坚韧性人格与积极应对呈正相关，与消极应对呈负相关，高坚韧性的人较多采用积极应对方式，低坚韧性的人较多采用消极应对方式[4]。因而羌族的民族性格与文化传统可能促成其震后成熟的应对方式，这有助于创伤心理的复原。

对灾区成年人 SCL – 90 症状与应对方式的相关关系，发现灾后成年人的应对方式更集中于问题解决上，与我们前期对青少年的研究结果有所不同。一方面，由于两个年龄群体的心理发展的特点的差异，成年人在人格、应对方式上较青少年更加成熟，另一方面，随着灾后时间的推移，灾难本身对个体心理造成的影响逐渐减弱，而后灾难因素对个体创伤后心理反应的影响逐渐增强[5]，对于成年人而言，灾后生活与精神世界的恢复与重建是促进其心理健康的核心问题。研究表明，强有力的社会支持可以极大地缓解灾后个体心理压力，减少创伤后应激障碍的发生，并促进其心理健康水平[6]。张金凤等对玉树地震幸存者创伤后应激症状研究发现，灾后的积极情感、生活满意度对创伤心理具有预测作用，而未来研究中应考虑民族文化和宗教信仰在创伤后应激反应和生活满意度中的作用。

此外，通过对 SCL – 90 阳性筛查的结果比较，阳性组与非阳性组不

---

① 参见蓝李焰、陈昌文《论民族地区灾后心理危机干预中的跨文化问题》，《内蒙古社会科学 》（汉文版）2011 年第 6 期。

② 参见葛艳丽《影响羌族震后心理复原力的文化因素研究》，硕士学位论文，四川师范大学，2010 年，第 47 页。

③ Soderstrom, M., Dolbier, C., Leiferman, J., & Steinhardt, M. "The Relationship of hardiness, coping strategies and perceived stress to symptoms of illness". *Journal of Behavioral Medicine*, Vol. 23, No. 3, 2000, pp. 311 – 327.

④ Maddi, S. R. & Hightower, M. "Hardiness and optimism as expressed in coping patterns". *Consulting Psychology Journal*, No. 51, 1999, pp. 95 – 105.

⑤ 参见臧伟伟等《自然灾难后身心反应的影响因素：研究与启示》，《心理发展与教育》2009 年第 3 期。

⑥ 参见陈美英、张仁川《突发灾害事件的心理应激与危机干预》，《临床和实验医学杂志》2006 年第 5 期。

仅在 SCL - 90 各症状因子上差异显著，并且在成熟的应对方式上差异也显著。这与汤晶晶对汶川震后救灾人员心理健康与应对方式的研究结果一致①。进一步比较 SCL - 90 筛查阳性者的年龄、民族和受教育程度等特征，发现青年组在除躯体化而外的其他不良心身症状上得分均高于成年组，这与前部分的研究结果相一致；筛查呈阳性的羌族在不良心身症状、成熟应对方式上均高于同类汉族，这说明，羌族人格特征、文化宗教信仰可能对其应对方式产生一定的影响。筛查呈阳性者文化程度越低，更倾向采取不成熟的应对方式，而中学文化程度者和大学文化程度者他们更倾向于求助、解决问题等成熟的应对方式，这与前部分的研究结果基本一致，这说明受教育程度的高低，对个体应对方式和心理健康具有重要的作用。本研究结果提示，灾后心理复原力在羌族和汉族间差异显著，羌族心理健康状况整体上优于汉族，这可能与民族文化心理有关。

第三节　震后 12 位羌族人心理复原力的质性研究

一　研究目的

通过 3 次对 5·12 灾区青少年和成年人心理健康与应对方式的状况测查，发现灾区羌族成年人在震后心理复原状况优于汉族，那么，究竟哪些因素有助于羌族成年人心理复原？鉴于问卷法的局限，一些有关生活的实际情况和背景资料都难以收集，而质性研究则能具体地从个体层面深入分析这些问题。基于此，本部分研究采用质性研究的方法对震后羌族成年人心理复原力进行考察。

二　研究方法

运用目的性抽样方法在地震极重灾区选取研究对象；"目的性抽样"（Purposeful sampling）旨在抽取符合研究目的并能为所研究问题提供最大信息量的研究对象；研究结果更注重对研究问题的完整性和准确性回答。依据前期对灾后心理健康与应对方式的调查研究结果，选取 12 名羌族成年人作为研究对象。

①　参见汤晶晶等《应对方式对灾后重建人员心理健康的影响》，《中国健康心理学杂志》2010 年第 9 期。

1. 访谈过程

访谈由心理学专业的研究生进行，访谈地点一般在受访者家中，每次访谈前向受访者说明访谈目的，并征得其同意后，采用录音笔和现场记录的方式进行一对一访谈，每位受访者时间 20—30 分钟。在访谈过程中，如遇不理解之处，访谈者会尽量采用通俗易懂的语言进行阐述和解释；访谈中当受访者有遗漏或没有讲清楚的问题时，访谈者会根据实际情况进行简单补充或提问："您能再讲一些吗？""您可不可以解释一下这个问题？"访谈者认真倾听并及时进行澄清和确认以保证访谈资料的准确性。在访谈过程中，受访者有权因任何原因拒绝或中途退出访谈；如受访者出现情绪问题，访谈者会暂停访谈并对其进行情绪疏导。

2. 访谈对象和提纲

选取四川阿坝藏羌自治州茂县回龙乡回龙村、飞虹乡一步坎村和光明乡胜利村共 12 名羌族成年人进行半结构化访谈，其中女性 5 名，男性 7 名，年龄从 30 岁到 65 岁，平均年龄 43.83 ±11.72 岁。具体情况见表 3 - 7、表 3 - 8。

表 3 - 7   12 名访谈对象基本情况

编号	姓名	年龄	性别	文化程度	职业
V_1	余贵平	55	男	小学	村民
V_2	蔡兴丽	35	女	小学	村民
V_3	何青兰	35	女	初中	自由职业者
V_4	何珍敏	30	女	小学	村民
V_5	刘永前	42	男	小学	村民
V_6	顺明友	39	男	初中	村民
V_7	谢小花	41	女	小学	村民
V_8	杨德昌	33	男	初中	村民
V_9	杨华荣	63	男	小学	村民
V_{10}	余光艳	38	女	高中	事业单位人员
V_{11}	何旭方	65	男	初中	村民
V_{12}	李吉昌	50	男	高中	村民

表 3 - 8	质性研究访谈提纲

灾后羌族成年人心理复原的半结构化访谈提纲

1. 您能讲讲 5·12 地震时的经历吗?

2. 这次地震给您造成了什么样的影响?

3. 震后您的精神和身体健康状况怎样?

4. 在这次地震经历中您感到哪些因素有助于您渡过难关?

5. 您觉得目前您的生活怎样?

3. 数据处理

采用 Nvivo 10.0 质性分析软件对访谈结果进行分析：第一，将受访者的录音资料进行逐一转录导入资料库；第二，对资料库中的数据分别进行自由节点和树形节点编码；第三，将编码后的节点进行归类，构建结构模型。具体编码过程如下。

原始编码：通过对转录后的材料进行反复详尽的研读后，采用主题分析法对转录材料进行原始编码；熟悉访谈的文本信息，使下一步的研究分析忠实于受访者的陈述。

初始编码：通过对所有有意义的原始编码进行开放式编码以形成初始编码，将所有有效文本进行再次整理，并反复参照原始文本进行核对。

潜在主题编码：根据初始编码的差异性和相近性，运用持续比较技术修订编码或标记类别，将所有初始编码整理归类并编制索引，建立各个案、信息、主题、类别的结构性意义链条，进而形成潜在主题。

高阶主题编码：探寻潜在主题之间的关系，删除和整理重叠、冗余主题，归类整合产生新的主题。对所有潜在主题进行再次核实、浓缩和提炼，并从中获取概念抽象化的高阶主题。

模型建构：根据上述编码结果，进一步形成主题分析地图并为每个主题命名，最终形成模型。

三　研究结果

1. 原始编码结果

对转录后的 238 段文本信息进行原始编码，其中，可供分析的有效文本信息编码为 1，共 225 段（94.54%）的原始文本被编码为 1；"其他"类型文本信息被编码为 0，共有 13 段文本编码为 0；如 "1996 年那年的泥石流凶得很，把这一带都淹完了"计分为 0，"山上不断垮石头，路上的车辆有的被砸中，车上的人惊慌得很"计分为 1。

2. 初始编码结果

共计 225 段文本进入初始编码（表 3 - 9），若原始编码中包含多个话题，则分别对每个话题进行编码；若能采用现有的编码，则编码到现有的初级编码，否则就新建编码。经过初始编码后共形成 47 个节点。

表 3 - 9　　　　　　　　　　　初级编码示例

序号	原始文本	初级编码
1	刚地震后心里很难受，压力很大，经济上几十万瞬间就没有了，很难过	生活压力 心里很难过
2	地震都觉得是得罪了山神，我们就要祭祀，请求山神原谅，这些活动对缓解我们的精神压力很有帮助	祭祀 力量
3	我娘家那边旅游也搞好了，很多人都来看羌寨子，国家也出钱重修了地震摇垮了的羌寨和受损的碉楼	修缮房屋 生活变化
4	"三农"那边还是保持得比较好，家里要挂牛头、羊头，是一种风俗；大家觉得羌族人这些还是要保持下去	图腾信仰 力量
5	我婆婆妈至今还是穿长衫子，裹头巾；改不了这些习惯，不习惯穿短衣服	着民族服装
6	政府政策也好，只要肯劳动，就有收入，日子就过得	政策支持 生活满意
7	如果蔬菜收成不好就不行，今年番茄价格也卖不起，老公跑运输生意也不太好做	生活来源 生活压力
8	家里两个娃娃，一个读高中一个读中专；读书是为了娃娃今后发展，希望娃娃将来离开这个地方（茂县），不再担惊受怕的	害怕 心理阴影
9	虽然也有很多困难，但是觉得看得到希望，所以还是心理好	虽有困难， 但有希望 乐观
10	现在面对困难，一是有政府管很放心，二是传统的羌族人还是很有精神的（自强不息）；传统文化还是有帮助（精神上很愉快）	坚韧 力量 政策支持
…	…………	

3. 潜在主题编码结果

从资料驱动取向出发，对初始编码进行归类整理，将具有隶属关系的初始编码逐一纳入树形节点并标注出编码间的关系；相同的初级编码允许编入不同的潜在主题之中。

　　采用持续比较技术将初始编码逐一聚类成为潜在主题，同时将无法形成新的潜在主题的节点再次归入"其他"。以"危机感"主题为例，最初我们用这个编码来标注个体对环境的危机意识，但在所有资料中仅有"地震后地理状况的险恶，危机感更强了"和"特别前段时间的泥石流也把人吓惨了，自然灾害还是多"两项原始资料指向它，尽管它具有意义，但仍不能形成一个新的潜在主题。以此类推，最终保留了40个初级编码并形成了9个潜在主题（表3-10，图3-1）。

表3-10　　　　　　　　　　　　　潜在主题编码结果

序号	潜在主题	初级编码示例
1	回忆地震情境	地动山摇、人吓傻了、道路中断、担心亲人……
2	受灾情况	庄稼受损、人员伤亡、房屋垮塌……
3	地震心理反应	害怕、惊慌失措、恐惧、很难过、祈祷……
4	国家支援扶持	补助、救灾物资、政策支持、重建维修房屋、组织民族文化活动……
5	震后民族文化	祭祀、跳锅庄、羌历年、瓦尔俄足节、端公唱经、羌绣、图腾……
6	高复原力	坚韧、力量、乐观
7	低复原力	心理阴影
8	震后生活	应急措施、生活来源、生活压力、生活变化
9	对生活的感受	生活满意、生活比较满意、虽有困难但有希望

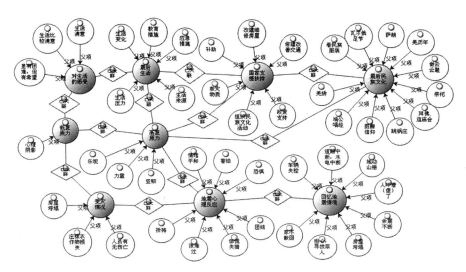

图3-1　潜在主题分析

4. 高阶主题编码结果

反复阅读每个潜在主题所对应的编码及原始文本，对 9 个潜在主题进行意义生成式的归类整理。通过探寻 9 个潜在主题之间的关系，对反映同一主题事件不同方面的潜在主题进行聚类整合，如"高复原力"和"低复原力"同属心理复原力的不同方面；"回忆地震情境"和"受灾情况"则与地震创伤经历有关。通过对潜在主题的归类，最终形成了 4 个高阶主题（表 3 - 11）。

表 3 - 11　　　　　　　　　高阶主题编码结果

序号	高阶主题	类属的潜在主题
1	创伤源	回忆地震情境、受灾情况、地震心理反应
2	应对方式	国家支援扶持、震后民族文化
3	震后心理复原	高复原力、低复原力
4	主观幸福感	震后生活、对生活的感受

在高阶主题的形成过程中，陈述性编码被逐步精练为更具心理学意义的、概念化的主题。通过反复阅读原始资料，核查与编码的契合度，以确保原始资料与聚类主题之间的连贯性，最终将所有 9 个潜在主题归入 4 个高阶主题，形成高阶主题分析（图 3 - 2）。

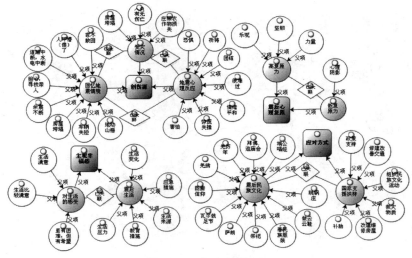

图 3 - 2　高阶主题分析

5. 模型建构

根据编码结果，运用 Nvivo 10.0 中 Models 功能构建结构模型，最终形成震后心理复原的二阶四因素的结构模型（图3－3），除"创伤源"包含三个潜在主题外，其余每个主题均包含两个潜在主题。

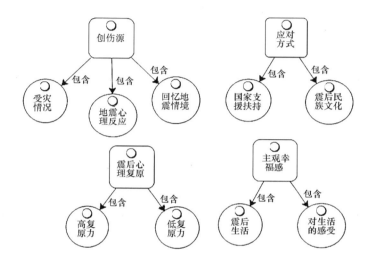

图3－3　个案访谈结果分析的结构模型

通过上述编码方式，将原始文本、初级编码、潜在主题聚类在四个高阶主题周围，并为最终形成的高阶主题呈现连贯性的解释，以"震后心理复原"为例（表3－12）。

表3－12　　　　　　　　　　　**高阶主题及说明示例**

高阶主题	潜在主题	初级编码	原始文本示例
震后心理复原	高复原力	坚韧	现在面对困难，一是有政府管很放心，二是传统的羌族人还是很有精神的（自强不息）
			地震还是把人吓害怕了，只有自己坚强，大家一起慢慢度过
		力量	传统文化还是有帮助（精神上很愉快）
			跳跳锅庄，大家高兴下，都是热闹热闹，思想上就愉快了
		乐观	政府政策也好，只要肯劳动，就有收入，日子就过得
			现在家里的生活还是过得，大家都好（家人），娃娃也好，还是很高兴

高阶主题	潜在主题	初级编码	原始文本示例
震后心理复原	低复原力	心理阴影	不想儿女再像我们这样遭罪；地震的阴影是无法抹去的
			5·12地震对我们心理影响很大，这阵子晚上听见山上石头响，家里的老人都不敢睡觉
			精神上地震对我们的影响还是很大的，现在想起都害怕，恐惧地震

6. 编码相关分析

通过对编码相似性的聚类分析了9个潜在主题编码之间的相关关系发现，除国家支援扶持、受灾情况与低复原力 pearson 相关较弱而外，其余潜在主题编码之间相关度均在 0.423—0.903，属于中、高度相关，而高复原力与震后民族文化相关度最强，相关系数为 0.903。

进一步对各高阶主题编码之间相关分析发现，创伤源、应对方式、震后心理复原和主观幸福感四个高阶主题之间的 pearson 相关系数均在 0.7 以上，呈现强相关（表 3-13）。

表 3-13　　　　　　　　**高阶主题的编码相似性聚类分析结果**

节点 A	节点 B	*Pearson* 相关系数
震后心理复原	应对方式	0.891
	创伤源	0.817
主观幸福感	应对方式	0.785
	创伤源	0.780
震后心理复原	应对方式	0.774
	创伤源	0.752

四　讨论

采用质性研究（Qualitative research）的方法，通过半结构化的访谈提纲对 12 名羌族成年人汶川震后 3 年的心理复原力进行了研究。通过编码和数据分析处理，最终形成了二阶四因素的震后羌族民众心理复原力的结构模型，模型由创伤源、应对方式、震后心理复原和主观幸福感四个维度组成。这一模型对研究中羌族成年人心理健康状况优于汉族成年人的原因作出了解释和补充。通过对半结构化的访谈得到的 238 段录音材料进行原始编码，225 段文本材料进入初级编码；利用 Nvivo 10.0 软件抽取 40 个节点作为初级编码并命名，如害怕、恐惧、力量、祭祀、政策支持等；进一步对初级编码进行聚类分析，形成回忆地震情境、受灾情况、地震心理反应、国家支援扶持、震后民族文化、高复原力、低复原力、震后生活和对生活的感受 9 个潜在主题；再对潜在主题进行持续比较研究，最终形成创伤源、应对方式、震后心理复原和主观幸福感 4 个高阶主题，形成了二阶四因素的震后羌族人心理复原力的模型。

受访者对 5 · 12 地震当天情境的回忆，地震对家园毁灭性的破坏、山体崩塌、道路的中断、亲朋伤亡以及震后生理、认知、情绪和行为上的不良反应，都成为震后心理的创伤源。王相兰等人调查发现，5 · 12 震后 2 周内 61.2% 的被调查者体验到不同程度的绝望，31.1% 的灾民出现不同程度的抑郁症状[1]；彭丹等的调查发现，震后 1 年半仍有近一半的居民自觉心理状态较地震前更差，且焦虑和抑郁情绪仍有较高的检出率[2]，这表明地震灾难对个体心理造成的影响可能会长期存在，受影响程度与地震所造成的毁坏或损失的程度是相一致的。

访谈中，几乎每一位羌族人都谈到震后国家政策的扶持和支援、羌族文化特征对其心理恢复的影响。地震发生后，国家启动地质灾害一级响应，迅速组织救援、发放救灾物资、搭建帐篷和板房、组织灾后重建，从生活物资、心理援助到重建政策，让灾区民众感受到党和政府的关怀，同时，民间的公益组织、志愿团体以及亲属、朋友、邻居等也为灾后心理的复原提供了强有力的支持；个体感知到的社会支持是预测灾后正向改变的有效因素[3]。赵延东对自然灾害的社会资本的研究，发现中国文化环境下的灾后民众的心理恢复更依赖所属家族、传统村落式的支持力度[4]，而

---

① 参见王相兰、陶炯、温盛霖等《汶川地震灾民的心理健康状况及影响因素》，《中山大学学报》（医学科学版）2008 年第 4 期。

② 参见彭丹、李晓松、张强等《汶川地震灾区居民心理健康状况的影响因素分析》，《现代预防医学》2012 年第 6 期。

③ Matud, M. P., Ibáñez, I., Bethencourt, J. M., Marrero, R., & Carballeira, M. "Structural gender differences in perceived social support". *Personality and Individual Differences*, Vol. 35, No. 8, 2003, pp. 1919 – 1929.

④ 参见赵延东《社会资本与灾后恢复：一项自然灾害的社会学研究》，《社会学研究》2007 年第 5 期。

5·12 震后灾民社会支持系统除了传统的家族姻亲关系的支持外，来自国家、各级政府及所在村社的支持更有助于缓解消极情绪[①]。

研究发现，文化差异会导致不同民族在面对同一灾难情境时，产生不同的认知和应对方式[②]。陈正根等人研究发现，震后羌族、汉族创伤后应激反应模式存在差异，羌族更倾向于"外显化"，汉族倾向于"内敛化"[③]；这种模式决定羌族在震后初期内 PTSD 症状更严重，而汉族震后 9 个月的 PTSD 发病率高于 3 个月时[④]。李小麟的研究也发现，将藏文化中的积极成分用于缓解 ASR（急性应激反应）症状，对促进伤员尽快走出灾难的阴影起到了积极作用。羌族文化崇尚"万物有灵"的多神信仰。在地震发生时，就有羌人俯首祈祷"山神"保佑灾难快点过去；灾后村寨中的祭祀活动，既表达了羌民对自然、神灵的敬仰，更寄托了对逝去亲人的哀思。羌歌、羌舞等传统习俗活动的举办，如政府组织举办的"瓦尔俄足"节、"羌歌会"等，成为羌族民众灾后精神文化重建的重要载体。伴随积极心理学的发展，人们把更多的目光投向了个体潜能的开发，心理复原力作为个体在压力和逆境下保持有效应对和良好适应的一种普遍存在的特质或能力已经得到学界的普遍认同。有研究表明，高心理复原力者表现出对压力和逆境的较低的威胁性评价，积极情绪高于低心理复原力者，自我复原时间显著减少[⑤]，这与我们访谈的结果相一致，震后羌族高心理复原力者表现出坚韧、乐观的应对态度并善于从环境中吸纳支持力量。蔚然的质性研究发现，宗教信仰或类似宗教信仰（对祖先或命运）的因素，影响着个体在应对重大变革或处理困难问题的过程[⑥]，这与本研

---

①　参见辛玖岭、吴胜涛、吴坎坎等《四川灾区群众社会支持系统现状及其与主观幸福感的关系》，《心理科学进展》2009 年第 3 期。

②　Marsella, A. J., & Christopher, M. A. "Ethnocultrual considerations in disasters: An overview of research issues and directions". *Psychiatric Clinics of North America*, No. 27, 2004, pp. 521 – 539.

③　参见陈正根、张雨青、刘寅等《不同民族创伤后应激反应模式比较的质性研究——汶川地震后对羌汉幸存者的访谈分析》，《中国临床心理学杂志》2011 年第 4 期。

④　Wang, L., Shi, Z., Zhang, Y., & Zhang, Z. "Psychometric properties of the 10-item Connor-Davidson resilience scale in Chinese earthquake victims". *Psychiatry and Clinical Neurosciences*, Vol. 64, No. 5, 2010, pp. 499 – 504.

⑤　参见毛淑芳《复原力对自我复原的影响机制》，硕士学位论文，浙江师范大学，2007 年，第 52 页。

⑥　参见蔚然《中国成人的心理弹性结构初探》，硕士学位论文，华东师范大学，2011 年，第 50 页。

究的结果类似，民族文化作为一种支持性力量而存在。心理复原力存在于每个人之中，但复原力水平会因人或因人与环境的相互作用态势而有所差异[1]；本研究中低复原力者多表现出对地震情形的恐惧、害怕、回避等不良情绪和采取对抗性、逃避性或自我约束性的应对策略，这可能与他们对地震这一威胁性刺激的认知评价有关[2]。

　　进一步对震后羌族心理复原力的二阶四因素分析发现，创伤源、应对方式、震后心理复原和主观幸福感 4 个高阶主题之间存在强相关关系。陶塑等人研究发现，受灾程度和创伤事件引发个体创伤后身心症状，随着不良症状日趋严重，个体体验到的消极情感增加、主观幸福感降低[3]。已有研究证明在逆境或压力条件下，积极情绪在心理复原力对压力适应或幸福感的作用路径中发挥中介效应[4][5]；心理复原力可以通过有效的应对策略诱发积极情绪体验，促进个体积极地应对压力，实现心理复原并维持和提升幸福感[6]。震后具有高复原力特征的个体，对地震采取更客观、积极的认知评价，容易获得更多积极的情绪体验，进而有助于减轻焦虑症状、增加生活满意度；同时，社会支持与主观幸福感之间存在极显著的正相关，良好的社会支持将有助于个体产生较高的主观幸福感。综上，羌族成年人震后心理复原过程是受灾程度、创伤心理、应对方式、心理复原力特征和主观幸福感综合作用的结果，而民族文化中的积极元素可能对灾后创伤心理复原起到促进作用。

---

① Bonanno, G. A. "Clarifying and extending the construct of adult resilience". *American Psychologist*, No. 50, 2005, pp. 265 – 267.

② Folkman, S., Lazarus, R. S. "If it changes it must be a process: Study of emotion and coping during three stages of a college examination". *Journal of Personality and Social Psychology*, No. 48, 1985, pp. 150 – 170.

③ 参见陶塑、王芳、许燕等《5·12 汶川地震后灾区教师主观幸福感的变化趋势及中介效应分析》，《心理科学进展》2009 年第 3 期。

④ 参见崔丽霞、殷乐、雷雳《心理弹性与压力适应的关系：积极情绪中介效应的实验研究》，《心理发展与教育》2011 年第 3 期。

⑤ Cohn, M. A., Fredrickson, B. L., Brown, S. L., Mikels, J. A., & Conway, A. M. "Happiness unpacked: Positive emotions increase life satisfaction by building resilience". *Emotion*, Vol. 9, No. 3, 2009, pp. 361 – 368.

⑥ 参见王永、王振宏《大学生的心理韧性及其与积极情绪、幸福感的关系》，《心理发展与教育》2013 年第 1 期。

本章小结

在 5 · 12 震后 1 年的调查中，青少年心理健康状况优于震后 2 周时，但地震造成的人员伤亡、房屋倒塌、余震等给青少年的心理带来了严重的不安全感，青少年的创伤心理及不良心身症状在短期内无法迅速恢复；成熟的应对方式对灾后心理复原具有促进作用，能帮助青少年提高心理韧性，并减缓逆境带来的心理创伤。

震后 3 年对灾区成年人心理健康状况的调查发现，年龄、文化程度和民族因素仍是影响震后成年人心理健康水平的重要原因。从总体上看，羌族人心理健康状况优于汉族，成年人优于青年人，受教育程度越高者，心理健康状况越好；与前期震后青少年研究相比，成年人的应对方式集中在问题解决上；同时，民族文化、宗教信仰、社会支持和生活的满意度等可能对灾后心理复原起到了促进作用。

通过 12 名羌族人心理复原力的质化研究，得到心理复原力的二阶四因素模型，进一步解释了灾后羌族成年人心理健康状况优于汉族的结果。文化对行为的解释力被认为是继行为主义、精神分析和人本主义之后出现的"第四势力"；而羌文化在震后心理复原中的作用已初现端倪，但羌文化中哪些因素与个体心理复原有关，通过何种方式产生作用，是值得我们进一步探究的问题。

第二篇

羌族的文化认同的调查研究

第四章 羌族文化认同的特点

第一节 羌文化认同问卷的编制与分析

一 研究目的

基于对前期研究的分析，羌族成年人震后心理复原力与民族文化因素相关，本部分研究从文化认同视角，探讨羌族人文化认同的特点。鉴于现有关于民族文化认同的测量工具不符合羌文化特点，拟在已有文献研究基础上，编制羌文化认同问卷并加以验证。

二 研究方法

（一）问卷的理论构想

根据相关研究结果，结合前期研究与访谈，构想了羌文化认同多维度多层级的理论维度（图 4 - 1），即由羌民族归属感、羌文化认知、羌族族物喜好、羌族民族接纳、羌族宗教信仰、羌族社会俗约 6 个维度组成的二阶三因素结构。

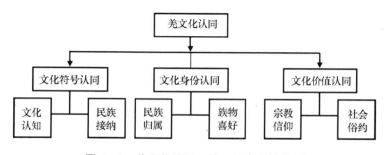

图 4 - 1 羌文化认同二阶三因素理论模型

（二）初测问卷的编制和初步修订

建立项目库，初测题项参考了现有羌文化和文化认同方面研究结果（付慧敏，2011；孔又专等，2012；刘筝筝，2008；刘志荣等，2010；史慧颖，2007），并结合开放式访谈结果和专家建议，最终形成了包括98个题项的预测问卷；考虑到题目数量较多，在预测问卷中设置4道认真性测谎题。

为考察初测问卷中每一题项和问卷结构，正式测试前进行了106人的小规模试测，试测后对部分被试进行了个别访谈，并删除初测问卷中令被试难以理解的题项。数据整理分析后，共删除了38项因素载荷小于0.30、决断值未达0.001水平、共同度低于0.20以及与总分相关小于0.40的题项，形成了包含60个题项的羌文化认同初测问卷。

（三）正式问卷的编制

1. 被试

采取现场施测的方式，先后两次到汶川、茂县、理县、北川、平武等地进行调查，先后两次共发放问卷1000份，最终获得有效问卷752份；被试包括农业劳动者、大学生、教师、事业单位人员、自由职业者等职业；男性353人，占46.9%，女性399人，占53.1%；年龄从17岁至75岁，平均年龄为31.53±11.20岁。

2. 施测程序

为避免被试的反应定式，在正式问卷中，对不同维度的正、负向题目进行了交叉混合编排；采用统一的指导语，使用Likert 5级评分进行测量，从"完全不符合"到"完全符合"依次评定为1—5分。现场施测由心理学专业的本科生和研究生进行，在问卷填写过程中，如有被试对问卷问题不理解，调查员会就问题本身进行详细说明；对部分文化程度较低的被试，采取统一读题作答的方式完成问卷；同时，保持匿名并现场回收所有问卷。

3. 统计处理

将第一次调查回收的有效问卷315份用于探索性因素分析，进一步构建和完善羌文化认同的理论模型；第二次调查回收的有效问卷437份用于验证羌文化理论结构的合理性。采用SPSS 18.0和AMOS 20.0进行数据分析。

三　研究结果

（一）问卷的效度

1. 内容效度

本研究依据相关研究结果和开放式访谈编制了初测问卷，邀请有关专家进行问卷的审查和修正；正式施测前，先进行小范围的试测，使问卷内容能真实反映羌族文化特点，兼具通俗易懂并符合理论构想，以保证本问卷的内容效度。

2. 构想效度

（1）探索性因素分析（EFA）（一阶因子）。

采用主成分分析法，抽取共同因素得到初始载荷矩阵，再用正交旋转法求得最终的因素载荷矩阵。其中，Bartlett 球形检验统计量为 19462.822（$p = 0.000$），取样适当性 KMO 值为 0.923，表明数据适合进行因素分析。因素抽取（未限定因素个数）结果发现，有 12 个维度的特征值均大于 1，累计贡献率 57.08%。由于 12 个维度下题项数差异太大（4 题以下的有 7 个），为保持维度均衡，结合碎石图特征进行因子抽取，最终保留了 6 个维度，共 30 题项，KMO 值为 0.90，Bartlett 球形检验统计量为 4251.22（$p = 0.000$）能解释 61.17% 的总变异，旋转后的因子符合情况，见表4 - 1。

结合理论构想，抽取的第一个因子包括 5 个项目，其内容反映的是个体对羌文化的荣誉感、身为羌族人的自豪感等，对总问卷的贡献率为12.53%，命名为羌民族归属感；抽取的第二个因子也包括 5 个题项，涉及对羌族语言、艺术、习俗等方面的认知情况，对总问卷的贡献率为11.63%，命名为羌文化认知；第三个因子包括 5 个题项，涉及个体对羌族服饰、歌舞、饮食等的喜好程度，对总问卷的贡献率为 10.51%，命名为羌族物喜好；第四个因子包括 5 个题项，涉及个体对羌族语言、艺术、生活习惯的接纳程度，贡献率为 10.48%，命名为羌民族接纳；第五个因子包括 6 个题项，涉及对羌族宗教礼仪的尊崇程度，对总问卷的贡献率为8.96%，命名为羌族宗教信仰；第六个因子包括 4 个题项，涉及对羌族各种民间习俗的尊崇度，对总问卷的贡献率为 7.08%，命名为羌族社会俗约；6 个一阶因素共同解释了总问卷 61.17% 的变异。结果表明，羌文化认同的 6 个一阶因素与原有的理论构想是基本吻合的。

表 4 - 1   羌文化认同的一阶因素分析

题项	因子载荷						共同度
	F1	F2	F3	F4	F5	F6	
A109	0.79						0.67
A111	0.75						0.61
A106	0.72						0.60
A107	0.69						0.59
A116	0.65						0.53
A143	0.59						0.48
A136		0.75					0.67
A135		0.74					0.66
A137		0.73					0.58
A139		0.71					0.62
A140		0.70					0.62
A138		0.63					0.61
A44			0.78				0.72
A24				0.72			0.63
A19				0.72			0.68
A27				0.71			0.56
A42			0.75				0.63
A41			0.71				0.63
A46			0.64				0.56
A48			0.64				0.55
A29				0.77			0.68
A17				0.72			0.69
A97					0.70		0.62
A152					0.66		0.67
A101					0.65		0.50
A62					0.62		0.54
A146					0.58		0.46
A154						0.81	0.77
A153						0.72	0.68
A155						0.66	0.56
特征值	3.76	3.49	3.15	3.14	2.69	2.12	
贡献率	12.53	11.63	10.51	10.48	8.96	7.08	61.17

注：因子载荷小于 0.5 的没有显示。

（2）探索性因素分析（EFA）（二阶因子）。

根据理论假设，羌文化认同是一个多维度的结构，采用正交旋转对一阶因素再次进行因素分析发现，特征值大于 1 的因子有三个，第一个因子包括羌文化认知、羌民族接纳，对总问卷的贡献率为 26.44%；第二个因子包括羌族宗教信仰、羌族社会俗约，对总问卷的贡献率为 25.39%；第三个因子包括羌民族归属感、羌族物喜好，对总问卷的贡献率为 24.96%；它们共同解释了一阶因素总方差 76.80% 的变异（表 4－2）。二阶因子分析的结果表明，除了羌族物喜好和羌民族接纳这两个一阶因子的归属与原有理论构想存在差异外，其他一阶因子的归属均与最初的理论构想相一致。

表 4－2　　　　　　　　　　羌文化认同的二阶因素分析

一阶因子	因子载荷			共同度
	羌文化符号认同	羌文化价值认同	羌文化身份认同	
F2	0.81			0.80
F4	0.72			0.78
F5		0.88		0.84
F6		0.63		0.66
F1			0.89	0.84
F3			0.65	0.69
特征值	1.59	1.52	1.50	
贡献率	26.44	25.39	24.96	76.80

（3）验证性因素分析（CFA）。

为验证羌文化认同二阶三因素的结构假设，另随机选取了 437 人的数据进行验证性因素分析。考虑到有关的等值模型的存在，首先对三个维度进行相关分析，发现羌文化符号认同与羌文化价值认同（$r = 0.473$，$p < 0.01$）、羌文化符号认同与羌文化身份认同（$r = 0.480$，$p < 0.01$）、羌文化价值认同与羌文化身份认同（$r = 0.488$，$p < 0.01$）。因而，羌文化认同二阶三因素间存在中等正相关。

根据已有研究，我们构想了四个竞争模型：模型 M1 为二阶三因素模型；模型 M2 是一阶三因素模型；模型 M3 是人为抽取的二阶二因素模型；

模型 M4 是人为抽取的二阶三因素模型。四个模型的主要拟合指标见表 4 – 3。

表 4 – 3　　　　　　　　　　　四个模型的主要拟合指标

模型	χ^2	χ^2/df	df	p	GFI	AGFI	NFI	TLI	CFI	RMSEA
M1	7.38	1.23	6	0.000	0.99	0.98	0.99	0.99	0.99	0.02
M2	14.63	3.64	4.02	0.000	0.80	0.78	0.79	0.82	0.84	0.08
M3	15.70	1.96	8	0.000	0.98	0.97	0.99	0.99	0.99	0.04
M4	13.24	2.21	6	0.000	0.99	0.96	0.99	0.98	0.99	0.05

表 4 – 3 显示，M2 的拟合效果很差，χ^2/df 是四个模型中最大的；M4 的 df 大于 M1 和 M2，进一步证明羌文化认同确实是多层次结构。由于模型 M1 和 M3 各项指数均达到拟合指标，但各项拟合指数显示，M1 是更为理想的模型。该模型的各项参数为：$\chi^2/df = 1.23$、$GFI = 0.99$、$AGFI = 0.98$、$NFI = 0.99$、$TLI = 0.99$、$CFI = 0.99$、$RMSEA = 0.02$。上述参数表明，二阶三因素结构是羌文化认同的理想结构（图 4 – 2）。

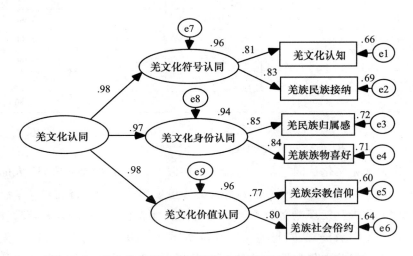

图 4 – 2　羌文化认同二阶三因素结构模型及标准化路径系数

（二）问卷的信度

采用内部一致性和重测信度作为信度检验的标准。内部一致性信度采用 Cronbach's α 系数，重测信度采取间隔 1—2 个月对 60 名羌族人进行重测。表 4 - 4 显示，问卷各维度的 Cronbach's α 系数在 0.62—0.86 之间，一阶因子、二阶因子以及总量表的 α 系数均符合统计学要求，问卷各维度题目的内部一致性程度较高。同时，重测相关系数在 0.73—0.95（$p <$ 0.05）之间，说明测量结果的稳定性较为理想。

表 4 - 4　　　　　　　　　　　羌文化认同问卷的信度系数

信度指标	一阶						二阶			问卷
	F1	F2	F3	F4	F5	F6	1	2	3	Total
α 系数	0.84	0.85	0.84	0.76	0.86	0.70	0.62	0.67	0.66	0.81
重测系数	0.84	0.86	0.83	0.80	0.81	0.74	0.81	0.83	0.73	0.95

四　讨论

本研究综合国内已有关于文化认同的研究，提出了羌文化认同的理论结构，并编制了羌文化认同问卷。通过分别对 315 名和 437 名羌族人调查结果的探索性因素分析及验证性因素分析，发现问卷各因素结构清晰，具有良好的效度和信度，可作为后续研究的有效工具。羌文化认同问卷以羌文化认同二阶三因素的结构模型为基础，该模型由羌文化符号认同（文化认知、民族接纳）、羌文化身份认同（民族归属感、族物喜好）和羌文化价值认同（宗教信仰、社会俗约）三个维度组成。羌文化符号认同是指对羌族语言、艺术、习俗等的认知情况及接纳程度；羌文化身份认同是指个体对羌文化的荣誉感、身为羌族人的自豪感以及对羌族服饰、歌舞、饮食等的喜好程度；羌文化价值认同是指对羌族社会宗教礼仪、民间习俗的信仰及尊崇程度。

羌文化认同问卷由 30 个题项组成，其中羌文化符号认同、羌文化身份认同和羌文化价值认同分问卷各包含 10 个题项。具体而言，问卷的 6 个维度尽量包含了语言、宗教、释比文化、萨朗文化、艺体文化、工艺（技艺）文化和习俗文化等羌族传统文化的基本形态[①]；特别是对羌族白

---

①　参见刘志荣等《论羌族传统文化的基本类型与表现形式》，《阿坝师范高等专科学校学报》2010 年第 2 期。

石崇拜、万物有灵等宗教文化的描述①②；结合开放式访谈，提出了羌文化认同的理论结构，且各个维度基本做到了相互独立，即内容上互不重叠。

羌文化悠久的历史和强烈的民族特色，使生活在其中的个体对羌文化有着不同的认知和感受，这可能会直接影响研究者和被研究者的文化认同态度与模式，从而间接地影响了研究结果，致使现有的羌文化认同模型可能存在"盲点"。总之，未来的研究还需要更多的探索以验证本研究所得出的结论。

第二节   中华文化认同问卷的编制与分析

一   研究目的

羌文化是多元文化相互撞击与融合的产物，羌族人长期与汉族杂居的历史也提示我们在研究羌文化时不能忽视中华文化对其的影响。本研究在相关研究的基础上，编制中华文化认同问卷，并进行验证。

二   研究方法

（一）问卷的理论构想

在相关研究和访谈的基础上，初步构想了中华文化认同的理论维度（图4-3），包括中华文化价值认同、中华文化符号认同和中华文化身份认同的一阶三因素结构。

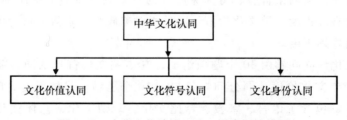

图4-3   中华文化认同一阶三因素理论模型

---

①   参见邓宏烈《羌族的宗教信仰与"释比"考》，《贵州民族研究》2005年第4期。
②   参见孔又专、吴丹妮《云端里的绚丽：羌民族宗教文化研究九十年》，《西北民族大学学报》（哲学社会科学版）2010年第4期。

（二）初测问卷的编制和初步修订

建立项目库，初测题项一方面参考了有关少数民族文化认同的相关研究[1][2][3][4]；另一方面则根据访谈结果和专家建议自编题项，形成了包括58个题项的预测问卷并编排了两道认真性测谎题。

为考察初测问卷的结构和各题项的质量，随机选取106人进行小规模现场试测；试测后对部分被试进行了个别访谈，对表述不清、难于理解或有歧义的题项予以修改或删除，再对施测结果进行因素分析；共删除34项小于0.30的因素载荷、决断值（CR）未达0.001、共同度低于0.20和总分相关小于0.40的题项，形成了由24个题项组成的中华文化认同初测问卷。正式问卷的编制程序同第一节。

三　研究结果

（一）问卷的效度

1. 内容效度

邀请相关研究专家对问卷题项进行评定，结合文献整理和前期访谈的结果，逐一审查和修改问卷题项。正式测试前请部分被试试填，使调查问卷适用易懂并符合理论构想，以保证问卷的内容效度。

2. 构想效度

（1）探索性因素分析（EFA）。

采用主成分分析法抽取共同因素得到初始载荷矩阵，再用正交旋转法求出最终因素载荷矩阵。探索性因素分析结果中 KMO 值为 0.869，Bartlett 球形检验统计量为 2190.393（$p = 0.000$），表明数据非常适合进行因素分析。在未限定因子个数的条件下进行因子提取，结果有 6 个因子的特征值大于 1，累计贡献率为 56.01% ,[5] 但 6 个因子所含题项差异较大（3

---

[1]　参见邓敏《哈尼族、彝族大学生民族认同及注意偏向特点研究》，硕士学位论文，西南大学，2010 年。

[2]　参见杨素萍、尚明翠《广西汉、壮族大学生文化认同调查研究》，《广西师范学院学报》（哲学社会科学版）2011 年第 7 期。

[3]　参见雍琳、万明钢《影响藏族大学生藏、中华文化认同的因素研究》，《心理与行为研究》2003 年第 3 期。

[4]　参见张海钟、姜永志、赵文进《中国区域跨文化心理学理论探索与实证研究》，《心理科学进展》2012 年第 8 期。

[5]　说明：此为第一次抽取，6 个因子差异较大，未达标弃用，故未列数据。

题项以下的有两个）；因此结合碎石图特征，再次进行因子抽取，最终保留了 3 个维度，共 17 个题项，KMO 值为 0.872，Bartlett 球形检验统计量为 2448.795（$p = 0.000$）能解释 51.52% 的总变异，旋转后的因子载荷情况见表 4 - 5。

抽取的第一个因素包括 8 个题项，内容涉及对汉族社会礼仪、民间习俗和价值典范的赞同程度，对总问卷的贡献率为 20.76%，命名为中华文化价值认同；抽取的第二个因素包含 4 个题项，涉及对汉族历史典故、艺术、习俗等方面的认知情况，对总问卷的贡献率为 15.61%，命名为中华文化符号认同；第三个因素包括 5 个题项，涉及个体对自己生活在汉族群体中的接纳程度和归属感，对总问卷的贡献率为 15.15%，命名为中华文化身份认同；三个一阶因素共同解释了总问卷 51.52% 的变异；因素分析结果表明一阶三因素的中华文化认同结构与初步构想相一致。

表 4 - 5   中华文化认同的一阶因素分析

题项	因子载荷			共同度
	F1	F2	F3	
A16	0.69			0.51
A15	0.69			0.52
A18	0.64			0.49
A13	0.64			0.43
A102	0.62			0.59
A95	0.58			0.39
A105	0.56			0.43
A96	0.54			0.45
A125		0.79		0.67
A158		0.69		0.56
A123		0.66		0.63
A120		0.63		0.51
A23			0.73	0.59
A21			0.72	0.57
A26			0.62	0.50
A103			0.60	0.39
A122			0.56	0.50

题项	因子载荷			共同度
	F1	F2	F3	
特征值	3.53	2.65	2.58	
贡献率	20.76	15.61	15.15	51.52

注：因子载荷小于0.5的没有显示。

（2）验证性因素分析。

为了进一步检验中华文化认同一阶三因素的结构假设，另随机选取了437名被试数据进行验证性因素分析。考虑到有关的等值模型的存在，对这三个一阶因子间的相关关系进行分析，发现中华文化价值认同与中华文化符号认同（$r = 0.430$，$p < 0.01$）、中华文化价值认同与中华文化身份认同（$r = 0.408$，$p < 0.01$）、中华文化符号认同与中华文化身份认同（$r = 0.333$，$p < 0.01$），因而，中华文化认同一阶三因素间存在中等正相关。进一步结合相关理论构想了两个竞争模型：模型 M1 为一阶四因素模型；模型 M2 是一阶三因素模型；两个模型的主要拟合指标见表 4－6。

表 4－6　　　　　　　　　　两个模型的主要拟合指标

模型	χ^2	χ^2/df	df	p	GFI	AGFI	NFI	TLI	CFI	AIC	RMSEA
M1	536.68	4.63	116	0.000	0.88	0.84	0.78	0.79	0.82	610.69	0.09
M2	473.57	4.08	116	0.000	0.89	0.85	0.81	0.82	0.85	547.57	0.08

以上数据显示，模型 M2 是更为理想的拟合模型。该模型的各项参数为：$\chi^2/df = 4.08$、$GFI = 0.89$、$AGFI = 0.85$、$NFI = 0.81$、$TLI = 0.82$、$CFI = 0.85$、$RMSEA = 0.08$。这些参数都表明一阶三因素模型是中华文化认同更为理想的拟合。汉族文化认同的一阶三因素模型及标准化路径系数见图 4－4。

（二）问卷的信度

采用内部一致性和重测进行信度检验，内部一致性信度采用 Cronbach's α 系数，重测信度采取间隔 1—2 个月对 60 名羌族人进行重测。结果发现（表 4－7），问卷各维度题项的 Cronbach's α 系数在 0.63—0.84，各一阶因子及问卷的 α 系数均符合统计学要求，表明问卷题项内部

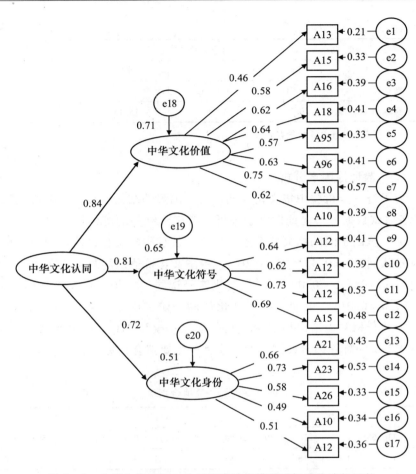

图 4 - 4　中华文化认同一阶三因素结构模型及标准化路径系数

一致性程度较高。重测相关系数在 0.73—0.89 （$p < 0.05$），说明问卷测量的稳定性较为理想。

表 4 - 7　　　　　　　　　中华文化认同问卷的信度系数

信度指标	一阶			问卷
	F1	F2	F3	Total
α 系数	0.75	0.73	0.63	0.84
重测系数	0.83	0.76	0.73	0.89

四　讨论

羌族文化是多元文化相互碰触、融合的产物，在其与汉、藏、彝、回等民族文化长时期的交汇、碰撞和融合过程中，不但反映出深厚的历史底蕴，而且形成了独特的文化个性和民族风貌。如万物有灵和祖先崇拜始终是羌民族宗教文化的核心信仰，地处汉藏之间的羌民族，其民族宗教文化与道教、苯教及藏传佛教具有深厚的历史文化渊源[①]。正如中国台湾学者王明珂认为，"羌"这个概念所指的人一部分被"汉化"，一部分被"番化"，另一部分被"羌化"成今天的羌族，形成与汉藏杂居的社会生活状态。如茂县黑虎沟将山神"喇色"当作"土地菩萨"祭拜，显然是受汉人信仰的影响，既信仰本民族的山神，又崇拜汉藏宗教文化的佛祖、观音、玉皇或天尊[②]。因此，本研究在探讨羌文化时不能不考虑中华文化对其产生的影响。

本研究中的中华文化尤以儒、释、道精神为代表，儒家"仁、义、礼、智、信"文化价值观念已根深蒂固渗透在中国人的生活中，并演变成为一种社会习俗。可以说，"儒学非宗教，在中国却有宗教之用"[③]。佛教主张因果报应、轮回说，世人相信只要行善便有好的结果；而道教以追求长生不老为宗旨，对生命的尊重是道教思想的本源，而道教与中国人的多神崇拜密切相关；三者都信奉天地与心灵相通，万物共生的宇宙观，但各有侧重，儒家侧重于以天道立仁道，佛教偏重于脱离生死轮回，达到与佛性的合一，而道家则更强调人与自然的关系，有极强的恋生情结[④]。儒、释、道思想为中国人提供了深厚的文化底蕴，并作为一种精神信仰而存在。

综合已有关于中华文化认同的研究，本研究提出了中华文化认同理论模型构想，并在此基础上编制了中华文化认同问卷。通过对 315 名被试的探索性因素分析和 437 名被试的验证性因素分析发现，问卷各因素的结构

[①]　参见孔又专、吴丹妮《云端里的绚丽：羌民族宗教文化研究九十年》，《西北民族大学学报》（哲学社会科学版）2010 年第 4 期。

[②]　参见邓宏烈《羌族宗教信仰与藏文化的关系考察研究》，《青海民族研究》2012 年第 1 期。

[③]　梁漱溟：《中国文化要义》，学林出版社 1996 年版，第 133 页。

[④]　参见葛鲁嘉《心理文化论要》，辽宁师范大学出版社 1995 年版，第 159—216 页。

清晰、信度和效度均符合统计学要求，可作为后续研究的有效工具。中华文化认同问卷以中华文化认同一阶三因素的结构模型为基础，该模型由中华文化价值认同、中华文化符号认同和中华文化身份认同三个维度组成。中华文化价值认同是指对汉族社会礼仪、民间习俗和价值典范的信仰及尊崇程度；中华文化符号认同是指对汉族历史典故、艺术、习俗等方面认知情况及接纳程度；中华文化身份认同是指对自己生活在汉族群体中的接纳程度和归属感。

中华文化认同问卷由 17 个题项组成，其中中华文化价值认同包括 8 个题项，中华文化符号认同包括 4 个题项，中华文化身份认同包含 5 个题项。结合开放式访谈及已有关于中华文化认同的研究，具体从中华文化的历史传说、风俗习惯及自身民族身份的认识等内容，以认知、情感和行为维度对中华文化认同进行考察。尽量涵盖了中华文化的典型特征，并且各个维度类别基本做到了相互独立，即内容上不相互重叠。

第三节　羌族文化认同的特点

一　研究目的

本部分研究拟对 898 份问卷数据进行分析，以探讨羌文化、中华文化认同在性别、年龄、文化程度、独生子女、职业、汉族朋友数量、家庭成员数量等人口学变量上的特征和差异；以及不同类型羌文化和中华文化认同者的差异特点。

二　研究方法

（一）被试

采用现场施测的方式，先后三次到汶川、茂县、理县、北川、平武等地进行调查，共发放问卷 1200 份，最终获得有效问卷 898 份；被试涵盖了农业劳动者、学生、教师、事业单位人员、自由职业者等各个职业。男性 414 人，占 46.1%，女性 484 人，占 53.9%。年龄从 17 岁到 75 岁，平均年龄为 29.5 ± 11.28 岁。

（二）研究工具

采用自编的羌族文化认同问卷和中华文化认同问卷，详见本章第一、第二节。施测程序和统计分析同本章第二节。

三　研究结果

（一）羌族人文化认同的总体特征

调查发现（表4-8），羌族人对羌族文化认同程度高于汉族文化。具体而言，羌文化身份认同的得分最高，其次是羌文化价值认同、羌文化符号认同、中华文化价值认同、中华文化身份认同，中华文化符号认同得分最低。从配对T检验可以看到，各维度之间具有显著差异。

表4-8　　　　　　羌文化、中华文化认同各个维度描述数据及

彼此配对T检验结果（$n = 898$）

维度（$M \pm SD$）	羌文化符号认同 （30.62 ± 10.95）	羌文化身份认同 （34.55 ± 10.64）	羌文化价值认同 （31.55 ± 9.68）	中华文化价值认同 （28.92 ± 7.74）	中华文化符号认同 （15.22 ± 4.41）	中华文化身份认同 （17.48 ± 5.05）
羌文化符号认同						
羌文化身份认同	-17.34***					
羌文化价值认同	-3.88***	13.24***				
中华文化价值认同	4.61***	17.32***	9.03***			
中华文化符号认同	44.11***	60.68***	56.18***	72.75***		
中华文化身份认同	34.25***	49.07***	44.62***	65.05***	-17.32***	—

注：*** $P < 0.001$。

（二）羌族人羌文化、中华文化认同的年龄特点

与前期研究相同，本研究划分年龄在25周岁以下者为青年组，25周岁以上者为成年组，青年组年龄从17岁到25岁，共434人（48.3%）；成年组年龄从26岁到78岁，共464人（51.7%）。方差分析发现，青年组在羌文化、中华文化认同各维度得分均高于成年组；除羌文化符号认同外，不同年龄段羌族人在羌文化身份认同（$p < 0.001$）、羌文化价值认同（$p < 0.05$）和中华文化价值认同（$p < 0.001$）、中华文化符号认同（$p < 0.001$）和中华文化身份认同（$p < 0.001$）上均存在显著差异。

（三）不同职业、文化程度者羌文化、中华文化认同的特点

职业的分类依据《中华人民共和国职业分类大典》的标准，羌族学生单列为一类；参加本次调查的羌族农业劳动者占总数的 30.0%，大学生占 34.1%，教师占 21.7%，事业单位人员占 5.5%，其他职业（小商贩、私营业主、服务人员）占 8.8%。农业劳动者在羌文化和中华文化认同各维度上得分均高于其他职业者（中华文化身份认同除外），通过方差分析发现，不同职业者在羌文化、中华文化符号、身份、价值维度上均呈现极显著的差异（$p < 0.001$）（表 4 – 9）。

表 4 – 9　　　　　不同职业者在羌文化、中华文化
认同一阶维度上的差异（$n = 898$）

维度	农业劳动者（$n = 269$）	大学生（$n = 306$）	教师（$n = 195$）	事业单位人员（$n = 49$）	其他职业（$n = 79$）	F
羌文化符号认同	36.92 ± 10.57	29.29 ± 10.84	23.60 ± 7.50	31.17 ± 8.17	31.30 ± 9.34	53.72^{***}
羌文化身份认同	39.50 ± 10.19	35.34 ± 10.12	27.00 ± 7.92	33.67 ± 10.66	33.82 ± 9.34	48.05^{***}
羌文化价值认同	36.76 ± 9.01	31.56 ± 8.50	24.83 ± 8.55	30.27 ± 8.49	31.12 ± 9.06	53.31^{***}
中华文化价值认同	30.75 ± 6.54	30.29 ± 7.24	25.78 ± 9.05	26.71 ± 7.21	26.57 ± 7.08	18.27^{***}
中华文化符号认同	16.30 ± 3.64	15.81 ± 4.07	13.42 ± 5.27	14.24 ± 3.97	14.38 ± 4.39	15.86^{***}
中华文化身份认同	17.73 ± 4.22	18.68 ± 4.88	15.79 ± 6.07	15.69 ± 4.78	17.24 ± 4.20	12.14^{***}

注：$^{***} P < 0.001$。

本次调查的 898 名羌族人中，小学及以下文化程度者占 13.3%，初中文化程度者占 15.8%，高中文化程度者占 16.1%，大学文化程度者占 54.8%。除中华文化身份认同外，文化程度越低者在羌文化、中华文化各维度的得分均高于其他文化程度者。方差分析结果显示，不同文化程度者在羌文化、中华文化符号、身份和价值认同维度均呈现极显著差异（$p <$

0.001)（表4－10）。

表4－10　　　　　不同文化程度者在羌文化、中华文化
认同一阶维度上的差异（$n = 898$）

维度	小学及以下 （$n = 119$）	初中 （$n = 142$）	高中 （$n = 145$）	大学及以上 （$n = 492$）	F
羌文化符号认同	39.44 ± 10.17	35.07 ± 10.13	29.18 ± 9.61	27.62 ± 10.17	55.13^{***}
羌文化身份认同	41.31 ± 10.02	37.36 ± 9.79	32.38 ± 10.72	32.75 ± 10.17	28.42^{***}
羌文化价值认同	38.68 ± 8.50	34.64 ± 9.20	29.48 ± 9.03	29.54 ± 9.23	40.27^{***}
中华文化符号认同	16.46 ± 3.67	16.04 ± 3.36	14.00 ± 4.67	15.04 ± 4.64	9.00^{***}
中华文化身份认同	17.35 ± 3.80	17.48 ± 4.28	16.35 ± 5.00	17.84 ± 5.48	3.31^{***}
中华文化价值认同	31.36 ± 6.21	29.15 ± 6.81	27.51 ± 7.84	28.68 ± 8.18	5.84^{***}

（四）年龄与职业、文化程度的交互作用

1. 年龄与职业的交互作用

考察年龄和职业两个因素在羌文化、中华文化认同一阶维度上的交互作用，结果发现（图4－5）除中华文化身份认同维度外，年龄×职业的交互作用在羌文化、中华文化认同各维度上均显著。具体而言，在羌文化符号认同上，青年组农业劳动者、学生得分低于成年组，而青年组教师、事业单位人员、其他职业者得分高于成年组，$F1$（4，888）= 6.21（$p < 0.001$）；在羌文化身份、羌文化价值认同上，青年组农业劳动者得分低于成年组，而青年组学生、教师、事业单位人员和其他职业者得分高于成年组，$F2$（4，888）= 4.54（$p < 0.001$）和 $F3$（4，888）= 4.33（$p < 0.01$）；在中华文化价值认同上，除青年组学生得分低于成年组外，青年农业劳动者、教师、事业单位人员和其他职业者得分均高于成年组，$F4$（4，888）= 2.78（$p < 0.05$）；在中华文化符号认同上，除青年农业劳动者得分低于成年组外，青年组学生、教师、事业单位人员和其他职业者得分均高于成年组，$F5$（4，888）= 2.69（$p < 0.05$）。上述结果说明从事不同职业的青年和成年人在羌文化、中华文化认同上存在明显差异。

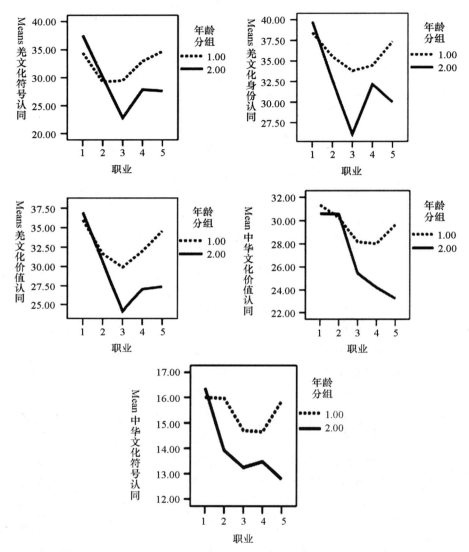

图 4 - 5   年龄与职业在羌文化和中华文化认同上的交互作用

注：年龄分组   1.00 = 青年组，2.00 = 成年组，下同。

2. 年龄与文化程度的交互作用

考察年龄和文化程度两个因素在羌文化、中华文化认同一阶维度上的交互作用，结果发现（图 4 - 6）年龄 × 文化程度的交互作用在羌文化、中华文化认同各维度均显著。具体而言，在羌文化符号认同和羌文化身份认同上，小学、大学文化程度的青年组高于成年组，初中、高中文化程度的成年组高于青年组，$F1$（3，890）$=8.71$（$p<0.001$），$F2$（3，890）$=15.90$（$p<0.001$）。在羌文化价值认同上，青年组初中文化程度者得分低于成年组，而小学、高中、大学文化程度者得分均高于成年组，$F3$（3，890）$=10.37$（$p<0.001$）。在中华文化价值认同上，小学和大学文化程度的青年组高于成年组，初中、高中文化程度的成年组高于青年组，$F4$（3，890）$=8.39$（$p<0.001$）。在中华文化符号认同上，小学、初中文化程度青年组得分低于成年组，而高中、大学文化程度青年组得分高于成年组，$F5$（3，890）$=7.46$（$p<0.001$）；在中华文化身份认同上，不同文化程度青年组得分均高于成年组，$F6$（3，890）$=6.24$（$p<0.001$）。结果说明不同文化程度的青年和成年群体在羌文化、中华文化认同上的显著差异。

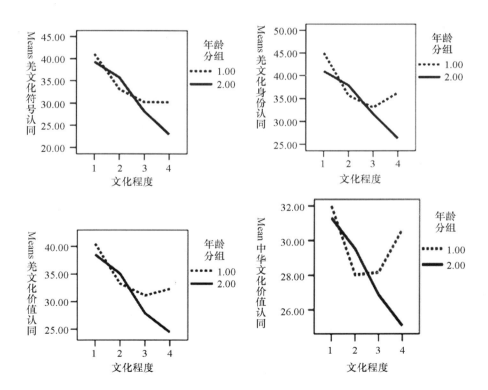

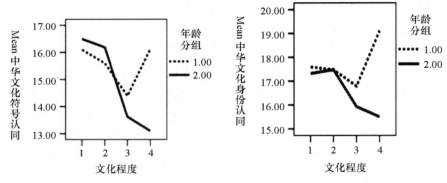

图 4 - 6　年龄与文化程度在羌文化和中华文化认同上的交互作用

（五）独生子女与非独生子女羌文化、中华文化认同的特点

受调查羌族中独生子女占 18.7%，非独生子女占 81.3%；独立样本 T 检验结果显示，非独生子女在羌文化符号（$p < 0.001$）、羌文化身份（$p < 0.05$）、羌文化价值（$p < 0.01$）和中华文化价值（$p < 0.05$）认同上得分均高于独生子女，并呈现显著差异。

（六）不同家庭成员、汉族朋友数量在羌文化、中华文化认同的特点

来自 4—8 人家庭成员者，在受调查羌族中占 72%，3 人家庭成员占 26.5%，而来自 9 人以上家庭成员仅占 1.5%。在羌文化符号认同上，来自 4—8 人家庭成员者得分最高，9 人以上家庭成员的得分最低，三者存在极显著差异（$p < 0.001$）；在羌文化身份、羌文化价值认同上，来自 9 人以上家庭成员者得分最高，3 人家庭者得分最低且存在极显著差异（$p < 0.001$）。

在中华文化价值认同上，来自 4—8 人家庭者得分最高，3 人家庭者得分最低且存在极显著差异（$p < 0.001$）；在中华文化符号、中华文化身份认同上，来自 9 人以上家庭成员者得分最高，3 人家庭成员者得分最低，并在中华文化符号（$p < 0.01$）和中华文化身份（$p < 0.05$）认同上均存在显著差异（表 4 - 11）。

表 4 - 11　　家庭成员数量在羌文化、中华文化认同维度上的差异（$n = 898$）

维度	3 人家庭成员 （$n = 238$）	4—8 人家庭成员 （$n = 647$）	9 人以上家庭成员 （$n = 13$）	F
羌文化符号认同	27.19 ± 9.56	31.97 ± 11.10	26.31 ± 13.03	18.25 ***

续表

维度	3 人家庭成员 （n = 238）	4—8 人家庭成员 （n = 647）	9 人以上家庭成员 （n = 13）	F
羌文化身份认同	30.93 ± 9.65	35.85 ± 10.71	35.98 ± 9.67	19.54 ***
羌文化价值认同	28.06 ± 8.98	32.80 ± 9.63	33.31 ± 9.48	22.05 ***
中华文化价值认同	27.29 ± 8.36	29.52 ± 7.46	29.30 ± 6.02	7.34 ***
中华文化符号认同	14.38 ± 4.84	15.52 ± 4.20	15.56 ± 4.59	5.95 **
中华文化身份认同	16.85 ± 5.58	17.67 ± 4.84	19.27 ± 4.00	3.13 *

表 4 - 12 显示，汉族朋友数量非常多者，占 39.6%，比较多者占 41.5%，比较少者占 11.1%，非常少者占 7.7%；在羌文化符号、身份和价值认同维度上，汉族朋友数量越少者得分越高，反之则得分越低；并且不同汉族朋友数量者在羌文化认同各维度上均存在极显著差异（p < 0.001）。在中华文化价值和符号认同上，汉族朋友非常少者得分最高，比较多者得分最低，在中华文化价值（p < 0.001）和中华文化符号（p < 0.01）认同上差异显著；中华文化身份上，汉族朋友越多得分越高，且不同汉族朋友数量者之间存在极显著差异（p < 0.001）。

表 4 - 12　　　　汉族朋友数量在羌文化、中华文化认同维度上的差异（n = 898）

维度	非常多 （n = 356）	比较多 （n = 373）	比较少 （n = 100）	非常少 （n = 69）	F
羌文化符号认同	27.64 ± 10.05	29.79 ± 10.48	35.63 ± 10.38	43.17 ± 10.08	55.09 ***
羌文化身份认同	32.06 ± 10.26	33.95 ± 10.31	38.31 ± 9.89	45.16 ± 7.03	38.16 ***
羌文化价值认同	29.46 ± 8.48	30.87 ± 9.59	34.53 ± 9.97	41.64 ± 7.27	38.64 ***
中华文化符号认同	15.13 ± 4.28	14.83 ± 4.59	15.92 ± 4.51	16.83 ± 3.35	5.01 **
中华文化身份认同	18.31 ± 5.12	17.06 ± 5.12	16.92 ± 4.84	16.29 ± 3.88	5.86 ***
中华文化价值认同	29.18 ± 7.74	27.89 ± 7.82	29.14 ± 7.43	32.89 ± 6.45	8.64 ***

注：*** P < 0.001，** P < 0.01。

（七）是否独生子女与家庭成员数量、汉族朋友数量的交互作用

1. 是否独生子女与家庭成员数量的交互作用

考察是否独生子女和家庭成员数量两个因素在羌文化、中华文化认同

一阶维度上的交互作用，结果发现（图4-7），除中华文化身份认同维度外，是否独生子女×家庭成员数量的交互作用在羌文化、中华文化认同各维度均显著。在羌文化符号认同上，来自3人家庭的独生子女得分高于非独生子女，而来自4—8人和9人以上家庭的非独生子女得分高于独生子女，$F1$（2，892）=3.13（$p < 0.05$）；在羌文化身份和羌文化价值认同上，来自3人家庭和9人以上家庭的独生子女得分高于非独生子女，而4—8人家庭的独生子女得分低于非独生子女，$F2$（2，892）=5.82（$p < 0.01$）；$F3$（2，892）=3.30（$p < 0.05$）。在中华文化价值和中华文化符号认同上，来自4—8人家庭的独生子女得分低于非独生子女，而来自3人和9人以上家庭的独生子女得分都高于非独生子女，$F4$（2，892）=3.08（$p < 0.05$）；$F5$（2，892）=3.91（$p < 0.05$）。结果说明家庭成员数量的多少对独生子女与非独生子女羌文化、中华文化认同的影响存在明显差异。

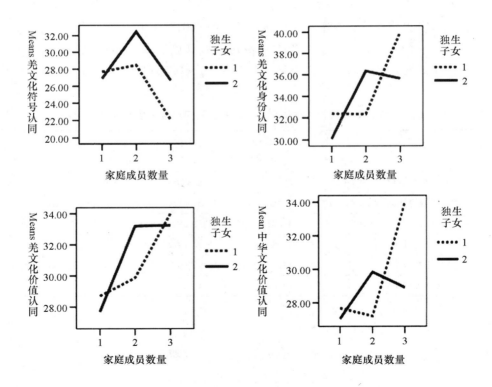

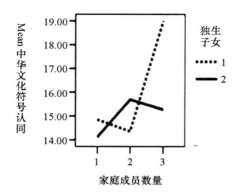

图 4 - 7 是否独生子女与家庭成员数量在羌文化、中华文化认同上的交互作用

注：独生子女分组：1 = 独生子女，2 = 非独生子女。

2. 是否独生子女与汉族朋友数量的交互作用

考察是否独生子女和汉族朋友数量两个因素在羌文化、中华文化认同一阶维度上的交互作用，结果发现（图 4 - 8）是否独生子女 × 汉族朋友数量的交互作用，仅在羌文化认同上表现明显，而对独生子女与非独生子女的中华文化认同并未表现出差异。具体而言，在羌文化符号认同上，随着汉族朋友数量的减少，独生子女的得分明显低于非独生子女，F_1（3，890）= 3.27（$p < 0.05$）；在羌文化身份和羌文化价值认同上，汉族朋友数量非常多的独生子女得分高于非独生子女，而随着汉族朋友数量的减少，独生子女得分显著低于非独生子女，F_2（3，890）= 3.86（$p < 0.01$）；F_3（3，890）= 3.91（$p < 0.01$）。说明汉族朋友数量对独生子女与非独生子女羌文化认同程度有显著差异，而在中华文化认同程度无显著差异存在。

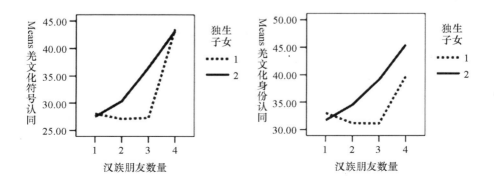

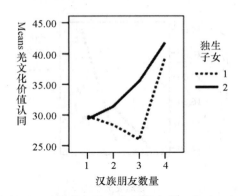

图 4 - 8　　是否独生子女与汉族朋友数量在羌文化认同上的交互作用

（八）羌民羌文化、中华文化认同的特点

　　根据羌族人羌文化、中华文化认同各维度上总得分进行高低分组，共分为四组（表 4 - 13）：羌文化和中华文化认同双高组（简称"双高组"），羌文化和中华文化认同双低组（简称"双低组"），高羌文化和低中华文化认同组（简称"高羌低中组"），高中华文化和低羌文化认同组（简称"高中低羌组"）。调查发现，不同类型文化认同者的文化认同特点存在极显著差异（$p < 0.001$）。组内比较发现双高组在羌文化符号认同上得分最高，在中华文化符号认同上得分最低；双低组在羌文化身份认同上得分最高，在中华文化符号认同上得分最低；高羌低中组在羌文化身份认同上得分最高，在中华文化符号认同上得分最低；高中低羌组在中华文化价值上得分最高，在中华文化符号认同上得分最低。

表 4 - 13　　　　不同羌文化、中华文化认同类型者的差异 （M ± SD）

	双高组 （$n = 341$）	双低组 （$n = 270$）	高羌低中组 （$n = 99$）	高中低羌组 （$n = 188$）	F
羌文化符号认同	40.57 ± 6.75	23.39 ± 6.14	36.17 ± 5.20	20.02 ± 6.23	603.454 ***
羌文化身份认同	44.43 ± 5.55	25.51 ± 6.04	39.57 ± 6.04	26.97 ± 6.93	623.533 ***
羌文化价值认同	39.83 ± 6.06	23.37 ± 6.37	35.75 ± 5.47	26.07 ± 6.90	412.411 ***
中华文化符号认同	17.76 ± 2.13	10.54 ± 4.03	14.46 ± 3.51	17.74 ± 2.25	346.406 ***
中华文化身份认同	19.75 ± 3.22	12.55 ± 3.94	14.60 ± 3.21	21.94 ± 2.59	386.019 ***
中华文化价值认同	34.01 ± 3.93	20.13 ± 5.63	25.46 ± 3.77	34.15 ± 3.73	604.611 ***

　　进一步分析，不同类型文化认同者在羌文化一阶因素上的差异，结果发现（表 4 – 14）：双高组、双低组、高羌低中组文化认同一阶因素上存在极显著差异（$p < 0.001$），均在羌族宗教信仰上得分最高，在羌族社会俗约上除高中低羌组外得分最低；高中低羌组在羌族宗教信仰上得分最高，而在羌民族接纳上得分最低。

表 4 – 14　　　不同文化认同类型者在羌文化认同一阶因素上的差异（M ± SD）

	双高组 （$n = 341$）	双低组 （$n = 270$）	高羌低中组 （$n = 99$）	高中低羌组 （$n = 188$）	F
羌民族归属感	22.33 ± 2.87	11.81 ± 3.91	20.09 ± 3.41	12.88 ± 4.06	564.960 ***
羌族文化认知	21.05 ± 3.72	12.58 ± 3.88	18.83 ± 3.12	11.26 ± 4.55	369.227 ***
羌族族物喜好	22.10 ± 3.74	13.70 ± 3.92	19.48 ± 4.03	14.08 ± 4.41	288.493 ***
羌族民族接纳	19.52 ± 3.82	10.81 ± 3.53	17.35 ± 2.91	8.76 ± 3.02	529.086 ***
羌族宗教信仰	22.93 ± 4.52	13.74 ± 4.22	21.09 ± 4.27	14.33 ± 4.92	274.752 ***
羌族社会俗约	16.90 ± 2.55	9.63 ± 3.15	14.66 ± 2.56	11.73 ± 3.43	334.156 ***

四　讨论

（一）总体特征

　　本研究中的文化认同包含羌族人对羌文化和中华文化的接纳和认可程度。中华文化是指在宗教、语言、习俗和生活方式等方面与羌族不同的，以儒、释、道文化特征为代表的传统文化。从总体上看，羌族人对羌文化的认同程度高于中华文化，尤以羌文化身份认同的得分最高，而中华文化符号认同得分最低，且各维度之间具有显著差异。这与董莉等人对维吾尔族大学生文化认同的研究结果相似[①]。羌族社会在本质上是小农社会，族人之间远近亲疏关系受"血缘"和"地缘"的影响，在以村寨为中心的地缘认同上，以家庭为原点，以血缘关系的扩展为基础，牵动本村内部家门以外的族房及周围的村寨；但这种二元性社会关系并非纯粹以血缘亲情联系在一起的人群，它更多的是由其成员的集体记忆和共同文化凝聚在一

---

　　①　参见董莉、张月冶、克拉热·卡米力《维吾尔族大学生文化认同的发展及影响因素》，《教育与教学研究》2013 年第 4 期。

起的人群①。羌人对其文化身份的确认从出生伊始，羌族传统人生礼仪中的诞生礼、成年礼、婚礼和葬礼，以庄严的仪式形式（如成年礼、婚礼和葬礼均请释比主持）对羌人民族身份和文化身份进行了确认。文化能够塑造一个族群的个性，一个族群也能创造一种文化类型，一个族群通过潜移默化地接受并消化一种文化精髓后，便不自觉地呈现出特定的族群风貌、族群精神、族群特点和族群行为方式②。羌族的文化习性是由羌族传统社会环境所主导的经个体后天模仿与学习而获得的具有羌族文化烙印的心理品质，因此不同文化背景经历对少数民族的文化认同方式具有重要影响。

（二）性别、年龄差异

不同性别在羌文化、中华文化认同中并无显著差异，这与已有研究结果一致③。Phinney 研究发现，民族认同与性别无关④。但秦向荣的研究则发现，女性对本民族的认同高于男性⑤。此类研究结果尚无一致性的结论，这可能与不同文化背景和研究对象的特点有关。青年组在羌文化、中华文化认同各维度上得分均高于成年组且差异显著。总体上年龄越小的被试对本民族和汉族文化的认同程度都比较高，青年人在羌文化、中华文化认同模式上趋于整合型⑥，既接纳本族文化，同时也接纳汉族文化。秦向荣的研究则发现，我国 11—20 岁的青少年对自己民族身份和中华民族身份的认同都比较强，这与多元文化理论相符，即对本民族的高认同并不影响对其他民族的高认同。

（三）职业、文化程度差异

对不同职业和受教育程度者的调查发现，农业劳动者在羌文化和中华文化认同各维度上得分均高于其他职业者（中华文化身份认同除外）；文

---

① 参见王明河《华夏边缘》，社会科学文献出版社 2006 年版，第 33 页。

② 参见周阳《锡伯族"西迁节"与族群文化认同研究》，硕士学位论文，华中师范大学，2009 年，第 3 页。

③ 参见万明钢、王亚鹏《藏族大学生的民族认同》，《心理学报》2004 年第 1 期。

④ Phinney, J. S. "The multi-group ethnic identity measure: A new scale for use with diverse groups". *Journal of Adolescent Research*, Vol. 7, No. 2, 1992, pp. 156 – 176.

⑤ 参见秦向荣《中国 11 至 20 岁青少年的民族认同及其发展》，硕士学位论文，华中师范大学，2005 年，第 46 页。

⑥ Berry, J. W. "Intercultural relations in plural societies". *Canadian Psychology*, No. 40, 1999, pp. 1 – 9.

化程度越低者在羌文化、中华文化各维度的得分均显著高于其他文化程度者（中华文化身份认同除外）。从事农业劳动者多为羌族地区的村民，文化程度普遍较低，通过传统羌族社会中各种仪式、习俗活动接受羌族文化的熏陶，因而更认同羌族文化身份、文化符号和文化价值，其对整个中华文化的认知有限。随着羌族地区现代化的发展，农业劳动者虽对中华文化符号和价值采取接纳认可的态度，但是对中华文化身份的认同程度远低于大学文化程度者。前期研究对 12 名羌族人的访谈中也发现，羌族村民虽然觉得外面的世界很精彩，但还是希冀生活中能保留自己民族的文化特色。已有研究发现文化程度越高，解决问题的独立性可能更强，能更理性地对待不同民族文化间的差异，既认同本民族身份又认同自己是中华民族大家庭中的一员，这也符合费孝通先生的"中华民族多元一体"的理论构想，少数民族个体对其双重民族身份的认同并不矛盾。

　　进一步分析年龄与职业的交互作用，发现青年农业劳动者和学生在羌文化、中华文化认同（中华文化身份认同除外）各维度上得分低于成年组，而教师、事业单位人员和其他职业者高于成年组。有研究发现，个体生活的社会文化背景对个体的文化认同有重要影响①，青年农业劳动者和学生，所处的社会环境相对单一，在面临羌文化、中华文化相互融合与碰撞下，一方面希望更好地融入主流文化社会，另一方面又想保持本族文化，进而可能产生认知或情感冲突，而带来文化认同和适应上的问题。青年教师、事业单位和其他职业者，他们作为羌族中的精英群体，思维开阔，容易接受新鲜事物，是本民族文化的继承者和开拓者，相对成年人对不同文化价值的认可和接纳程度更高，这与娜日对蒙古成年人的文化适应调查结果一致②。通过考察年龄和文化程度的交互作用发现，总体上初中/高中文化程度是羌文化、中华文化认同差异的分水岭，中等文化程度的成年人更认同本民族文化；而小学或大学文化程度的青年人更认同汉族文化。这可能与个体文化认同发展的阶段不同，小学文化程度者可能无法充分理解本民族文化符号、身份和价值的意义，处于未验证的民族文化认同阶段，而出现对主流文化的一味接纳倾向；中等文化程度的成年人既认

---

① 参见杨素萍、尚明翠《广西汉、壮族大学生文化认同调查研究》，《广西师范学院学报》（哲学社会科学版）2011 年第 7 期。

② 参见娜日《蒙古族成年人的文化适应与生活满意度及其相关性》，硕士学位论文，内蒙古师范大学，2009 年，第 26 页。

同本民族文化，同时对主流文化群体和文化价值的接触和理解程度有限，而处于一种寻求民族认同的阶段；大学文化程度者由于求学、工作和生活经历，受主流文化的影响较大，容易出现文化认同上的偏向性；这与Phinney 的民族（文化）认同的发展阶段理论相一致。

（四）是否独生子女、家庭成员数量、汉族朋友数量差异

受调查的羌族人大多为非独生子女，无论是对羌文化还是中华文化都有较高的认同度，这与他们的家庭环境和性格特征有关。与非独生子女相比，独生子女在无意义感、自然疏离感与生活环境疏离感上均有显著较强的疏离感[1]；白丽英等人对畲族的研究发现，非独生子女的心理健康水平要高于独生子女，非独生子女的人际交往能力、情绪控制能力和性格包容性更强[2]，这也是羌族非独生子女对羌文化、中华文化采取接纳和认同的性格因素。

汉族朋友的数量对羌文化、中华文化认同程度产生影响：汉族朋友越少者对羌族文化认同度越高；汉族朋友越多对羌族人中华文化身份的认同影响越大，但对中华文化价值和符号的认同与汉族朋友数量不相一致。已有研究发现，少数民族聚居地民众对本民族文化的认同程度高于非聚居地[3]，而汉族朋友的数量、父母的民族身份、文化程度等都能有效地预测少数民族群体文化认同；但随着汉族朋友数量的增加，羌族对中华文化的了解和认知逐渐增强，进而产生对本族文化与中华文化的比较，比较结果可能会激发他们对自己母体文化的情感，从而对本民族文化有更强的认同。

进一步考察是否独生子女与家庭成员数量的交互作用表明，家庭规模中等（4—8 人）的非生子女对羌文化符号、价值和身份的认同程度高于核心家庭（3 人）的独生子女；而核心家庭和大家庭（9 人以上）有利于独生子女对中华文化价值和身份的认同。同时，是否独生子女和汉族朋友数量的交互作用发现，无论独生子女或非独生子女，汉族朋友数量的多少

---

① 参见曾兴智《渝东南少数民族青少年学生的疏离感调查研究》，硕士学位论文，西南大学，2008 年，第 21 页。

② 参见白丽英等《畲族中学生心身症状与家庭环境的关系》，《中国临床心理学杂志》2006 年第 6 期。

③ 参见邓敏《哈尼族、彝族大学生民族认同及注意偏向特点研究》，硕士学位论文，西南大学，2010 年，第 55 页。

均会影响其对本民族文化认同程度①。

（五）不同羌文化、中华文化认同类型的特点

国外已有对少数民族移民群体文化认同和适应状况的研究，发展出单维认同模型、双维认同模型、正交认同模型和多维认同模型。大部分模型理论认为，少数民族解决文化适应冲突最好的办法就是在建立对本族群的积极认同感的同时，保持在所迁入的新族群社会的适应能力②。移民或少数民族在新环境中的文化认同与适应问题：一是否愿意保留本民族的文化与认同；二是否接纳主流文化的价值观念，并与之发展密切的关系③。上述两个维度问题是相互独立的，对某一文化的高认同并不意味着对其他文化的低认同，并根据对这两个维度问题的积极、消极回答会产生四类不同的文化认同态度模式：同化、整合、分离、边缘化④。本研究根据羌族人在羌文化、中华文化认同各维度上得分进行分组，参照二维文化认同理论模型比较如下：羌文化和中华文化认同双高组（整合，占38%）、双低组（边缘化，占30.1%）、高羌低中组（分离，占11%）各自在羌文化身份认同上高于其他维度，并在中华文化符号认同上得分最低；高中低羌组（同化，占20.9%）在中华文化价值上得分最高，在中华文化符号认同上得分最低，这表明，羌族人在文化认同态度上采取整合模式的人数最多，边缘化的人数次之，同化态度的更次之，分离态度的人数最少。

Feliciano认为，对两种文化的整合与适应是移民生活满意度和幸福感的重要指标之一，对移民来说，同时从两种文化中获得资源是一种理想的模型，那些能有效地将本民族与主流社会相互整合的个体，被称为二元文化人⑤。Phinney和Haas的研究发现，对本民族文化和主流文化都持积极

---

① 参见范梨新《维吾尔族大学生文化适应及民族认同研究》，硕士学位论文，西南大学，2012年，第29页。

② Birman, D. "Biculturalism and ethnic identity: An integrated model". *The Society for the Psychological Study of Ethnic Minority Issues*, Vol. 18, No. 1, 1994, pp. 9 – 11.

③ Berry, J. W. "Immigration, acculturation, and adaptation". *Applied Psychology: An International Review*, Vol. 46, No. 1, 1997, pp. 5 – 34.

④ Berry, J. W. "Acculturation: Living successfully in two cultures". *International Journal of Intercultural Relations*, No. 29, 2005, pp. 697 – 712.

⑤ Feliciano, C. "The benefits of biculturalism: Exposure to immigrant culture and dropping out of school among Asian and Hispanic youths". *Social Science Quarterly*, Vol. 82, No. 4, 2001, pp. 865 – 879.

认同态度的个体，具有更积极的心理水平①。Berry 认为，少数民族之所以选择边缘化认同态度模式，主要有两个方面原因，一是由于母体文化的流失过于严重；二是由于主流文化群体对少数民族的歧视态度或排斥行为②。但本研究发现，羌族人无论采取哪种文化认同态度模式，对本民族身份的认同是其文化认同的核心，而身份认同既是个体对其种族身份的一种心理肯定，也是在文化认同态度中的行为表现；对羌文化、中华文化持整合态度者，更有助于他们对主流文化社会的适应。此外，羌族人对中华文化符号的认同程度较低，这与其语言、历史、教育等因素有关。羌区地处岷江上游高山深处，信息相对闭塞，经济发展相对缓慢，羌族传统的社会习俗大部分得以保留下来。近年来，随着羌区社会经济发展与开放，现代文化的影响正逐步影响着羌人的文化价值观；但 5·12 地震后，国家和地方政府组织了大规模的羌族文化保护和重建，羌文化从灾难中获得了新生，而羌人对民族文化的自信心和自豪感也迅速恢复，最普遍的外显表达是羌区随处可见的民族文化符号，这既是羌族文化的标识，更表达了羌人对其文化符号的高度认同。

对羌文化、中华文化认同的一阶因素分析也发现，羌族人在宗教信仰上的得分最高。羌族信奉"万物有灵"，各种自然崇拜是其宗教信仰的重要组成部分③；而颇具传奇色彩的"释比"及其在宗教祭祀中及所行巫术则是联系人们内心和虚幻世界的桥梁，在羌族社会中享有较高的社会地位，甚至起到精神领袖的作用。已有研究表明，生活习俗、语言文化、思维方式、宗教信仰的差异以及对差异的认知是影响少数民族心理适应的主要因素④。同时，从心理调适角度看，宗教信仰是信教群众的一种特殊的情感和心理状态，在西北少数民族地区，各民族信教者的心理认同主要表

---

①　Phinney, J. S., & Haas, K. "The process of coping among ethnic minority first-generation college freshmen: A narrative approach". *The Journal of Social Psychology*, Vol. 143, No. 6, 2003, pp. 707 –715.

②　Berry, J. W. Immigration, acculturation, and adaptation. Applied Psychology: An International Review, Vol. 46, No. 1, 1997, pp. 5 –34.

③　参见马宁、钱永平《羌族宗教研究综述》，《贵州民族研究》2008 年第 4 期。

④　参见曾维希、张进辅《少数民族大学生在异域文化下的心理适应》，《西南大学学报》（人文社会科学版）2007 年第 2 期。

现为文化认同①。因此，在羌族文化认同研究中，宗教信仰仍是不可忽视的重要因素之一。

本章小结

本研究通过文献梳理和开放式访谈，自编羌文化认同和中华文化认同问卷，经过两次测试和因素分析，形成了由 30 个题项组成的羌文化认同问卷；其中，羌文化符号认同、羌文化身份认同和羌文化价值认同分问卷各包含 10 个题项，与 6 个一阶因子共同构成二阶三因素的羌文化认同结构模型。问卷采用 Liket 5 级量表评分，从完全不符合、有点符合、不确定、比较符合到完全符合，KMO 值为 0.90，内部一致性 Cranach's α 系数为 0.81，达到统计学要求。中华文化认同问卷由 17 个题项组成，分为中华文化价值认同、中华文化符号认同和中华文化身份认同三个维度，构成一阶三因素的中华文化认同结构模型。问卷采用 liket 5 级量表评分，从完全不符合、有点符合、不确定、比较符合到完全符合，KMO 值为 0.87，内部一致性 Cranach's α 系数为 0.84，均达到统计学要求。

采用自编的羌文化认同问卷、中华文化认同问卷，对 898 名羌族人的文化认同特点进行调查，发现羌族人对羌文化的认同程度总体高于中华文化，性别差异不显著；从年龄特征看，青年人对羌文化、中华文化认同程度总体高于成年人；职业、文化程度、家庭成员数量、汉族朋友数量及是否为独生子女等因素都会对个体文化认同产生显著影响。进一步分析羌族人文化认同态度模式发现：采取整合模式（双高组）的人数最多，边缘化（双低组）的人数次之，同化态度（高中低羌组）的位居第三，分离态度（高羌低中组）的人数最少；而无论持何种文化认同模式，羌族人都看重自己羌族身份和羌族宗教信仰的认同。文化认同包含着认知和情感成分，积极的认知和情感可能导致积极的行为方式，反之，则易导致消极的行为方式。研究表明，那些对本民族的低认同或不认同者，更容易出现自责、自我攻击或对其他民族成员产生敌对的行为②；同时，主族文化认

---

①　参见高永久《论民族心理认同对社会稳定的作用》，《中南民族大学学报》（人文社会科学版）2005 年第 5 期。

②　Doan, G. O., & Stephan, V. W. "The functions of ethnic identity: A New Mexico Hispanic example". *International Journal of Intercultural Relations*, No. 30, 2006, pp. 229–241.

同和客族文化认同均与心理适应指标显著相关[1]。因此，在当下文化激烈变迁的社会中，少数民族的文化认同不仅关系到个体的心理适应与心理健康，更关系到民族地区和国家的稳定。本部分研究探讨了 5·12 震后羌族人文化认同的特点，结合前期研究的结果，为下一步研究羌族灾后心理韧性的特点奠定了基础。

---

[1]　Zheng, X., Sang, D., & Wang, L. "Acculturation and subjective well-being of Chinese students in Australia". *Journal of Happiness Studies*, Vol. 5, No. 1, 2004, pp. 57 − 72.

第五章 羌族文化认同的内隐结构

少数民族在与主流文化的接触与碰撞中，可能导致价值观、文化态度和行为发生变化，在第四章中采用自编羌文化、中华文化认同问卷探讨了羌族人文化认同的特点，但通过外显方法（意识层面）测量个体层面的文化认同特点是否全面？是否代表被试真实的态度？正如小说家 Fyodor Dostoyevsky 所言，每个人的记忆都是复杂的，有些记忆可以与友人分享，有些只愿意自己知晓，还有一些连自己都害怕知道的事情，存放在意识之外的某个地方。Greenwald 和 Farnham 认为，个体对社会信息的加工包括外显和内隐两个过程，即在传统外显社会认知之外，还有一个内隐社会认知[①]。李炳全认为，对某种文化态度的研究，不但需要外显的自陈报告，更需要内隐测量为补充[②]，因为深层文化具有内隐性，一般情况下不会被文化成员所意识和认知；内隐测量法可以有效地减小社会倾向或自我偏离因素的影响，进而可以更深入地测量个体层面的文化认同[③]。

一 研究目的

内隐联想测验（Implicit Association Test，IAT）作为应用较广泛的内隐测量方法之一，主要通过测量目标词与属性词之间的关系强度，来评定个体对两种文化（源文化和主流文化）态度的联想强度。研究发现，少数民族对主流文化的适应，一定程度上受感知到主流文化群体态度的影

---

① Greenwald, A. G., & Farnham, S. D. "Using the implicit association test to measure self-esteem and self-concept". *Journal of Personality and Social Psychology*, No. 79, 2000, pp. 1022 – 1038.

② 参见李炳全《文化心理学》，上海教育出版社 2007 年版，第 217 页。

③ Kim, D. Y., & Oh, H. J. "Psychosocial aspects of Korean reunification: Explicit and implicit national attitudes and identity of South Koreans and North Korean defectors". *Peace & Conflict: Journal of Peace Psychology*, No. 7, 2001, pp. 265 – 288.

响；如果感知到主流文化群体的排斥态度，则不利于少数民族的文化适应[1]；同时，生活满意度也会影响个体的态度，导致积极或消极态度的增强[2]。基于此，本研究通过外显和内隐测量对羌族人文化认同结构进行探索，探讨外显文化认同与内隐文化认同本身是否一致，研究假设如下。

（1）羌族的外显和内隐文化认同具有不同的心理结构。

（2）感知到主流文化群体的态度和生活满意度与羌族人的外显文化认同相关，与内隐文化认同无关。

（3）羌族人对本民族文化特征项反应更积极，并且不受被试年龄、性别和受教育程度等因素的影响。

二　研究方法

（一）被试

选择阿坝藏羌自治州茂县羌族人共 61 名，被试均为当地农业劳动者，均为右利手，培训后能正常使用键盘按键。参与本次测试的女性 39 人，男性 22 人，年龄从 19 岁到 50 岁，平均年龄 28.79 ± 10.15 岁。

（二）测量工具

1. 外显文化认同测量工具

（1）采用自编羌文化认同问卷，共 30 个题项，采用 1—5 级评分，从"完全不符合"到"完全符合"，总分为 120 分，分数越高代表对羌文化认同的程度越高，问卷内部一致性系数 α 为 0.86。

（2）采用自编中华文化认同问卷，共 17 个题项，采用 1—5 级评分，总分为 58 分，分数越高代表对中华文化的认同程度越高，该问卷的内部一致性系数 α 为 0.84。

（3）感知到主流文化群体态度问卷由 kurman 等人（2005）编制，结合羌族民族特点修订问卷："要求被试根据自己的感受和体验，来选择作为一位主流文化成员的汉族人会怎样评价典型的本民族成员。"修订后问

---

① kurman, J., Eshel, Y., & Sbeit, K. "Acculturation attitudes, perceived attitudes of majority, and adjustment of Israel-Arabs and Jewish-Ethiopian student to an Israel university". *Journal Social Psychological*, Vol. 145, No. 5, 2005, pp. 593 – 612.

② Yoon, D. P., & Lee, E. -K. O. "The impact of religiousness, spirituality, and social support on psychological well-being among older adults in rural areas". *Journal of Gerontological Social Work*, Vol. 48, No. 3/4, 2007, pp. 281 – 298.

卷共 11 对词组，采用 7 点量表来评分，量表分是累加 11 个题项分，再除以 11。该问卷的内部一致性系数 α 为 0.89。

（4）生活满意度（Life satisfaction）指数量表由 Wood 等（1969）编制，Neugarten、Havighurst 和 Tobin（1981）修订，该量表共 20 个题项，要求被试作 1 = 同意，0 = 不同意的评分，各题目得分之和为总分，0 分（满意度最低）到 20 分（满意度最高），分数越高满意度越高；量表内部一致性系数 α 为 0.73。

2. 内隐文化认同测量工具

采用汉化后的 E-Prime 软件编制 IAT 测验程序，在前期研究的基础上，通过和羌族人的交流与沟通，筛选出羌族人能够理解的概念词和属性词。

在本研究中使用"羌文化"和"中华文化"的同义词作为概念词，如羌文化概念词有：羌文化、羌文化的、羌族、羌族的、本民族、本民族的、本族文化、本族文化的；中华文化概念词有：中华文化、中华文化的、汉族、汉族的、非少数民族、非少数民族的、主流文化、主流文化的。

属性词则参照《现代汉语词典》，选取了描述民族文化的积极词汇和消极词汇各 30 个：淳朴、闻名遐迩、举世瞩目、生机勃勃、完美、悠久、纯真、先进、繁荣、杰出、辉煌、成熟、高雅、美丽、有趣、健康、热情、强盛、古老、真实、智慧、伟大、精彩、神圣、精美、灵活、独特、优秀、丰富、开放、丑陋、虚幻、残缺、默默无闻、庸俗、陈旧、虚伪、落后、衰败、短暂、黯淡、幼稚、平庸、乏味、单调、衰落、原始、愚昧、保守、狭隘、枯燥、冷漠、呆板、拘谨、古板、普通、拙劣、粗陋、贫乏、封闭。

将从《现代汉语词典》中初选的 60 个形容词请 68 名大学生参与评价，按照 Liket 5 级量表评分，词频评价从出现频率非常少到非常多，词性评价从非常消极到非常积极；请学生对形容词的词性和词频进行评价，结果显示，两类词的词性和词频之间的差异显著（$t = 6.39$，$p < 0.001$）；正性词和负性词之间的词性、词频存在差异：词性的 t 值显示（$t = 3.33$，$p < 0.01$），负性词汇之间的差异显著；词频的 t 值显示（$t = 15.80$，$p < 0.001$），正性词出现频率显著高于负性词。通过统计分析，将词频与词性排序后，最终得到 20 个词，积极词汇和消极词汇各 10 个：热情、美

丽、悠久、丰富、优秀、精彩、独特、开放、伟大、健康；庸俗、普通、短暂、保守、落后、冷漠、幼稚、封闭、虚伪、愚昧。

（三）编制 IAT 测验程序

按照 Greenwald 等人（2003）修订的内隐联想测验的程序进行程序设计。本测验中的一致性任务为：羌文化 + 积极/中华文化 + 消极；不一致任务为：中华文化 + 积极/羌文化 + 消极。

被试参与测试的顺序是随机的，程序会自动记录相对应的环节。本测验程序共 7 个环节：第一、第二、第三、第五、第六环节均为练习环节；而第四、第七环节为正式测试，第四环节任务为：羌文化 + 积极/中华文化 + 消极，第七环节任务为：中华文化 + 积极/羌文化 + 消极。具体内容如下。

第一环节：概念词进行分类练习。指导语：屏幕将会出现"羌文化"和"中华文化"两类词语，一次出现一个词，请尽快判断，如属于"羌文化"，请按"F键"，如属于"中华文化"，请按"J键"；如果你已经准备好，请按任意键开始。本环节将随机出现 16 个概念词，只有当被试正确按键时，计算机才作出反应，如被试按错，屏幕将显示红色"incorrect"提示。

第二环节：属性词进行分类练习。指导语：屏幕将出现"积极的"和"消极的"两类形容词，一次出现一个词，请尽快判断，如是"积极的"，请按"F键"，如是"消极的"，请按"J键"。此环节共随机呈现 20 个属性词，其余环节同第一环节。

第三环节：概念词和属性词的联合分类练习。指导语：屏幕将会出现的词语既有"羌文化"和"中华文化"，也有"消极的"和"积极的"词语，每次出现一个，请尽快判断，如属于"积极的"和"羌文化"请按"F键"，如属于"消极的"和"中华文化"请按"J键"。此环节混合随机呈现 16 个概念词和 20 个属性词，其他步骤同第一环节。

第四环节：概念词和属性词联合分类正式测试，方法与第三环节相同。

第五环节：概念词辨别练习。指导语：如属于"羌文化"，请按"J键"，如属于"中华文化"，请按"F键"，其他步骤同第一环节。

第六环节：概念词和属性词反转的联合分类练习。指导语：如属于"积极的"和"中华文化"请按"F键"，属于"消极的"和"羌文化"

请按"J键"，其他步骤同第一环节。

第七环节：概念词和属性词反转的联合分类正式测试，测验方法与第六环节相同。

数据记录：对被试反应时的数据进行处理：大于 3000 毫秒或小于 300 毫秒的数据，分别以 3000 毫秒和 300 毫秒算；删除错误率超过 30% 的数据；再将对数转换后的第四和第七环节的平均反应时相减，其结果作为 IAT 测验结果，进行相关分析和差异检验（表 5-1）。

表 5-1　　　　　　　　　　　　IAT 内隐测验的实施程序

序号	测验	任务描述	刺激证明
1	初始靶词分类（练习）	F："羌文化"，J："中华文化"	F：羌文化，J：中华文化
2	联想属性词分类（练习）	F："积极的"，J："消极的"	F：热情，J：冷漠
3	联合分类（练习）	F："积极的"，"羌文化"	F：开放，羌文化
		J："消极的"，"中华文化"	J：落后，中华文化
4	联合分类（测验）	同序号 3	同序号 3
5	相反靶词辨别（练习）	F："中华文化"，J："羌文化"	F：主流文化，J：本族文化
6	联合分类（练习）	F："积极的"，"中华文化"	F：伟大，中华文化
		J："消极的"，"羌文化"	J：封闭，羌文化
7	联合分类（测验）	同序号 6	同序号 6

三　研究结果

（一）羌族人文化认同的内隐效应

按照 Greenwald 研究中的计算方法，将第七环节的联合分类任务看作羌族人内隐文化认同测验的不相容任务（中华文化＋积极/羌文化＋消极）；将测验第四环节的联合分类任务看作相容任务（羌文化＋积极/中华文化＋消极），并计算两次测验的反应时之差（表 5-2）。

表 5-2　　　　　　　　　　　IAT 效应统计分析（$n = 61$）

不相容任务		相容任务		IAT 效应		d 值	t	p
M	SD	M	SD	M	SD			
962.64	206.38	858.20	177.03	0.49	0.64	0.761	-5.720***	0.000

注：*** $P < 0.001$。

对测验结果中不相容组的平均反应时与相容组的平均反应时进行配对样本 t 检验，发现羌族人内隐文化认同的效应极为显著 $[t(60) = -5.720, p = 0.000]$，这表明，羌族人文化认同的内隐态度更倾向于将羌文化与积极词汇归于一类，而把中华文化与消极词汇归为另一类的选择方式。同时，被试对羌文化、中华文化两种文化的态度存在明显差异：当程序要求对属于"羌文化"和"消极的"、"中华文化"和"积极的"的词语做出相同反应时，被试反应时间明显长于回答"羌文化"和"积极的"、"中华文化"和"消极的"词语所做反应时 $(p = 0.000)$。Greenwald 等人认为，d 值越大越接近 1，说明差异越显著；本研究所有被试的 d 值为 0.761，表明羌族人文化认同内隐效应显著，即羌族人对羌文化的认同趋于积极取向。

（二）羌族人外显与内隐文化认同的关系

表 5 – 3 显示，外显和内隐的文化适应的相关度为 0.041，说明内隐和外显测量之间的相关不显著；我们假设羌族人外显与内隐文化认同可能是相对独立的结构，即双重结构，除外显的文化认同外，还存在内隐的文化认同结构。

为验证这一假设，将参与 IAT 测验的 61 名被试数据，分别计算相容任务和不相容任务反应的时间差，并根据相容和不相容任务顺序不同形成 IAT1 和 IAT2 两个组别，假设了两种模型进行比较：一是羌族人的文化认同的单结构模型；二是羌族人文化认同的双结构模型。

表 5 – 3　　　　　　　　**外显文化认同与内隐文化认同的相关分析**

	羌文化符号认同	羌文化身份认同	羌文化价值认同	中华文化价值认同	中华文化符号认同	中华文化身份认同	外显文化认同	内隐文化认同
羌文化符号认同	1							
羌文化身份认同	0.755 **	1						
羌文化价值认同	0.536 **	0.578 **	1					
中华文化价值认同	0.175	0.145	0.064	1				
中华文化符号认同	0.243	0.189	0.258	0.430 **	1			
中华文化身份认同	0.046	0.015	– 0.128	0.628 **	0.300 **	1		
外显文化认同	0.762 **	0.729 **	0.606 **	0.660 **	0.331 **	0.485 **	1	
内隐文化认同	0.045	– 0.049	– 0.046	0.142	0.126	– 0.050	0.041	1

从表 5 - 4 和图 5 - 1 可以看出，羌族人文化认同的双结构模型的因子载荷及拟合指数明显优于单结构模型，双结构模型的 GFI、NFI、$NNFI$、CFI、IFI 等均大于 0.9 并显著高于单结构模型指数，且 $RMSEA < 0.05$ 是非常好的拟合模型（温忠麟，2004）。因此，接受羌族人文化认同的双结构模型，符合研究假设羌族人的文化认同是一个双重结构，外显文化认同与内隐文化认同是羌族人文化认同两个相对独立的成分。

表 5 - 4　羌族人外显和内隐文化认同单、双结构模型的各项拟合指数

Model	X^2/df	GFI	NFI	$NNFI$	CFI	IFI	$RMSEA$
单结构模型	4.636	0.862	0.646	0.470	0.682	0.699	0.246
双结构模型	1.090	0.952	0.934	0.985	0.994	0.994	0.039

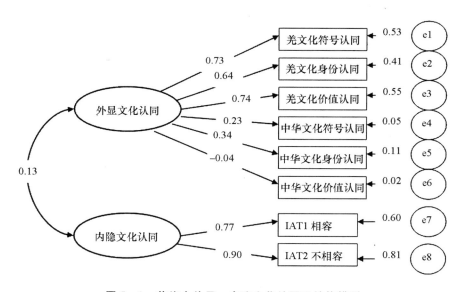

图 5 - 1　羌族人外显、内隐文化认同双结构模型

通过将不同类型外显文化认同与内隐文化认同进行单因素方差分析发现，不同类型的羌文化和中华文化认同者（简称：双高者、双低者、高羌低中者、高中低羌者）的内隐文化认同主效应不显著（$F = 0.948$，$p = 0.424$）。

（三）羌族外显、内隐文化认同与感知到主流群体态度、生活满意度的关系

从表 5 – 5 中感知到主流文化群体态度和生活满意度（Life satisfaction）的得分来看，羌族人感知到主流文化群体态度的得分处于中上水平，而生活满意度水平偏低。羌族外显文化认同与其生活满意度呈正相关，但与内隐文化认同无相关。感知到主流文化群体态度与外显、内隐文化认同均无相关，但与生活满意度呈显著正相关。这说明个体感知到主流文化群体的积极评价越高，越有助于生活满意度水平的提升。

表 5 – 5   外显、内隐文化认同和感知到主流文化群体态度、
生活满意度的相关分析

	M	SD	1	2	3	4
1. 外显文化认同	185.228	22.57	1			
2. 内隐文化认同	0.049	0.064	0.022	1		
3. 感知到主流文化群体态度	67.942	12.243	0.226	0.062	1	
4. 生活满意度	8.995	2.707	0.254*	0.041	0.293*	1

（四）羌族内隐文化认同的影响因素

前期研究结果表明，性别、年龄、受教育程度等因素会影响个体文化认同的态度（第四章）。为检验上述因素是否影响内隐文化认同态度，以相容—不相容平均反应时的对数差作为因变量，进行方差分析，年龄变量分为低于 25 岁组（30 名）和高于 25 岁组（31 名）两类水平，采用 2（性别）×2（年龄）×4（受教育程度）非重复测量方差分析，发现性别（$F = 0.298$，$p = 0.587$）、年龄（$F = 1.436$，$p = 0.236$）和受教育程度（$F = 0.505$，$p = 0.681$）均不存在主效应。

四   讨论

个体的态度可能以一种无意识或内隐形式来实现，且不为个体察觉和识别，它是有关过去经验的痕迹，调节着个体对事物的评价；对同一事物而言，个体的内隐态度与直接测量的态度可能并不一致，或者说两者相互

分离，这恰恰有力地表明了内隐态度结构的价值①。本部分研究采用 IAT 测验探讨羌族人文化认同的内隐效应，发现 61 名羌族人内隐文化认同的效应非常显著，被试倾向将羌文化与积极词汇归于一类，中华文化与消极词汇归为一类；羌族人对本民族文化的认同趋于积极取向，这与已有研究结果一致②。本研究中，羌族被试在完成相容任务（羌文化 + 积极/中华文化 + 消极）的平均反应时明显快于完成不相容任务（中华文化 + 积极/羌文化 + 消极）的平均反应时，是什么原因引起这一差异？神经网络模型或许能为我们提供部分答案。当个体对某一概念进行识别时，不仅仅是激活某一神经节点，而是与该相关的神经节的广泛性激活；当一个概念被激活，与其有语义联系的概念也被激活了，并且概念间语义联系越紧密，后续概念的识别时间就越短③。羌族人内隐文化认同与外显文化认同表现出不一致的现象，在内隐文化认同态度上羌族被试更倾向将本民族（文化）与美丽、热情、优秀等积极词汇建立反应链接，这一结果也有效地印证了神经网络模型的效应。

　　进一步分析羌族人外显与内隐文化认同之间的关系，发现外显和内隐的文化适应的相关程度为 0.041（$p > 0.05$），两者之间无显著相关关系，由此推论，外显和内隐文化认同可能是相对独立的结构。为验证这一假设，分别构建外显与内隐文化认同的单结构模型、双结构模型进行比较，发现羌族人文化认同的双结构模型的因子载荷及拟合指数明显优于单结构模型，说明羌族人的文化认同存在双重结构，既有外显的文化认同，也存在内隐的文化认同结构，这与已有的研究结果一致④⑤。研究证明，内隐

---

　　① Greenwald, A. G, Nosek, B. A, & Banaji, M. R. "Understanding and Using the Implicit Association Test: I". *An Improved Scoring Algorithm Journal of Personality and Social Psychology*, No. 85, 2003, pp. 197 – 216.

　　② 参见邓敏《哈尼族、彝族大学生民族认同及注意偏向特点研究》，硕士学位论文，西南大学，2010 年，第 57 页。

　　③ Farnham, S. D., Greenwald, A. G., & Banaji, M. R. "Implicit self-esteem". In D. Abrams & M. A. Hoggs (Eds.), *Social cognition and social identity. London: Blackwell*. 1999, pp. 230 – 248.

　　④ 参见吴明证、梁宁建、许静、杨宇然《内隐社会态度的矛盾现象研究》，《心理科学》2004 年第 2 期。

　　⑤ 参见周丽清、孙山《大学生文化取向内隐效应的实验研究》，《心理发展与教育》2009 年第 2 期。

和外显态度呈低相关或无相关性①；也有研究认为，两者关系虽密切，但外显和内隐态度应分别归属不同的心理结构②。外显态度反映的是个体的意识性思维，它反映个体的态度、认同和价值观；而内隐态度可以规避意识的作用，不被人们觉察但客观存在，可以通过间接的方式测查③。本研究外显文化认同测查发现，61 名羌族人中羌文化和中华文化认同双高组23 人（37.7%）、羌文化和中华文化认同双低组 10 人（16.4%）、高羌低中组 17 人（27.9%）、高中低羌组 11 人（18.0%）的内隐文化认同主效应不显著。Berry 认为，整合型的文化认同态度模式是相对最利于个体的身心健康发展；而分离型的个体，对主流文化表现出一定的排斥性，其内心可能更倾向接纳源文化；但少数民族个体如长期生活在主流文化中，可能导致其在不同情境中会被迫选择不同的文化适应模式。本研究中双高者对羌文化、中华文化两种文化认同均高，在文化适应过程中采用整合模式，高羌低中者采取分离型模式，而高中低羌者采取同化模式。有研究发现，个体的文化态度选择在不同情境下存在差别，在私密领域内少数民族对源文化更为尊重，而在公共区域内，他们对源文化和主流文化都表现出尊重态度④。羌族人通过外出求学、务工或工作等社会活动，与主流文化和群体相互接触、接纳、吸收了以汉文化为主体的中华文化精神，他们的文化认同态度存在双重结构，并在外显文化认同模式上也可能出现双重性。

双重态度模型理论（Dual attitudes model）认为，人们对事物的评价往往存在两种态度模式，一种是需要运用大量认知资源才能被人们所意识到的外显态度；另一种则是自动激活且相对稳定的内隐态度⑤。因此，羌

①　Dasgupta, N., & Greenwald, A. G. "On the malleability of automatic attitudes: combating automatic prejudice with images of admired and disliked individuals". *Journal of Personality and Social Psychology*, No. 81, 2001, pp. 800 – 814.

②　Cunningham, W. A., Preacher, K. J., & Banaji, M. R. "Implicit attitude measures: Consistency, stability, and convergent validity". *Psychological Science*, No. 12, 2001, pp. 163 – 170.

③　Greenwald, A. G, Nosek, B. A, & Banaji, M. R. "Understanding and Using the Implicit Association Test: I". *An Improved Scoring Algorithm Journal of Personality and Social Psychology*, No. 85, 2003, pp. 197 – 216.

④　Arends, T. J., Fons, J. R., & Vijve, V. D. "Acculturation attitudes: A comparison of measurement methods". *Journal of Applied Social Psychology*, Vol. 37, No. 7, 2007, pp. 1462 – 1488.

⑤　Wilson, T. D., Lindsey, S., & Schooler, T. Y. "A model of dual attitudes". *Psychological Review*, No. 107, 2000, pp. 101 – 126.

族人的内隐文化认同态度有助于深入了解羌族人文化认同变迁过程：5·12 地震不仅是羌族社会的重大应激事件，也是全中华的灾难事件。地震给羌族和羌文化带来了沉重打击，但客观上给羌族文化变迁带来了挑战与机遇。灾后政府组织大规模的对口援建工程，各种社会力量和羌族民众参与其中，在多元社会主体的共同推动下，羌文化获得了跨越式的变迁与发展。不同社会主体从不同层面对羌族文化进行"有选择性"的传承和再造，从原有的小农经济向市场经济转型的羌文化，一方面希望保持和传承本民族文化传统，另一方面，表达了希望融入主流文化社会过程中的文化诉求。研究者认为，羌文化的传承与嬗变必须沿着费孝通先生提出的文化自觉方向，进行市场经济下的文化自觉，才能更好地调适经济发展与民族文化传承之间的困境①。上述研究结果证明，本研究假设 1 成立。

　　kurman 等人的研究发现，少数民族采取何种文化认同态度，与他们感知到主流文化群体的接纳或排斥态度有关②。张京玲的研究也发现，藏族大学生感知到主流文化成员消极的态度会降低其生活满意度，增加消极情绪问题③。本研究中，羌族人感知到主流文化群体态度处于中上水平，而生活满意度水平偏低，说明外显的文化认同态度可能受到社会期许、内省水平等因素影响。同时，羌族人外显文化认同程度有助于增进其生活满意度水平，这与孙丽璐的研究结果相一致；Edwards 和 Lopez 的研究也发现，个体对源文化的认同程度是预测生活满意度的重要指标之一④。羌族人在融入主流文化社会过程中，文化适应的压力和对本民族文化的认同程度的降低可能导致其生活满意度下降。此外，感知到主流文化群体态度和生活满意度与内隐的文化认同均不相关，这种在外显和内隐的文化认同上完全不同的关系，体现了两者在文化认同结构上的分离，这一结果也支持

---

　　① 参见郑瑞涛《羌文化的传承与嬗变——四川羌村追踪调查》，博士学位论文，中央民族大学，2010 年，第 119 页。

　　② kurman, J., Eshel, Y., & Sbeit, K. "Acculturation attitudes, perceived attitudes of majority, and adjustment of Israel-Arabs and Jewish-Ethiopian student to an Israel university". *Journal Social Psychological*, Vol. 145, No. 5, 2005, pp. 593 – 612.

　　③ 参见张京玲《藏、壮少数民族大学生文化认同态度与文化适应的关系研究》，硕士学位论文，西南大学，2008 年，第 22 页。

　　④ Edwards, L. M., & Lopez, S. J. "Perceived family support, acculturation, and life satisfaction in Mexican American youth: A mixed-methods exploration". *Journal of Counseling Psychology*, Vol. 53, No. 3, 2006, pp. 279 – 287.

了 Greenwald 关于外显和内隐态度结构关系的研究，即两者相对立并呈低相关。综上，本研究假设 2 成立。

内隐态度对个体行为的预测力与外显态度一样，只是侧重方面不同而已[1][2]，如在社会敏感行为、刻板印象等方面，内隐态度的预测力要高于外显态度。同时，人口学因素并不影响个体内隐文化认同态度，这与本研究结果一致。羌族人的内隐文化认同态度相对稳定，换言之，其内隐态度结构对变化更有抵抗力[3]。这是由于羌族人对本民族文化符号、文化价值和文化身份的接纳和认同，常常在儿童时期就以无意识形式获得，并伴随个人成长而发展，内隐的民族文化态度以无意识形式，通过人际间互动和社会文化经验的传递而被塑造[4]。基于此，研究假设 3 成立。

本章小结

文化硬核层是文化最核心和本质的部分，它决定文化的存在和发展。内隐文化取向作为文化的硬核，除了具有内隐性之外还具有相对的稳定性，相对于外显文化取向，更不易因外界环境的变化而迅速改变。本研究通过 IAT 测验，考察羌族人外显和内隐文化认同结构，得出以下结果。

（1）羌族的外显和内隐文化认同具有不同的心理结构，这一结果验证了社会认知中的双重态度理论。

（2）羌族对本民族的文化特质认同态度更积极，既不受性别、年龄和受教育程度的影响，也不受三者的交互作用影响。

（3）羌族外显文化认同的四个维度在内隐文化认同上主效应不显著；外显的文化认同与生活满意度呈显著正相关，感知到主流文化群体态度与生活满意度也呈显著正相关；同时，内隐文化认同与感知到主流文化群体态度、生活满意度无相关。

---

① Nosek, B. A., Banaji, M. R., & Greenwald, A. G. "Harvesting implicit group attitudes and beliefs from a demonstration website". *Group Dynamics*, No. 6, 2002, pp. 101 – 115.

② 参见刘俊升、桑标《内隐—外显态度的关系及其行为预测性》，《华东师范大学学报》（教育科学版）2010 年第 2 期。

③ Kim, D. Y. "Voluntary controllability of the Implicit Association Test (IAT)". *Social Psychology Quarterly*, No. 66, 2003, pp. 83 – 96.

④ Epstein, S. "Integration of the cognitive and the psychodynamic unconscious". *American Psychologist*, No. 49, 1994, pp. 709 – 724.

第三篇

羌族心理韧性的调查研究

第六章　羌族心理韧性的特点

第一节　羌族心理韧性的人口学分类研究

一　研究目的

5·12 地震不仅给人民的生命财产带来巨大损失，还给人们心理造成极大的创伤，而创伤与痛苦是否转化成为积极心理的源泉？创伤后成长[①]（Posttraumatic growth，PTG）给予我们启示。作为心理成长个体差异指征的心理韧性，折射着人的发展成因多重性和发展结果多样性[②]；而作为个人在压力/逆境情景下表现良好的一种个人特性，心理韧性在外界压力与心理健康之间中的调节作用已是学界不争的事实。因此要深入了解震后灾区羌族人心理复原与发展的状况，有必要在民族文化背景中对心理韧性的特点与影响机制进行探索。根据已有研究，本部分提出以下假设。

（1）不同文化认同态度的羌族人，其心理韧性差异显著。

（2）对羌文化和中华文化持整合认同态度者（双高者），心理韧性最好；反之，持边缘化认同态度者（双低者）则最差。

二　研究工具

（1）CD-RISC（中文版）由于肖楠和张建新（2007）修订，该量表共 25 个题项，采用 1—5 级评分，从"完全没有"到"几乎总是"，总分100 分，分数越高代表心理韧性越好，量表内部一致性系数 α 为 0.89。

---

① Tedeschi, R. G., Calhoun, L. G. "The posttraumatic growth inventory: Measuring the positive legacy of trauma ". *Journal of Traumatic Stress*, No. 9, 1996, pp. 455 –471.

② 参见席居哲、左志宏、Wu Wei《心理韧性研究诸进路》，《心理科学进展》2012 年第 9 期。

（2）采用自编羌文化认同问卷和中华文化认同问卷。

注：研究对象、施测程序和统计分析同第四章。

三 研究结果

（一）羌族心理韧性的总体特征

898 名羌族人心理韧性总体得分处于中等水平，在力量维度上得分最高，其次是坚韧，最后是乐观；从配对 T 检验可以看到，各维度之间具有显著差异（表 6 – 1）。

表 6 – 1 **心理韧性各个维度描述数据及彼此配对 T 检验结果** （$n = 898$）

	坚韧 （26.71 ± 5.92）	力量 （32.12 ± 4.86）	乐观 （23.59 ± 4.76）	总体心理韧性 （82.42 ± 13.05）
坚韧				
力量	– 39.32***			
乐观	24.95***	65.40***		
总体心理韧性	– 189.90***	– 165.27***	– 194.61***	—

注：* p < 0.05，** p < 0.01，*** p < 0.001，下同。

通过人口学变量分析发现，不同性别和年龄的羌族人在心理韧性上未呈现显著差异，羌族人的心理韧性仅在独生子女、职业、文化程度、汉族朋友数量等维度上呈现差异。

（二）独生子女与非独生子女心理韧性的特点

调查发现，非独生子女在心理韧性各因子及总分上均高于独生子女，除乐观因子外，二者在坚韧（$p < 0.01$）、力量（$p < 0.05$）和心理韧性总分上均呈现显著差异（$P < 0.01$）。

（三）不同职业、文化程度、汉族朋友数量者心理韧性的特点

不同职业者心理韧性差异显著（表 6 – 2）：在坚韧维度上，农业劳动者（小商贩、私营业主、服务人员）得分最高，教师得分略低，进入事业单位人员得分最低且差异极显著（$p < 0.001$）；在力量、乐观维度以及总体心理韧性上，农业劳动者得分最高，事业单位人员得分最低，且差异极显著（$p < 0.001$）。

表 6 - 2　　　　　　　　不同职业者心理韧性的差异 （$n = 898$）

	农业劳动者 （$n = 269$）	学生 （$n = 306$）	教师 （$n = 195$）	事业单位人员 （$n = 49$）	其他职业 （$n = 79$）	F
坚韧	27.18 ± 4.51	27.14 ± 5.46	25.90 ± 5.18	24.24 ± 4.73	26.93 ± 4.93	5.38^{***}
力量	32.89 ± 4.15	32.52 ± 5.14	30.77 ± 5.00	30.08 ± 4.57	32.56 ± 4.92	8.54^{***}
乐观	24.29 ± 4.20	23.99 ± 470	22.27 ± 5.24	21.55 ± 4.45	24.20 ± 4.83	8.59^{***}
总体心理韧性	84.36 ± 11.10	83.65 ± 13.60	78.94 ± 13.86	75.88 ± 11.88	83.69 ± 13.02	9.22^{***}

不同文化程度者心理韧性差异显著 （表 6 - 3）：在坚韧维度上，小学及以下文化程度者得分最高，高中文化程度者得分最低，且差异显著 （$p < 0.01$）；在力量、乐观、总体心理韧性上，小学及以下文化程度者得分最高，而高中文化程度者得分最低，且差异显著 （在力量维度上 $p < 0.05$，乐观维度上 $p < 0.001$，总体心理韧性上 $p < 0.01$）。

表 6 - 3　　　　　　　不同文化程度者心理韧性的差异 （$n = 898$）

	小学及以下 （$n = 119$）	初中 （$n = 142$）	高中 （$n = 145$）	大学及以上 （$n = 492$）	F
坚韧	27.53 ± 4.10	26.81 ± 4.96	25.60 ± 4.88	26.81 ± 5.36	3.43^{**}
力量	33.18 ± 4.07	32.31 ± 4.52	31.39 ± 5.27	32.02 ± 4.97	3.15^{*}
乐观	25.17 ± 3.98	23.53 ± 4.41	22.79 ± 4.34	23.46 ± 5.07	5.94^{***}
总体心理韧性	85.88 ± 10.65	82.65 ± 12.20	79.79 ± 12.23	82.29 ± 13.87	4.85^{**}

不同汉族朋友数量者心理韧性差异显著 （表 6 - 4）：在坚韧维度上，汉族朋友非常少者得分最高，汉族朋友非常多者得分反而最低，且差异显著 （$p < 0.05$）；在力量维度上，汉族朋友非常少者得分最高，比较少者得分最低，且差异明显 （$p < 0.05$）；在乐观维度上，汉族朋友非常少者得分最高，汉族朋友非常多者得分反而最低，且差异显著 （$p < 0.01$）；总体心理韧性上汉族朋友非常少者得分最高，非常多者得分反而最低，且差异显著 （$p < 0.01$）。

表6-4　　　　　**不同汉族朋友数量者心理韧性的差异**（$n = 898$）

	非常多 （$n = 356$）	比较多 （$n = 373$）	比较少 （$n = 100$）	非常少 （$n = 69$）	F
坚韧	26.46 ± 5.54	26.63 ± 4.82	26.70 ± 4.88	28.45 ± 4.05	3.03*
力量	32.06 ± 5.19	32.02 ± 4.62	31.66 ± 4.62	33.62 ± 4.51	2.57*
乐观	23.23 ± 4.91	23.51 ± 4.60	23.87 ± 4.73	25.52 ± 4.49	4.69**
总体心理韧性	81.75 ± 13.97	82.15 ± 12.41	82.23 ± 12.80	87.59 ± 10.80	4.03**

　　进一步考察是否独生子女与不同职业的交互作用发现，不同职业在坚韧维度主效应明显 $F(1, 4) = 5.36$（$p < 0.001$）；不同职业在力量维度主效应明显 $F(1, 4) = 8.47$（$p < 0.001$）；不同职业在乐观维度主效应明显 $F(1, 4) = 8.37$（$p < 0.001$）；不同职业在心理韧性总分上主效应明显 $F(1, 4) = 9.07$（$p < 0.001$）；但在是否独生子女维度上的主效应，以及两者的交互效应均不明显。

　　考察是否独生子女与文化程度的交互作用发现，不同文化程度在力量维度主效应明显 $F(1, 3) = 3.05$（$p < 0.05$）；不同文化程度在乐观维度上主效应明显 $F(1, 3) = 5.35$（$p < 0.001$）；不同文化程度在总体心理韧性总分上主效应明显 $F(1, 3) = 4.54$（$p < 0.01$）；但在是否独生子女维度的主效应，以及两者交互效应不显著。

　　考察是否独生子女与汉族朋友数量的交互作用发现，汉族朋友数量在坚韧维度主效应明显 $F(1, 3) = 2.92$（$p < 0.05$）；汉族朋友数量在力量维度主效应明显 $F(1, 3) = 2.55$（$p < 0.05$）；汉族朋友数量在乐观维度主效应明显 $F(1, 3) = 4.38$（$p < 0.01$）；汉族朋友数量在心理韧性总分上主效应明显 $F(1, 3) = 3.87$（$p < 0.01$）；但在是否独生子女维度的主效应，以及两者交互效应不显著。

　　（四）不同文化认同者心理韧性的特点

　　根据羌文化和中华文化认同得分进行高低分组，分为双高组、双低组、高羌低中组和高中低羌组四种类型，比较不同文化认同者心理韧性特点发现（表6-5）：双高组在坚韧、力量、乐观维度上均显著高于其他组（$p < 0.001$），并在力量维度上得分最高；双低组在坚韧、力量、乐观维度上得分明显低于其他组（$p < 0.001$），并在乐观维度上得分最低；高羌低中组在坚韧、力量、乐观维度上得分明显低于高中低羌组（$p < 0.001$），

并在乐观维度上得分最低；而高中低羌组在力量维度上得分较高。

进一步比较四种文化认同类型者总体心理韧性得分情况，羌文化和中华文化认同双高者得分最高，高中低羌组次之，高羌低中组排名第三，双低组得分最低，四组在心理韧性各维度均存在极显著的差异（$p < 0.001$）。

表 6 – 5　　　　不同文化认同者心理韧性的特点差异（$M \pm SD$）

	双高组 （$n = 341$）	双低组 （$n = 270$）	高羌低中组 （$n = 99$）	高中低羌组 （$n = 188$）	F
坚韧	28.70 ± 4.29	23.90 ± 4.83	25.98 ± 4.49	27.51 ± 5.22	55.593^{***}
力量	34.01 ± 4.07	29.51 ± 4.37	31.53 ± 3.60	32.76 ± 5.66	52.355^{***}
乐观	25.79 ± 4.03	21.07 ± 4.70	22.67 ± 3.71	23.71 ± 4.67	60.750^{***}
总体心理韧性	88.50 ± 10.89	74.48 ± 11.66	80.17 ± 9.81	83.98 ± 13.85	74.487^{***}

四　讨论

（一）羌族人心理韧性的人口学差异特征

通过震后羌族心理韧性的人口学分类调查发现，羌人心理韧性的总体处于中等水平，并在力量因子上得分最高，这与震后国家、政府积极组织灾后重建以及全国各地人民的无私援助等强有力的社会支持因素有关；同时，羌族文化中"万物有灵"的宗教信仰文化，集合庄严性、宗教性和世俗性于一体的羌族歌舞文化（莎朗/尔玛惹姆），都为羌民提供了强大的精神支持和动力，帮助他们尽快从灾难中恢复过来。广义的心理韧性发展模型认为，心理韧性与心理复原不仅意味着自身具有较高的个体韧性，更意味着拥有较多的社会支持[①]；同时，羌族人是否独生子女、职业、文化程度、汉族朋友数量等因素也会对心理韧性造成影响，但几者之间的交互作用并不显著。非独生子女的心理韧性状况优于独生子女，这与已有研究结果一致[②]；羌族非独生子女在面临逆境时比独生子女更能坚持目标、更

---

① Luthans, Fred. "Experimental Analysis of a Web-Based Intervention to Develop Positive Psychological Capital (with James Avey and Jaime Patera)", *Academy of Management Learning and Education*, Vol. 7, No. 2, 2008, pp. 209 – 221.

② 参见姬彦红《女大学生心理韧性与压力事件、社会支持的关系研究》，《中国特殊教育》2013 年第 2 期。

乐观，而独生子女由于成长环境相对优越，在成长过程中缺少与同龄人交流、合作、相互支持的机会，考虑问题更容易以自我为中心，对各种支持的利用度较低，一旦遇到较大压力或逆境时难以找到有效的应对方式，进而影响了心理韧性的成长。

调查发现羌族中小学教师的心理韧性显著低于其他职业组，这与对震后灾区教师的研究结果一致[①]；羌族教师的心理创伤程度要高于普通人群，这源于教师的双重角色身份和职业特殊性，一方面教师承担个人的生活角色，是妻子（丈夫）、父亲（母亲）、子女等，另一方面是社会角色，职业对象是相对不成熟的幼童、青少年，特殊的社会职业角色要求教师不仅是教育者，还是照顾者和关怀者；在面临突发灾难时，只要身体许可，他们就会担当起助人者和保护者的角色，这促使教师面对的可能是生活角色和职业角色的双重"失职"感，从而产生焦虑、自责等不良情绪。同时，农业劳动者在总体心理韧性、力量、乐观等维度的得分均最高，这可能与羌族传统文化有关，羌族人的经验创造出他们独特的文化，不仅表现在饮食喜好、服饰风格、工艺（技艺）、房屋建筑这些外部特征上，更渗入羌族人的日常生活和劳作中，表现在现实生活的所有方面。如羌族传统服饰以刺绣和花纹为装饰，鲜艳而强烈的色彩搭配，牡丹、羊角纹等象征图案的运用，表达了羌族人心向美好生活的愿景和信念；而羌族传统民居和建筑，呈现多面多角向上倾斜的特点，又象征整个民族像邛笼一样围绕生命中心——"火"和"太阳"强大的向心力和凝聚力。调查中农业劳动者在坚韧维度上得分最高，可能与他们的生活环境、社会支持度及个人品质（吃苦耐劳）相关。杨寅等人对汶川震后灾民的调查发现，个人财产损失、收入改变是预测创伤后成长的一个重要的因素[②]。事业单位人员震后在较少出现亲人死亡或受伤的情况下，个体的经济状况的改变可能成为短期内面临的最重大的应激事件而表现出低心理韧性。Bonanno等人对"9·11"恐怖袭击后的电话调查表明，参与者的性别、年龄、种族/族裔、受教育水平、创伤暴露的程度、收入变化、社会支持、慢性疾病和生

---

① 参见游永恒、张皓、刘晓《四川地震灾后中小学教师心理创伤评估报告》，《心理科学进展》2009年第3期。

② 参见杨寅、钱铭怡、李松蔚《汶川地震受灾民众创伤后成长及其影响因素》，《中国临床心理学杂志》2012年第1期。

活压力都会对心理复原力起到显著的预测作用[①]。

此外，本研究还发现，羌族人受教育程度高、低与其心理韧性发展不具有一致性。葛艳丽的研究发现，震后羌族村民的心理复原力普遍较好与其文化背景有关；因而对羌族被试而言，受教育程度较低者可能受羌文化影响更多，进而心理韧性相对较高。调查中汉族朋友数量越少者表现出心理韧性水平越高，这也与文化背景有关。不同文化的表达方式和心理复原力的产生方式具有很大的差异性，不同民族文化背景下的生活方式、人际关系、社会支持、经济状况等因素都对心理韧性的形成起着重要作用。

（二）不同文化认同类型者心理韧性特征

羌族族源的多元性及历史沿革，形成了多元文化融合的发展现状。本调查根据羌族人在羌文化、中华文化认同上得分的高低进行分组，对比各组的心理韧性状况，发现双高组（整合）在总体心理韧性及坚韧、力量、乐观各维度上得分均高于其他组，高中低羌组次之（同化），高羌低中组更次之（分离），双低组（边缘化）得分最低。研究证明，在多元文化社会中，少数民族对本族文化与主流文化持整合态度者，其心理健康水平最高[②][③]；相反，缺乏对主流文化的接触、融合不利于心理韧性的发展，还会产生负性情绪和心理适应不良等症状[④][⑤]。同时，采取分离型的文化适应策略与无范感、社会孤立感以及自我分离感之间同样存在着正相关；个体对两种文化的整合程度越高，其无范感相应就越低[⑥]；这或许能解释本研究中采取分离认同态度模式者较少的原因。

如前所述，少数民族选择边缘化的文化适应策略，是与其母体文化的

①　Bonanno, G. A., Galea, S., Bucciarelli, A., & Vlahov, D. "What predicts psychological resilience after disaster? The role of demographics, resources, and life stress". *Journal of Consulting and Clinical Psychology*, Vol. 75, No. 5, 2007, pp. 671 – 682.

②　Berry, J. W. "Immigration, acculturation, and adaptation". *Applied Psychology: An International Review*, Vol. 46, No. 1, 1997, pp. 5 – 34.

③　Bhui, K., Stansfeld, S., Head, J., Haines, M., Hillier, S., Taylor, S., & Booy, R. "Cultural identity, acculturation, and mental health among adolescents in east London's multiethnic community". *Journal of Epidemiology and Community Health*, No. 59, 2005, pp. 296 – 302.

④　Mori, S. "Addressing the mental health concerns of international students". *Journal of Counseling and Development*, No. 78, 2000, pp. 137 – 144.

⑤　Zheng, X., Sang, D., & Wang, L. "Acculturation and subjective well-being of Chinese students in Australia". *Journal of Happiness Studies*, Vol. 5, No. 1, 2004, pp. 57 – 72.

⑥　参见万明钢、王亚鹏、李继利《藏族大学生民族与文化认同调查研究》，《西北师范大学学报》（社会科学版）2002 年第 5 期。

流失或主流文化群体的排斥行为有关。在我国，汉族虽然是主流文化民族，但长期的民族平等政策，羌、汉杂居及通婚促进了两个民族的交流与融合。林静调查发现，现代羌族所表现出来的羌族文化却不是那么突出，在北川县禹里乡民众的日常生活中，生活习惯和饮食习惯与中国广大汉族农村几乎没有太大的区别①。正如中国台湾学者王明珂所说，羌族生存在"汉藏之间"，在强势的汉族文化和藏族文化的夹缝中，羌族被"汉化"或"藏化"。如5·12地震极重灾区北川羌族自治县（2003年成立），由于历史上对北川少数民族的镇压和强制汉化，造成北川地区的羌族改汉姓、习汉俗，客观上阻碍了羌文化的传承和发展，如今保留下来的独特的文化特征已经不多，加之羌族没有自己的文字，如此的文化劣势，让处在多元文化社会中的羌族人感到了困惑和危机，尤其是对于接受了汉族文化教育的羌族知识分子，他们的危机感更加强烈，这在一定程度上影响着他们对本族文化和汉族文化的认同态度。

第二节　不同文化认同者心理韧性的系列相关研究

一　研究目的

本部分在第一节研究基础上，探讨不同文化认同态度、大五人格、精神信仰、领悟社会支持、幸福感与心理韧性之间的关系，本部分研究提出以下假设（接第一节）。

（3）羌族人的文化认同、大五人格、精神信仰、领悟社会支持、应对方式和幸福感与心理韧性显著相关。

（4）羌文化认同、中华文化认同、大五人格、精神信仰、领悟社会支持、应对方式和幸福感对心理韧性有显著的预测作用。

二　研究工具

（1）CD-RISC（中文版）。

（2）采用自编羌文化认同问卷和中华文化认同问卷。

---

① 参见林静《羌族族群认同的变迁——以四川省北川县大禹庙的重建为个案》，硕士学位论文，北京师范大学，2008年，第18页。

（3）大五人格（Big Five personality）简式量表（NEO-FFI）是 Costa 和 McCrae（1992）编制的 NEO-PI 量表简化版，中文版采用聂衍刚等（2008）修订版；该量表由大五人格问卷（NEO－PI）中在各因子上负荷最大的 12 个题项构成，共有 60 个题项，每个题项有 5 个等级，从"强烈反对"到"非常赞成"。本研究中，神经质、责任感、外倾性、宜人性和开放性的内部一致性系数（Cronbach's α）分别为 0.75 、0.76、0.68、0.65 和 0.63。

（4）精神信仰（Spiritual Belief）问卷由宋兴川 2003 年编制，该问卷共 39 个题项，由超自然信仰、实用信仰和社会信仰三部分组成。采用五级评分，从"非常不同意"到"非常同意"，依次对应 1—5 分。问卷的重测信度为 0.681。验证性因素分析模型的各项拟合指标均在 0.83 以上，$RMSEA$ 为 0.048，表明问卷具有较好的构想效度。

（5）领悟社会支持（Perceived social support）量表由 Zimet 等人编制，由姜乾金（2001）修订，量表共 12 个题项，由家庭支持、朋友支持、其他支持三个分量表组成，每个分量表含 4 个题项，采用七级评分，从"1＝极不同意"到"7＝极同意"；社会支持总分等于三个指标的分数之和，得分越高代表领悟社会支持的程度越高。总量表与家庭支持、朋友支持、其他支持的内部一致性系数分别为 0.90 与 0.87、0.82、0.90。

（6）应对方式（Coping style）问卷由肖计划修订（第三版）。问卷共 62 个题项，由 6 个分量表组成：解决问题、自责、求助、幻想、退避和合理化；解决问题和求助属于积极应对方式；合理化属于混合型应对方式；自责、幻想和退避属于消极应对方式。每个条目只有两个答案，"是"和"否"；选"是"计 1 分，选"否"计 0 分。计算各分量表的因子分。因子分计算方法如下：分量表因子分＝分量表单项条目分之和/分量表条目数。问卷的效度采用因子分析评估，取值均在 0.35 以上；6 个分量表重测信度在 0.62—0.72。

（7）总体幸福感量表（General wellbeing）是为美国国立卫生统计中心制定的一种定式型测查工具，用来评价受试对幸福的陈述；段建华（1996）对本量表进行了修订。量表共 25 个题项，由 6 个因子组成：对健康的担心、精力、对生活的满足和兴趣、忧郁或愉快的心境、对情感和行为的控制以及松弛与紧张（焦虑）；量表各题项得分与总分的相关为 0.48—0.78，分量表与总表的相关为 0.56—0.88；内部一致性系数在男性被试中为 0.91、女性被试中为 0.95，重测信度为 0.85。

（注：研究对象施测程序同前节；数据采用 SPSS 18.0 和 AMOS 20.0
进行统计分析。）

三　研究结果

（一）羌文化认同、中华文化认同、大五人格与心理韧性的关系

1. 相关分析

调查发现（表 6 - 6），中华文化价值、中华文化符号认同与神经质呈
负相关；羌文化、中华文化各因素均与外倾性呈显著正相关；除羌文化认
同与开放性呈负相关外，中华文化认同各因素均与开放性呈正相关；羌文
化价值认同与宜人性呈正相关，羌文化身份与中华文化认同各因素均与宜
人性呈正相关；羌文化、中华文化认同各因素均与责任感呈显著正相关。
羌文化、中华文化认同与心理韧性各因素间均呈现显著的正相关；心理韧
性各因素与中华文化价值认同相关最高，与羌文化符号认同相关最低。神
经质与坚韧、力量、乐观均呈负相关，其中，乐观与神经质呈负相关；坚
韧、力量、乐观与大五人格（神经质除外）其他四个因素均呈正相关，
并与责任感相关最高。

2. 羌文化认同、中华文化认同、大五人格对心理韧性的预测力

根据羌文化、中华文化认同、大五人格与心理韧性的相关矩阵，采用
多元线性回归，将相关显著的因素纳入回归模型，探索羌文化和中华文化
认同包含的六因素、大五人格五因素对心理韧性三因素的影响。结果发现
（表 6 - 7）羌文化、中华文化认同对心理韧性具有明显预测作用，分别能
解释心理韧性总方差 25.8%、44.5% 的变异；大五人格对心理韧性具有
明显预测作用，共解释其方差 70.9% 的变异。

具体而言，在坚韧维度上：羌文化身份认同和价值认同对坚韧有明显
预测作用，解释总方差 7.3% 的变异；中华文化符号认同和中华文化价值
认同对坚韧有明显预测作用，能解释总方差 13.6% 的变异；人格中的外
倾性、开放性和责任感对坚韧有明显预测作用，共解释总方差 22.9% 的
变异。在力量维度上：羌文化价值认同对力量有明显预测作用，解释总方
差 8% 的变异；中华文化价值认同和符号认同对力量有明显预测作用，共
解释总方差 14.4% 的变异；外倾性、开放性和责任感对力量有明显预测
作用，共解释总方差 20.7% 的变异。在乐观维度上：羌文化符号、身份

表6—6 羌文化认同、中华文化认同、大五人格与心理韧性的相关矩阵（n=898）

	1	2	3	4	5	6	7	8	9	10	11	12	13	14
1. 羌文化符号	1													
2. 羌文化身份	.480**	1												
3. 羌文化价值	.473**	.488**	1											
4. 中华文化价值	.300**	.373**	.404**	1										
5. 中华文化符号	.211**	.291**	.257**	.430**	1									
6. 中华文化身份	.195**	.186**	.238**	.408**	.333**	1								
7. 神经质	-.007	-.044	-.020	-.166*	-.078*	-.040	1							
8. 外倾性	.234**	.285**	.263**	.302**	.264**	.211**	-.367**	1						
9. 开放性	-.102**	-.022	-.039	.104**	.066*	.192**	-.006	-.086*	1					
10. 宜人性	-.080*	.070*	.033	.264**	.236**	.133**	-.423**	.301**	.120**	1				
11. 责任感	.202**	.257**	.263**	.368**	.283**	.153**	-.348**	.397**	.046	.434**	1			
12. 坚韧	.198**	.258**	.258**	.353**	.329**	.293**	-.199**	.376**	.149**	.225**	.405**	1		
13. 力量	.200**	.257**	.284**	.359**	.344**	.280**	-.182**	.347**	.117**	.237**	.401**	.657**	1	
14. 乐观	.228**	302**	.307**	.390**	.341**	.257**	-.228**	.411**	.126**	.260**	.453**	.713**	.670**	1

和价值认同对乐观有明显预测作用，解释总方差 10.5% 的变异；中华文化价值认同、身份认同和符号认同对乐观有明显预测作用，解释总方差 16.5% 的变异；而外倾性、开放性、责任感对乐观有明显预测作用，能解释总方差 27.3% 的变异。

表6－7   羌文化认同、中华文化认同、大五人格对心理韧性的预测度（$n = 898$）

	坚韧		力量		乐观	
	β	t	β	t	β	t
羌文化符号认同	—	—	—	—	-.055	-2.23**
羌文化身份认同	.124	8.00***			.071	3.13**
羌文化价值认同	.076	2.82**	.142	8.86***	.151	9.67***
中华文化价值认同	.232	11.29***	.225	11.52***	.240	12.67***
中华文化符号认同	.186	3.72**	.202	4.26***	.146	3.16**
中华文化身份认同	—	—	—	—	-.117	-2.60**
神经质	—	—	—	—	—	—
外倾性	.239	7.94***	.200	6.87***	.240	8.82***
开放性	.125	3.87***	.088	2.81**	.089	3.05**
宜人性	—	—	—	—	—	—
责任感	.317	13.24***	.301	13.11***	.332	15.19***

3. 不同文化认同者在大五人格、心理韧性上的差异

比较四类羌文化和中华文化认同者（双高组、双低组、高羌低中组、高中低羌组）在大五人格和心理韧性上的差异，结果显示（表6－8）：双高组在责任感上得分显著高于其他组（$p < 0.001$），双低组在宜人性和责任感上得分显著低于其他组（$p < 0.001$）；高羌低中组在开放性上得分显著低于其他组（$p < 0.001$）；高中低羌组在神经质上得分显著低于其他组（$p < 0.001$）；双高组在坚韧、力量、乐观和总体心理韧性上除宜人性外均显著高于其他组（$p < 0.001$），并在坚韧、力量、乐观维度上得分最高；双低组在坚韧、力量、乐观和总体心理韧性上宜人性、责任感低于其他组（$p < 0.001$），并在乐观维度上得分最低；高羌低中组在坚韧、乐观、力量上明显低于高中低羌组（$p < 0.001$）；而高中低羌组在力量上得分较高，在乐观上得分略低。

表 6 - 8 　　　　　　　　**不同羌文化与中华文化认同者在大五人格、**

心理韧性上的差异（$M \pm SD$）

	双高组 （$n=341$）	双低组 （$n=270$）	高羌低中组 （$n=99$）	高中低羌组 （$n=188$）	F
神经质	34. 25 ± 6. 24	35. 04 ± 4. 43	36. 02 ± 4. 89	33. 45 ± 6. 28	5. 647***
外倾性	40. 00 ± 5. 43	35. 84 ± 4. 64	36. 93 ± 4. 36	37. 45 ± 5. 72	34. 952***
开放性	37. 44 ± 5. 04	36. 77 ± 4. 01	35. 65 ± 4. 11	37. 92 ± 4. 81	6. 334***
宜人性	40. 89 ± 6. 66	38. 81 ± 5. 02	38. 89 ± 5. 08	43. 10 ± 5. 12	23. 946***
责任感	41. 42 ± 7. 17	36. 45 ± 4. 95	38. 52 ± 5. 84	39. 74 ± 5. 92	33. 646***
坚韧	28. 70 ± 4. 29	23. 90 ± 4. 83	25. 98 ± 4. 49	27. 51 ± 5. 22	55. 593***
力量	34. 01 ± 4. 07	29. 51 ± 4. 37	31. 53 ± 3. 60	32. 76 ± 5. 66	52. 355***
乐观	25. 79 ± 4. 03	21. 07 ± 4. 70	22. 67 ± 3. 71	23. 71 ± 4. 67	60. 750***

（二）羌文化认同、中华文化认同、精神信仰与心理韧性的关系

1. 相关分析

相关分析发现（表 6 - 9），羌文化认同各维度与精神信仰、心理韧性各维度均呈正相关，且羌文化认同和心理韧性各维度均与社会信仰相关最高；除超自然信仰外，中华文化价值认同、中华文化符号认同与精神信仰各维度呈正相关，并与社会信仰相关最高，与心理韧性各维度正相关；中华文化身份认同仅与实用信仰和心理韧性各维度呈正相关。

2. 羌文化认同、中华文化认同、精神信仰对心理韧性的预测力

根据相关分析结果，将显著相关的因素纳入回归模型，采用多元线性回归，探讨羌文化和中华文化认同六因素、精神信仰三因素对心理韧性三因素的影响。

结果发现（表 6 - 10），在坚韧维度上：中华文化身份认同、中华文化符号认同和社会信仰对坚韧具有明显预测作用，分别能解释总方差27.7%、28.2%和24.1%的变异；在力量维度上：羌文化价值认同、中华文化符号认同、中华文化身份认同和社会信仰对力量具有明显的预测作用，分别能解释总方差28.7%、28.0%、28.4%和24.2%的变异；在乐观维度上：羌文化价值、中华文化价值认同、中华文化符号认同、超自然信仰和社会信仰对乐观具有明显预测作用，分别能解释总方差30.0%、29.3%、29.8%、30.5%和25.1%的变异。

表 6 - 9　　羌文化认同、中华文化认同、精神信仰与心理韧性的相关矩阵（n = 898）

	1	2	3	4	5	6	7	8	9	10	11	12
1. 羌文化符号	1											
2. 羌文化身份	.480**	1										
3. 羌文化价值	.473**	.488**	1									
4. 中华文化价值	.345**	.476**	.519**	1								
5. 中华文化符号	.310**	.442**	.437**	.430**	1							
6. 中华文化身份	.120**	.279**	.306**	.408**	.333**	1						
7. 超自然信仰	.169**	.073*	.157**	-.020	-.065	-.050	1					
8. 社会信仰	.258**	.359**	.327**	.398**	.320**	.214**	.072*	1				
9. 实用信仰	.223**	.200**	.203**	.099**	.100**	.044	.445**	.384**	1			
10. 坚韧	.198**	.258**	.258**	.353**	.329**	.293**	.022	.492**	.222**	1		
11. 力量	.200**	.257**	.284**	.359**	.344**	.280**	-.005	.493**	.155**	.657**	1	
12. 乐观	.228**	.302**	.307**	.390**	.341**	.257**	-.037	.502**	.177**	.713**	.670**	1

表 6 - 10　　羌文化认同、中华文化认同、精神信仰对心理韧性的预测度（n = 898）

	羌文化符号认同		羌文化身份认同		羌文化价值认同		中华文化价值认同		中华文化符号认同		中华文化身份认同		超自然信仰		实用信仰		社会信仰	
	β	t	β	t	β	t	β	t	β	t	β	t	β	t	β	t	β	t
坚韧	—	—	—	—	—	—	—	—	.118	2.62**	.199	6.78***	—	—	—	—	.263	16.90***
力量	—	—	—	—	.034	2.10	.139	7.38***	.230	6.96***	.087	2.39*	—	—	—	—	.251	16.95***
乐观	—	—	—	—	.034	2.06*	—	—	.109	2.59**	—	—	-.060	-2.51**	—	—	.251	17.38***

3. 不同文化认同者在精神信仰、心理韧性的差异

分别比较四组羌文化与中华文化认同者在精神信仰和心理韧性上的差异，结果显示（表6-11），在超自然信仰上，高羌低中组得分显著高于其他组（$p < 0.001$），高中低羌组得分最低；在社会信仰上，羌文化与中华文化认同双高组得分最高（$p < 0.001$），双低组得分最低；在实用信仰上，双高组得分最高（$p < 0.001$）而高中低羌组得分最低。此外，不同文化认同者在心理韧性上的差异结果同本节（一）中结果。

表6-11　　不同文化认同者在精神信仰、心理韧性上的差异（$M \pm SD$）

	双高组 （$n = 341$）	双低组 （$n = 270$）	高羌低中组 （$n = 99$）	高中低羌组 （$n = 188$）	F
超自然信仰	25.92 ± 5.62	25.30 ± 5.95	26.06 ± 4.77	23.58 ± 5.66	7.804^{***}
社会信仰	53.47 ± 8.91	44.11 ± 8.75	46.80 ± 7.98	49.95 ± 8.61	61.128^{***}
实用信仰	50.70 ± 7.52	47.24 ± 7.85	50.34 ± 7.41	47.12 ± 6.65	15.925^{***}
坚韧	28.70 ± 4.29	23.90 ± 4.83	25.98 ± 4.49	27.51 ± 5.22	55.593^{***}
力量	34.01 ± 4.07	29.51 ± 4.37	31.53 ± 3.60	32.76 ± 5.66	52.355^{***}
乐观	25.79 ± 4.03	21.07 ± 4.70	22.67 ± 3.71	23.71 ± 4.67	60.750^{***}

注：$^{*} p < 0.05$，$^{**} p < 0.01$，$^{***} p < 0.001$。

（三）羌文化认同、中华文化认同、领悟社会支持与心理韧性的关系

1. 相关分析

相关分析发现（表6-12），除羌文化符号认同外，羌文化、中华文化认同各维度与社会支持各维度呈正相关，且中华文化价值与社会支持各维度相关最高；领悟社会支持与心理韧性呈正相关，且与坚韧相关最高。

2. 羌文化、中华文化认同、领悟社会支持对心理韧性的预测力

在相关分析的基础上，采用多元线性回归，将显著相关因素纳入回归模型探索羌中华文化认同六因素、领悟社会支持三因素对心理韧性三因素的影响。

结果发现（表6-13）在坚韧维度上：中华文化价值认同、中华文化符号认同和羌文化符号认同对坚韧具有明显预测作用，分别能解释总方差20.2%、22.2%和21.2%的变异；家庭支持、朋友支持对坚韧具有显著预测作用，共同解释其总方差35.6%的变异；在力量维度上：中华文化

表 6 - 12　　羌文化与中华文化认同、领悟社会支持与心理韧性的相关矩阵（n = 898）

	1	2	3	4	5	6	7	8	9	10	11	12
1. 羌文化符号	1											
2. 羌文化身份	.480**	1										
3. 羌文化价值	.473**	.488**	1									
4. 中华文化价值	.345**	.476**	.519**	1								
5. 中华文化符号	.310**	.442**	.437**	.430**	1							
6. 中华文化身份	.120**	.279**	.306**	.408**	.333**	1						
7. 家庭支持	.024	.163**	.110**	.297**	.272**	.287**	1					
8. 朋友支持	.046	.169**	.146**	.266**	.268**	.225**	.729**	1				
9. 其他支持	.039	.151**	.090**	.263**	.237**	.215**	.759**	.698**	1			
10. 坚韧	.198**	.258**	.258**	.353**	.329**	.293**	.373**	.342**	.340**	1		
11. 力量	.200**	.257**	.284**	.359**	.344**	.280**	.302**	.278**	.324**	.657**	1	
12. 乐观	.228**	.302**	.307**	.390**	.341**	.257**	.289**	.298**	.281**	.713**	.670**	1

表 6 - 13　　羌文化认同、中华文化认同、领悟社会支持对心理韧性的预测度（n = 898）

	羌文化符号认同		羌文化身份认同		羌文化价值认同		中华文化价值认同		中华文化符号认同		中华文化身份认同		家庭支持		朋友支持		其他支持	
	β	t	β	t	β	t	β	t	β	t	β	t	β	t	β	t	β	t
坚韧	.053	3.58***	—	—	—	—	.175	8.50***	.118	2.44*	—	—	.381	12.03***	.129	2.76**	—	—
力量	—	—	—	—	.075	4.27***	.225	11.52***	.152	3.28***	—	—	—	—	—	—	.267	7.90***
乐观	—	—	.062	4.11***	—	—	.240	12.67***	—	—	—	—	—	—	—	—	.100	2.27*

价值、中华文化符号认同对力量具有明显的预测作用，共同解释其总方差33.6%的变异；羌文化价值认同与其他支持对力量具有明显的预测作用，分别能解释总方差19.9%和18.4%的变异；在乐观维度上：中华文化价值认同和羌文化身份认同对乐观具有明显预测作用，分别能解释总方差15.1%、20.5%的变异；其他支持对乐观具有明显预测作用，共同解释其总方差27.6%的变异。

　　3. 不同文化认同者在领悟社会支持、心理韧性的差异

　　比较四组类型文化认同者在领悟社会支持、心理韧性上的差异，结果显示（表6 – 14），在家庭支持、朋友支持和其他支持上，高中低羌组得分显著高于其他组（$P < 0.001$），双低组得分最低。

表6 – 14　　**不同文化与羌中华文化认同者在领悟社会支持、**

心理韧性上的差异（$M \pm SD$）

	双高组 （$n = 341$）	双低组 （$n = 270$）	高羌低中组 （$n = 99$）	高中低羌组 （$n = 188$）	F
家庭支持	18.64 ± 4.64	15.69 ± 4.99	16.66 ± 4.41	19.34 ± 4.80	29.575 ***
朋友支持	18.23 ± 4.09	15.66 ± 5.06	17.07 ± 3.70	18.44 ± 5.07	20.104 ***
其他支持	17.89 ± 4.22	15.59 ± 4.43	15.67 ± 4.03	18.13 ± 4.62	21.496 ***
坚韧	28.70 ± 4.29	23.90 ± 4.83	25.98 ± 4.49	27.51 ± 5.22	55.593 ***
力量	34.01 ± 4.07	29.51 ± 4.37	31.53 ± 3.60	32.76 ± 5.66	52.355 ***
乐观	25.79 ± 4.03	21.07 ± 4.70	22.67 ± 3.71	23.71 ± 4.67	60.750 ***

　　（四）羌文化认同、中华文化认同、幸福感与心理韧性的关系

　　1. 相关分析

　　相关分析发现（表6 – 15），羌文化认同、中华文化认同与心理韧性各因素均呈显著正相关；对健康的担心与中华文化认同呈显著正相关；对生活的满足与羌文化符号认同呈正相关；羌文化、中华文化认同各因素（羌文化符号认同除外）与忧郁/愉快以及松弛/紧张均呈正相关，且与忧郁/愉快因子相关最高；对情感/行为的控制与中华文化价值和符号认同呈正相关；心理韧性各维度与总体幸福感各因素均呈显著正相关，且与忧郁/愉快因子相关较高。

表6—15　羌文化与中华文化认同、总体幸福感与心理韧性的相关矩阵（$n=898$）

	1	2	3	4	5	6	7	8	9	10	11	12	13	14	15
1. 羌文化符号	1														
2. 羌文化身份	.480**	1													
3. 羌文化价值	.473**	.488**	1												
4. 中华文化价值	.345**	.476**	.519**	1											
5. 中华文化符号	.310**	.442**	.437**	.430**	1										
6. 中华文化身份	.120**	.279**	.306**	.408**	.333**	1									
7. 健康担心	-.006	.065	.047	.157**	.145**	.148**	1								
8. 精力	.040	.045	.049	.060	.048	.041	.065	1							
9. 生活满足	.077*	.049	.019	.008	.007	.038	-.096**	.316**	1						
10. 忧郁/愉快	.040	.097**	.097**	.266**	.291**	.229**	.227**	-.332**	-.004	1					
11. 情感/行为	.002	.029	.035	.092**	.092**	.056	.001	.216**	.309**	.122**	1				
12. 松弛/紧张	.072*	.120**	.086**	.207**	.248**	.201**	.241**	.252**	.067	.591**	.139**	1			
13. 坚韧	.209**	.270**	.283**	.367**	.340**	.300**	.106**	.207**	.095**	.298**	.244**	.239**	1		
14. 力量	.149**	.194**	.220**	.309**	.309**	.256**	.116**	.150**	.118**	.204**	.146**	.181**	.577**	1	
15. 乐观	.242**	.319**	.313**	.390**	.338**	.250**	.134**	.163**	.081**	.256**	.134**	.232**	.710**	.557**	1

2. 羌文化认同、中华文化认同、总体幸福感对心理韧性的预测力

采用多元线性回归，将相关显著的因素纳入回归模型以探讨羌文化和中华文化认同的六因素、总体幸福感指数对心理韧性三因素的影响，发现（表6-16）在坚韧维度上：羌文化身份和羌文化价值认同对坚韧具有明显预测作用，共解释总方差14%的变异；中华文化价值和中华文化符号对坚韧有明显预测作用，共解释总方差26%的变异；忧郁/愉快心境、对情感/行为的控制对坚韧具有明显预测作用，共解释总方差13.2%的变异。在力量维度上：羌文化价值认同对力量具有明显预测作用，解释总方差8%的变异；中华文化价值和中华文化符号认同对力量具有明显预测作用，共解释总方差27.2%的变异；对健康担心、对生活满足/兴趣、忧郁/愉快心境、对情感/行为控制对力量具有预测作用，共解释总方差7%的变异。在乐观维度上：羌文化符号、羌文化身份和羌文化价值认同均对乐观具有明显预测作用，共解释总方差30.1%的变异；中华文化价值、中华文化符号和中华文化身份认同对乐观具有明显预测作用，共解释总方差47.5%的变异；对健康的担心、忧郁/愉快心境、对情感/行为控制和松弛/紧张对乐观具有明显预测作用，共解释总方差9%的变异。

表6-16　　　羌文化认同、中华文化认同、总体幸福感对
心理韧性的预测度（$n = 898$）

	坚韧		力量		乐观	
	β	t	β	t	β	t
羌文化符号认同	—	—	—	—	-.127	-2.23*
羌文化身份认同	.258	8.00***	—	—	.158	3.13**
羌文化价值认同	.145	2.82***	.284	8.86***	.307	9.67***
中华文化价值认同	.353	11.29***	.359	11.52***	.390	12.67***
中华文化符号认同	.161	3.72***	.183	4.26***	.135	3.16**
中华文化身份认同	—	—	—	—	-.124	-2.60**
对健康担心	—	—	.088	2.40*	.085	2.35*
精力	—	—	—	—	—	—
对生活满足/兴趣	—	—	.090	2.39*	—	—
忧郁/愉快心境	.147	3.16**	.148	2.84**	.177	3.44***
对情感/行为控制	.083	2.38**	.103	2.51*	.092	2.27*
松弛/紧张	—	—	—	—	.112	2.30*

3. 不同文化认同者在总体幸福感、心理韧性的差异

分别比较四类文化认同者在总体幸福感、心理韧性上的差异，结果显示（表6-17）在总体幸福感、对健康担心、忧郁/愉快心境、松弛/紧张上高中低羌组得分最高（$p < 0.001$），双高组次之，双低组得分最低；而四类文化认同者在心理韧性上的差异同前述。

表6-17　　　不同文化认同者在幸福感、心理韧性上的差异（$M \pm SD$）

	双高组 （$n = 341$）	双低组 （$n = 270$）	高羌低中组 （$n = 99$）	高中低羌组 （$n = 188$）	F
总体幸福感	66.59 ± 7.29	63.00 ± 6.46	66.46 ± 5.89	67.16 ± 9.35	16.407 ***
对健康担心	6.77 ± 1.30	6.36 ± 1.44	6.69 ± 1.54	7.05 ± 1.44	9.496***
精力	15.08 ± 2.35	14.77 ± 2.34	14.75 ± 2.02	14.99 ± 3.01	0.973
对生活满足/兴趣	7.05 ± 1.55	6.96 ± 1.66	7.02 ± 1.49	6.73 ± 1.89	1.514
忧郁/愉快心境	11.38 ± 2.50	10.04 ± 2.31	10.73 ± 2.38	11.79 ± 2.64	23.284***
对情感/行为控制	12.61 ± 2.20	12.40 ± 2.16	12.58 ± 1.98	12.85 ± 2.21	1.576
松弛/紧张	13.70 ± 2.35	12.47 ± 2.27	12.70 ± 2.49	13.74 ± 2.77	17.341***
坚韧	28.70 ± 4.29	23.90 ± 4.83	25.98 ± 4.49	27.51 ± 5.22	55.593***
力量	34.01 ± 4.07	29.51 ± 4.37	31.53 ± 3.60	32.76 ± 5.66	52.355***
乐观	25.79 ± 4.03	21.07 ± 4.70	22.67 ± 3.71	23.71 ± 4.67	60.750***

（五）羌文化认同、中华文化认同、应对方式与心理韧性的关系

1. 相关分析

相关分析发现（表6-18），羌文化认同、中华文化认同各因素均与心理韧性各维度呈显著正相关，乐观与中华文化价值相关最高；除羌文化符号认同外，两种文化认同均与积极应对呈显著正相关；羌文化身份、中华文化价值、中华文化符号和中华文化身份均与混合型应对呈显著负相关；羌文化和中华文化认同均与消极应对方式呈显著负相关；积极应对与心理韧性各维度均呈显著正相关；而混合型应对、消极应对与心理韧性各维度呈显著负相关。

表6-18　羌文化认同、中华文化认同、应对方式与心理韧性的相关矩阵（n=898）

	1	2	3	4	5	6	7	8	9	10	11	12
1. 羌文化符号	1											
2. 羌文化身份	.480**	1										
3. 羌文化价值	.473**	.488**	1									
4. 中华文化价值	.345**	.476**	.519**	1								
5. 中华文化符号	.310**	.442**	.437**	.430**	1							
6. 中华文化身份	.120**	.279**	.306**	.408**	.333**	1						
7. 积极型应对	.046	.105**	.088**	.187**	.159**	.152**	1					
8. 混合型应对	-.051	-.115**	-.058	-.135**	-.088*	-.067	-.041	1				
9. 消极应对	-.086*	-.109*	-.086*	-.178**	-.117**	-.047	-.107**	.554**	1			
10. 坚韧	.198**	.258**	.258**	.353**	.329**	.293**	.323**	-.118**	-.175**	1		
11. 力量	.200**	.257**	.284**	.359**	.344**	.280**	.310**	-.162**	-.203**	.657**	1	
12. 乐观	.228**	.302**	.307**	.390**	.341**	.257**	.318**	-.196**	-.237**	.713**	.670**	1

表6-19　羌文化认同、中华文化认同、应对方式对心理韧性的预测度（n=898）

	羌文化符号认同		羌文化身份认同		羌文化价值认同		中华文化价值认同		中华文化符号认同		中华文化身份认同		积极应对		混合应对		消极应对	
	β	t	β	t	β	t	β	t	β	t	β	t	β	t	β	t	β	t
坚韧	—	—	.097	2.71**	—	—	.175	8.50***	.161	3.72***	—	—	.323	10.21***	—	—	-.143	-4.53***
力量	—	—	—	—	.116	3.21***	.225	11.52***	.183	4.26***	—	—	.310	9.78***	-.079	-2.10*	-.172	-5.46***
乐观	—	—	.150	4.34***	—	—	.240	12.67***	.106	2.46*	—	—	.318	10.03***	-.102	-2.74**	-.205	-6.59***

2. 羌文化认同、中华文化认同、应对方式对心理韧性的预测力

探索羌中华文化认同六因素、应对方式三因素对心理韧性三因素的影响，结果发现（表6-19）在坚韧维度上：羌文化身份对坚韧具有明显预测作用，共解释总方差14.2%的变异；中华文化价值和中华文化符号对坚韧有明显预测作用，共解释总方差26%的变异；积极应对方式对坚韧有预测作用，能解释总方差10.3%的变异，而消极应对方式对坚韧也有预测作用，能解释总方差12.2%的变异。在力量维度上：羌文化价值认同对力量具有明显预测作用，解释总方差15.3%的变异；中华文化价值和中华文化符号认同对力量具有明显预测作用，共解释总方差27.2%的变异；积极、混合型和消极应对方式对力量具有明显预测作用，共解释总方差34.6%的变异。在乐观维度上：羌文化身份认同对乐观具有明显预测作用，共解释总方差16.8%的变异；中华文化价值、中华文化符号认同对乐观具有明显预测作用，共解释总方差32.3%的变异；积极、混合型和消极应对方式对乐观具有明显预测作用，共解释总方差38.8%的变异。

3. 不同文化认同者在应对方式、心理韧性上的差异

分别比较四类羌文化和中华文化认同者在应对方式、心理韧性上的差异，结果显示（表6-20），双高组在积极应对方式上得分较高，双低组最低；双低组在混合型应对方式、消极应对方式上得分均最高，高中低羌组得分最低；且组间差异显著；而四类文化认同者在心理韧性上的差异同前述。

表6-20　　　　不同羌文化、中华文化认同者在应对方式、心理韧性上的差异（$M \pm SD$）

	双高组 （$n=341$）	双低组 （$n=270$）	高羌低中组 （$n=99$）	高中低羌组 （$n=188$）	F
积极应对方式	1.28 ± 0.30	1.17 ± 0.27	1.21 ± 0.27	1.28 ± 0.33	8.855***
混合型应对方式	0.50 ± 0.18	0.56 ± 0.17	0.51 ± 0.17	0.48 ± 0.18	5.442***
消极应对方式	1.41 ± 0.46	1.56 ± 0.41	1.52 ± 0.46	1.39 ± 0.46	8.289***
坚韧	28.70 ± 4.29	23.90 ± 4.83	25.98 ± 4.49	27.51 ± 5.22	55.593***
力量	34.01 ± 4.07	29.51 ± 4.37	31.53 ± 3.60	32.76 ± 5.66	52.355***
乐观	25.79 ± 4.03	21.07 ± 4.70	22.67 ± 3.71	23.71 ± 4.67	60.750***

（六）羌文化认同、中华文化认同、心理韧性与相关因素的关系模型探索

相关分析表明，羌文化认同、中华文化认同、大五人格、精神信仰、社会支持、应对方式、幸福感和心理韧性之间存在相关关系，但这几者之间具体关系如何？哪种因素对心理韧性的预测力更强？根据前面研究结果，结合心理韧性相关研究结果，以羌文化、中华文化认同为自变量，心理韧性为因变量构想了三个模型，主要拟合指标见表6－21。

表6－21　　　　　　三个构想模型的主要拟合指标（$n = 898$）

模型	χ^2/df	df	p	GFI	AGFI	IFI	NFI	TLI	CFI	RMSEA
M1	5.874	359	0.000	0.846	0.814	0.832	0.804	0.809	0.831	0.074
M2	4.629	272	0.000	0.900	0.871	0.901	0.877	0.881	0.900	0.064
M3	3.437	250	0.000	0.930	0.902	0.934	0.909	0.913	0.933	0.052

根据模型拟合度可接受标准：χ^2/df理想值应小于5，Bentler和Bonett提出的相对拟合指数（GFI、IFI、CFI等）应大于0.90，以及Steiger提出的RMSEA值应低于0.05（低于0.08也可以接受）则拟合非常好等拟合标准（温忠麟等，2004）；另有学者认为，拟合指数界值在0.90左右可接受（郭庆科等，2008），因而竞争模型M2和M3均达到可以接受范围；而在最初模型M3中，由于羌文化认同对领悟社会支持的标准化路径系数为0.13（$t = 0.232$），中华文化认同对领悟社会支持的标准化路径系数为0.14（$t = 0.445$）均未达到显著水平，为使模型更简洁，最终未将领悟社会支持纳入模型M3中。表6－21显示，模型M3各项拟合指数更优，更符合理论假设，见图6－1。

图6－1结果显示，中华文化认同通过人格、精神信仰、应对方式对个体心理韧性具有显著的预测作用；但羌文化认同对心理韧性的直接预测作用不显著（$t = 0.821$），中华文化认同对心理韧性的直接预测作用也不显著（$t = 0.848$）。具体而言，羌文化认同对人格的直接预测作用不显著，中华文化认同对人格具有显著的预测作用，解释率为31%，二者通过人格对心理韧性产生显著的正向预测效应，解释率为73%。羌文化认同对精神信仰具有显著的直接预测作用，解释率为32%，中华文化认同对精神信仰具有显著的直接预测作用，解释率为20%；二者通过精神信仰对

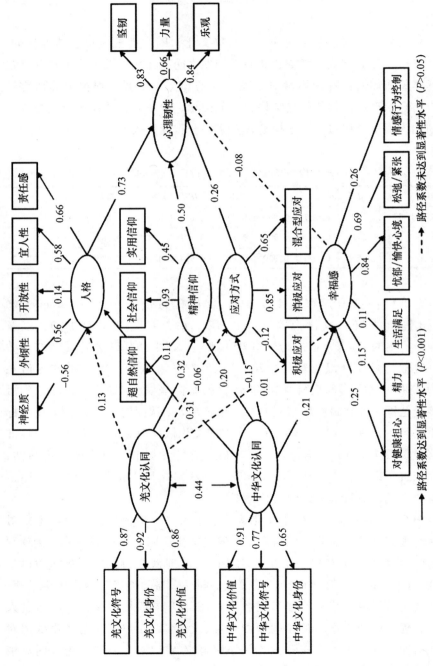

图6-1　羌文化认同、中华文化认同、人格、精神信仰、应对方式、幸福感与心理韧性关系模型图

━━━▶ 路径系数达到显著性水平（P<0.001）

──▶ 路径系数达到显著性水平（P<0.05）

---▶ 路径系数未达到显著性水平（P>0.05）

个体心理韧性产生显著的正向预测效应，解释率为50%。羌文化认同对应对方式的直接预测作用不显著，但中华文化认同对应对方式的预测作用显著，解释率为15%，二者通过应对方式对心理韧性产生正向预测作用，解释率为26%。羌文化认同对幸福感的预测力不显著，而中华文化认同对幸福感的预测作用显著，其解释率为21%；但二者通过幸福感对心理韧性的间接预测作用不显著。

　　进一步分析模型 M3 中羌文化认同、中华文化认同、人格、精神信仰、应对方式、幸福感和心理韧性各因素之间的回归效应值，见表6-22。

表6-22　　**羌文化认同、中华文化认同、心理韧性与相关因素间的回归效应**

	B	Standardized B	S. E	C. R	P
人格 ←---羌文化认同	0.007	0.125	0.003	2.402	0.016
精神信仰 ←---羌文化认同	0.209	0.322	0.025	8.335	***
幸福感 ←---羌文化认同	0.003	0.007	0.019	0.175	0.861
应对方式 ←---羌文化认同	-0.007	-0.059	0.005	-1.400	0.162
幸福感 ←---中华文化认同	0.081	0.212	0.016	5.008	***
应对方式 ←---中华文化认同	-0.016	-0.155	0.004	-4.408	***
精神信仰 ←---中华文化认同	0.112	0.196	0.019	5.751	***
人格 ←---中华文化认同	0.015	0.308	0.004	3.471	***
心理韧性 ←---人格	6.609	0.727	1.781	3.711	***
心理韧性 ←---精神信仰	0.398	0.499	0.057	6.944	***
心理韧性 ←---幸福感	-0.092	-0.078	0.069	-1.349	0.177
心理韧性 ←---应对方式	1.157	0.264	0.280	4.131	***

　　模型 M3 中各因素间回归效应值显示，羌文化认同对精神信仰具有显著的正向预测作用，其预测力大于中华文化认同对精神信仰的影响；这表明，羌族人对本族文化认同越强，可能促进其对超自然信仰的程度，进而对精神信仰程度越高。中华文化认同对人格、精神信仰、应对方式和幸福感均具有显著的正向预测作用；这表明，对中华文化认同越强，有助于羌族个体社会信仰和实用信仰程度提升，采取更加积极的应对方式，增进幸福感。羌文化和中华文化认同通过精神信仰、应对方式共同对心理韧性产生显著的正向预测作用，且通过人格（羌文化除外）的预测力最强，精神信仰次之，应对方式为第三；但由于羌文化对幸福感的预测力不显著，

可能导致羌文化、中华文化认同在通过幸福感对心理韧性的间接预测中作用不显著。

四　讨论

（一）羌文化认同、中华文化认同、大五人格与心理韧性的关系

有研究者认为，危险因素与保护性因素相互作用的过程中，保护性因素产生的效应与危险因素的数量和水平相关；而保护性因子数量增加，也将有效缓冲危险因子的影响[①]。5·12 震后羌族人的心理韧性发展是否受文化、人格、精神信仰、幸福感和应对方式等因素的影响？这些因素是否作为心理韧性的保护性因素而存在，我们对本节研究假设 1 和假设 2 进行验证。

虽然同一种文化中的个体，在人格上可能具有某些同质性，但个体对某一特定文化不同的内化程度仍会导致多样化的个体差异[②]。本部分研究发现，羌文化认同、中华文化认同、大五人格与心理韧性之间存在显著相关：除羌文化符号认同与开放性呈负相关、羌文化符号认同与宜人性呈负相关、神经质与坚韧、力量、乐观均呈负相关而外，其余羌文化认同、中华文化认同、大五人格与心理韧性均呈正相关；而心理韧性各因素与中华文化价值认同相关最高，与羌文化符号认同相关最低。已有研究证明，少数民族对母体文化和中华文化的认同程度会影响其心理健康水平[③④]，这与本研究结果一致。心理韧性与积极的人格品质呈正相关，而与神经质有显著的负相关，与外向性有显著的正相关[⑤]。回归分析发现，羌文化认同、中华文化认同对心理韧性具有明显预测作用，分别能解释心理韧性总方差 25.8%、44.5% 的变异；大五人格对心理韧性具有明显预测作用，

---

① Rutter, M. "Resilience: Some conceptual considerations". *Journal of Adolescent Health*, No. 14, 1993, pp. 626 – 631.

② 参见杨慧芳、郭永玉、钟年《文化与人格研究中的几个问题》，《心理学探新》2007 年第 1 期。

③ 参见于辉《朝鲜族大学生民族认同、文化适应与心理健康的关系研究》，硕士学位论文，延边大学，2008 年，第 29 页。

④ 参见张劲梅《西南少数民族大学生的文化适应研究》，博士学位论文，西南大学，2008年，第 71 页。

⑤ Campbell-Sills, L., Cohan, S. L., & Stein, M. B. "Relationship of resilience to personality, coping and psychiatric symptoms in young adults". *Behavior Research and Therapy*, No. 4, 2005, pp. 585 – 599.

共解释其方差 70.9% 的变异。坚韧、正直等积极人格特质对心理韧性起着正向预测作用[1]；Orozco 研究也发现，大学生对本民族文化认同、社会支持、文化一致性和应对方式等对其心理韧性具有正向预测作用[2]。

　　进一步比较不同文化认同态度类型羌族人的人格特征和心理韧性，发现双高组在责任感上得分最高，双低组在宜人性和责任感上得分最低，高羌低中组在开放性上得分最低，高中低羌组在神经质上得分最低。不同民族文化背景的个体在人格特征上存在明显差异，而个体生存的地理环境、生活方式、经济、历史文化等因素都会对民族人格造成影响[3]。羌族世代居住在青藏高原向四川盆地过渡的高山峡谷地带，地理环境险峻，旱灾、雪灾、冰雹、洪水和地震等自然灾害时有发生，其中以地震最为惨烈（在近百年的时间里，羌区共发生了三次大地震：1933 年叠溪地震，7.5 级；1976 年平武、松潘地震，7.2 级和 2008 年汶川地震，8.0 级）。张岱年先生认为，地理环境不仅是人类生存生活的物质基础，也是人类的精神根基，因而，特殊的地理环境也造就了羌人的神祇，使宗教和世俗成分融为一体，既是羌人精神生活的主要内容，也促使羌人形成坚韧的民族性格。而这种民族性格在与中华文化不断交融下，表现出不同的人格特征倾向，在面临灾难时羌族人的悲伤情绪更易外露，而汉族人则相对倾向采用隐忍的方法来化解负性情绪，这与儒家文化中庸、隐忍的思想影响有关。此外，双高组在坚韧、力量、乐观和总体心理韧性上均显著高于其他组，并在力量维度上得分最高；而双低组在心理韧性上得分最低；高羌低中组在坚韧、乐观、力量上明显低于高中低羌组（与第一节中结果同）。Kurman 等研究发现，少数民族个体对主流文化社会的适应，与其所持同化或整合的态度呈正相关[4]；基于本章第一节中假设 2（不同文化认同者心理

　　[1]　参见丁娅《军人积极人格特质及其与心理弹性的关系研究》，硕士学位论文，重庆师范大学，2012 年，第 36 页。

　　[2]　Orozco, V. "Ethnic identity, perceived social support, coping strategies, university environment, cultural congruity, and resilience of Latina/o college students". Dissertation. The Ohio State University. 2007.

　　[3]　参见邵二辉《西南少数民族和谐人格研究》，博士学位论文，西南大学，2011 年，第 31 页。

　　[4]　Kurman, J., Eshel, Y., & Sbeit, K. "Acculturation attitudes, perceived attitudes of majority, and adjustment of Israel-Arabs and Jewish-Ethiopian student to an Israel university". *Journal Social Psychological*, Vol. 145, No. 5, 2005, pp. 593 – 612.

韧性具有显著差异）已经验证，这里不再赘述（下同）。同时，文化认同态度模式与心理韧性的关系的研究结果可能具有跨文化差异，这与中西方文化价值观和思维方式的相异有关。

（二）羌文化认同、中华文化认同、精神信仰与心理韧性的关系

信仰是人类精神的需求，是价值观念的核心。对信仰的界定，在中西文化语境中差异较大，西方概念体系中的信仰多指超自然信仰（尤指宗教信仰），而中国历史文化中将忠、信、义、礼作为信仰的重要标志，偏重道德伦理和核心价值，更强调人与人、人与社会间关系；宋兴川等人拓展了信仰的内涵和外延，将其置于广泛的人类生活背景中，指出信仰反映的是人与自身、人与自然、人与社会的关系，称其为精神信仰（Spiritual Belief）。已有研究发现，精神信仰具有明显的跨文化特色，不同文化背景的个体在超自然信仰、社会信仰和实用信仰表现出不同的特征[1]，这与本研究结果一致，羌文化认同各维度与精神信仰各维度呈正相关，羌文化身份认同、中华文化价值认同与社会信仰相关最高，除超自然信仰外，中华文化价值认同和中华文化符号认同与精神信仰各维度呈正相关，而中华文化身份认同与实用信仰呈正相关。

不同文化认同态度的羌族人，在超自然信仰（宗教信仰、神灵崇拜）上，高羌低中组得分显著高于其他组，这与羌族人生活环境和自幼受宗教文化的熏陶，羌人信奉"万物有灵"的多神信仰体系有关；在对羌族"天神""地神""山神""白石"等信仰的同时，藏传佛教对他们的信仰体系也产生了重要的影响，如，对佛主、关公的信仰，菩萨的供奉等在羌人生活中也很常见。在社会信仰（民族主义、国家主义和政治信仰）和实用信仰（生命崇拜、金钱崇拜、家族主义、家庭主义）上，双高组得分均最高，这表明他们在信奉本民族宗教文化的同时，并不排斥中华文化的影响，主动积极地融入主流文化社会，对国家、民族充满敬意和热爱。随着羌文化与中华文化的不断交融、发展，信仰作为一种文化随着时代的变迁而变化。相关分析发现，羌族人的中华文化身份认同与实用信仰呈正相关，羌族人在保留本民族文化信仰的同时，努力融入现代经济社会中；从羌区特色农副产品的种植与销售（苹果、李子、花椒），到震后羌族旅

---

① 参见宋兴川、乐国安《藏族大学生精神信仰现状研究》，《青海师范大学学报》（哲学社会科学版）2009 年第 2 期。

游业和观光产业的开发（以桃坪羌寨、吉娜羌寨为代表），现代羌族人的经济意识和价值观正不断更新发展。

通过羌文化认同、中华文化认同与精神信仰对心理韧性的回归分析发现：羌族人的羌文化价值认同、中华文化价值、中华文化身份认同、中华文化符号认同、超自然信仰和社会信仰分别对心理韧性中的坚韧、力量和乐观维度具有显著的预测作用。研究发现，青少年宗教经验与心理韧性之间存在显著的正相关①，这表明青少年宗教经验有利于心理韧性的发展。我们在前期研究（第四章）中发现，羌族人的文化认同中宗教信仰的得分较高，宗教信仰在羌族社会生活中占据重要地位；虽然羌族宗教信仰许多方面仍停留在"万物有灵"的多神信仰阶段，基本未脱离原始宗教的范畴，而且都受到毗邻民族宗教的影响（受汉区汉传佛教和道教乃至民间端公的影响较深）②；但羌文化价值和超自然信仰有助于个体积极情感的增加，进而提高他们的幸福感和心理健康水平。有研究发现，社会信仰、家族崇拜和生命崇拜可以促进个体健康③；少数民族个体采用文化整合的策略，有利于其在主流文化社会中的心理适应，进而促进其心理韧性的发展④。

（三）羌文化认同、中华文化认同、领悟社会支持与心理韧性的关系

通过羌文化、中华文化认同与领悟社会支持的相关分析发现，除羌文化符号认同外，羌文化认同、中华文化认同各维度与领悟社会支持各维度呈正相关，且与中华文化认同各维度相关较高，中华文化价值与家庭支持相关最高，而家庭支持与坚韧相关最高。同时，高主流文化价值认同者，能更好地融入主流群体，也有利于社会文化适应。因而，羌族人对本民族文化的认同可以为其提供外部支持，但对中华文化认同程度越高者，越容易融入主流文化社会，进而感知到的社会支持度更高。比较不同文化认同类型羌族人的领悟社会支持情况，发现高中低羌文化认同者他们的领悟社会支持程度最高，而双低组最低。研究认为，少数民族的适应与其文化认

---

① 参见方舒《青少年宗教经验与生活事件、心理韧性的关系研究》，硕士学位论文，福建师范大学，2013年，第67页。

② 参见马宁、钱永平《羌族宗教研究综述》，《贵州民族研究》2008年第4期。

③ 参见李昊、叶苑秀、张卫《当前研究生的精神信仰及其与健康主观幸福感的关系》，《华南师范大学学报》（社会科学版）2010年第4期。

④ 参见白亮《文化适应对少数民族大学生心理健康的影响》，《民族教育研究》2006年第3期。

同态度直接相关，即对本民族文化和主流文化持同化与整合态度，与其社会适应呈正相关，持分离态度则与适应呈负相关[①]；Ward 等人发现，学习主流社会的文化准则并参与其中，能促进与主流文化群体的密切关系，有利于更好地适应主流文化[②]。高中低羌文化认同者，通过自身积极接纳、融入中华文化，甚至完全放弃本民族文化，融入主流文化以期获得更多的社会支持。

进一步分析羌文化认同、中华文化认同、社会支持对心理韧性的预测作用，发现除中华文化身份认同外，羌文化认同、中华文化认同和领悟社会支持各因素均对心理韧性具有显著的预测作用，但预测力侧重不同：家庭支持和朋友支持对坚韧具有显著预测力；其他支持对力量和乐观具有显著预测力；而朋友支持对乐观也具有显著预测力。已有研究证明，正性的社会支持可以减少创伤后反应的出现，并且可以预测创伤体验之后的适应，也是产生 PTSD 焦虑、抑郁的保护性因素[③④]。5·12 震后青少年的社会支持水平与暴露于地震灾难之后的 PTG（创伤后成长）有正相关[⑤]，而创伤后成长是与心理韧性密切相关的概念，而且在某些方面心理韧性也表现为成长。研究表明，社会支持和个体心理韧性有显著的相关，来自家长、同伴和邻里朋友的支持都是心理韧性的保护因子[⑥]。

（四）羌文化认同、中华文化认同、幸福感与心理韧性的关系

幸福感（General wellbeing）是涵盖了心身健康、生活满意度、良好人际关系和积极的自我形象等多维度的生活状态。有研究认为，幸福感是

---

① Sonderegger, R., & Barrett, P. M. "Patterns of cultural adjustment among young migrants to Australia". *Journal of Child and Family Studies*, Vol. 13, No. 3, 2004, pp. 341 – 356.

② Ward, C., Searle, W. "The impact of value discrepancies and cultural identity on psychological and sociocultural adjustment of sojourners". *International Journal of Intercultural Relations*, No. 15, 1991, pp. 209 – 225.

③ 参见范方、柳武妹、郑裕鸿等《震后 6 个月都江堰地区青少年心理问题及影响因素》,《中国临床心理学杂志》2010 年第 1 期。

④ Keppel-Benson, J. M., Ollendick, T. H., & Benson, M. J. "Posttraumatic stress in children following motor vehicle accidents". *Journal of Child Psychology and Psychiatry*, Vol. 43, No. 2, 2002, pp. 203 – 212.

⑤ 参见杨凡、林沐雨、钱铭怡《地震后青少年社会支持与创伤后成长关系的研究》,《中国临床心理学杂志》2010 年第 5 期。

⑥ Luthar, S. S. "Resilience in Development: A synthesis of research across five decades. In Cicchetti D, Cohen D. J. (Eds.). Developmental Psychopathology: Risk, disorder, and adaptation". New York: Wiley. 2006, pp. 740 – 795.

预测心理韧性的重要指标之一，而民族和文化是影响主观幸福感的重要因素[1]。郑雪等人研究发现，留学生的社会取向与当地社会文化环境比较一致时他们获得的幸福感水平更高，文化认同对中国留学生的幸福感产生了直接影响[2]。对汉族、土家族、回族中学生幸福感的研究发现，对本民族的认知、情感和行为认同与其主观幸福感呈正相关[3]，这与本研究结果相似：幸福感中对生活满足、忧郁/愉快心境、松弛/紧张等因素分别与羌文化认同、中华文化认同相关，其中，羌文化身份认同与松弛/紧张相关略高，中华文化符号认同与忧郁/愉快心境相关较高；而对情感/行为的控制仅与中华文化价值与符号认同呈正相关。同时，羌文化认同、中华文化认同中各因素、总体幸福感与心理韧性各因素呈显著正相关，这与已有研究一致[4][5][6]。在总体幸福感上、对健康担心、忧郁/愉快心境、松弛/紧张上高中低羌组得分最高，双高组次之，双低组得分最低，这说明对汉族文化的认同和接纳有助于羌族人获得幸福感体验。

　　进一步分析羌文化认同、中华文化认同、幸福感对心理韧性的预测作用，发现在坚韧、力量和乐观维度上，羌文化认同、中华文化认同的预测力各不同；幸福感各因素对心理韧性预测作用显著但不强：幸福感各因素对坚韧的预测作用为 13.2%，对力量的预测作用为 7%，对乐观的预测作用为 9%。积极情绪有助于个体提高应对压力/逆境的能力，积极情绪的扩展—建构理论则解释了积极情绪对压力适应作用的机制[7]。研究还发现，乐观与幸福感呈正相关，而焦虑、抑郁则与幸福感呈负相关，个体的

---

①　Butler, A. C., Hokanson, J. E., Flynn, H. A. "A comparison of self-esteem liability and low trait self-esteem as vulnerability factors for depression". *Journal of Personality and Social Psychology*, No. 66, 1994, pp. 166 – 170.

②　参见郑雪、David Sang《文化融入与中国留学生》，《应用心理学》2003 年第 9 期。

③　参见刘显翠《汉族、土族、回族中学生的民族认同与主观幸福感关系的跨文化研究》，硕士学位论文，西北师范大学，2008 年，第 48 页。

④　参见王永、王振宏《大学生的心理韧性及其与积极情绪、幸福感的关系》，《心理发展与教育》2013 年第 1 期。

⑤　Berry, J. W. "Intercultural relations in plural societies". *Canadian Psychology*, No. 40, 1999, pp. 1 – 9.

⑥　Zheng, X., Sang, D., & Wang, L. "Acculturation and subjective well-being of Chinese students in Australia". *Journal of Happiness Studies*, Vol. 5, No. 1, 2004, pp. 57 – 72.

⑦　Tugade, M. M., & Fredrickson, B. L. "Resilient individuals use positive emotions to bounce back from negative emotional experience". *Journal of Personality and Social Psychology*, Vol. 86, No. 2, 2004, pp. 320 – 333.

情绪状态直接影响其幸福感水平，在压力情境下，积极情绪在心理韧性对压力适应或幸福感的作用路径中起着中介作用①。基于已有研究结果，我们认为个体体验到的幸福感水平对其心理韧性具有显著的预测作用。

（五）羌文化认同、中华文化认同、应对方式与心理韧性的关系

个体在应激条件下各自有自己偏爱的应对策略和方式，这些偏爱的应对策略和应对方式便构成了体现其个人人格特点的应对方式。研究发现，应对方式作为直接影响个体心理功能结果的变量，能够直接影响生理和心理困扰，在压力情境和适应之间起重要作用并在很大程度上影响生活压力的后果和严重性②。研究发现，个体的应对方式受到传统文化的影响，不同的文化圈中个体惯用的应对方式也不同。生活在不同文化价值规范下的个体，所具有的心理与行为特征根植于当地的文化传统之中③。本研究中，羌文化认同、中华文化认同与应对方式和心理韧性均存在显著相关，而不同文化认同者其应对方式的倾向特点也不同，进而心理韧性水平差异明显。双高者更倾向采用求助、解决问题等积极的应对方式，而双低者则倾向采用自责、退避、幻想等消极的应对方式，同时双高组的心理韧性得分最高，而双低组得分最低，这与已有研究结果相一致④。在不同的文化态度模式中，羌族人对于压力源的认知评价和应对目标不同，在应对方式上存在差异，采取不同的应对方式导致心理韧性的影响程度不同。对西南少数民族文化适应方式研究发现，对民族文化和主流文化采取整合态度模式者，在面临压力时适应能力最好，心理健康水平也更高⑤。

进一步分析羌文化、中华文化认同、应对方式对心理韧性的预测作用，发现在坚韧、力量和乐观维度上，羌文化、中华文化认同的预测力各不同：羌族人对羌文化价值、文化身份的认同程度分别对坚韧、乐观和力

---

① 参见崔丽霞、殷乐、雷雳《心理弹性与压力适应的关系：积极情绪中介效应的实验研究》，《心理发展与教育》2011 年第 3 期。

② Beasley, M., Thompson, T., & Davidson, J. "Resilience in response to life stress: The effects of coping style and cognitive hardiness". *Personality and Individual Differences*, No. 34, 2003, pp. 77 – 95.

③ 参见侯玉波、朱滢《文化对中国人思维方式的影响》，《心理学报》2002 年第 1 期。

④ 参见王智、杨军霞《高中生应对方式与心理健康关系的研究》，《中国学校卫生》2005 年第 10 期。

⑤ 参见张劲梅《西南少数民族大学生的文化适应研究》，博士学位论文，西南大学，2008 年，第 75 页。

量具有显著的预测力；同时中华文化价值、符号认同对心理韧性各维度也具有显著的预测作用。这与前面研究一致。积极的应对方式对心理韧性各维度具有正向预测作用，而混合型应对、消极应对则具有负向预测作用，不利于心理韧性的发展。有研究发现，地震灾区个体的应对方式与心理弹性显著相关，且积极应对能正向预测心理弹性，积极的应对方式和社会支持都是心理韧性的保护性因素①②。这与本研究结果是一致的。上述结果表明，研究假设 3、假设 4 是成立的。

（六）羌文化认同、中华文化认同、心理韧性与相关因素的关系模型探索

为进一步验证羌文化、中华文化认同、大五人格、精神信仰、领悟社会支持、幸福感和应对方式对心理韧性的预测作用，我们建构了三个竞争模型，结合理论构想，模型 M3 的拟合度最好。具体而言，虽然羌文化认同对人格、应对方式、幸福感的直接预测作用不显著，但羌文化认同与中华文化认同共同通过人格对心理韧性产生正向预测作用最大（间接效应为 0.727）。有研究者将认知、情感、人格和能力作为心理韧性的内部保护性因素，并将中国儒家、道家文化中的心理弹性思想，用以建构青少年核心心理弹性结构③。在模型 M3 中中华文化认同对人格的直接效应也很显著（直接效应为 0.308），这表明羌族人的人格特征受中华文化的影响较大，中华文化价值与人格的外倾性、宜人性和责任感相关最高。羌文化认同对幸福感的直接预测作用不显著，与中华文化认同通过幸福感作用与心理韧性的间接效应也不显著；但中华文化认同对幸福感的直接预测作用显著（直接效应为 0.21），中华文化认同中的文化符号认同与幸福感相关最高，表明羌族人对中华文化符号的认知，有助于他们融入主流文化社会的工作、学习和生活，这与郑雪、刘显翠等人的研究结果一致。同时，羌文化认同对应对方式的预测作用不显著，中华文化认同对应对方式的预测作用显著（直接效应为 -0.15），中华文化价值与积极应对（直接效应为

---

① 参见董镕《地震灾区初中生心理弹性的团体音乐辅导》，硕士学位论文，华东师范大学，2012 年，第 27 页。

② 参见刘军、李雨辰、张希《汶川地震灾区中学生心理弹性及其影响因素分析》，《中国卫生事业管理》2012 年第 10 期。

③ 参见胡寒春《青少年核心心理弹性的结构及特征研究》，博士学位论文，湘雅三医院，2009 年，第 80 页。

-0.12)、混合型应对和消极应对方式的相关程度均高于羌文化认同，因而中华文化价值对于羌族人心理行为的影响具有矛盾性，一方面中华文化的表征和价值观念有助于羌人在面临困境时采用积极的求助和问题解决，但另一方面，羌文化、汉文化两种不同的行为规范、习俗和价值观念的差异可能给羌族人文化适应过程带来心理压力，产生焦虑、压抑、边缘感、疏远感及一些明显的身心疾病症状及认同混乱等[①]。但羌文化认同、中华文化认同通过应对方式对心理韧性产生显著的预测效应（间接效应为0.26）表明，羌文化价值与文化身份的认同有助于羌族人在灾后采取更为积极的问题应对方式，进而有助于增进心理健康水平。

研究者认为，少数民族的精神信仰具有显著的跨文化特色[②]。本研究中羌文化认同与中华文化认同对精神信仰均有直接预测作用（直接效应分别为0.32和0.20），并且二者通过精神信仰对个体心理韧性产生显著的间接预测作用（间接效应为0.50），特别是社会信仰对坚韧、力量和乐观均存在显著的预测力，这与宋兴川关于大学生精神信仰与心理健康的研究结果一致。葛艳丽的研究也证实了震后羌族心理韧性与其宗教信仰有关[③]。羌族人的超自然信仰对心理韧性的乐观因素具有显著的预测力，这正是羌族文化的独特力量所在。如羌人对"白石"的崇敬，家家户户都会在屋顶的勒色上供奉白石，"白石"不仅是天神的象征，保佑族人远离灾难、永世平安昌盛，并且在羌人"尚白恶黑"的传统习俗中，白色更象征善良与正义。这些自然信仰与崇拜遂成为羌人精神动力和支柱。Berry认为同化与文化适应压力有显著的负相关[④]；而主流文化认同与文化孤立感、文化分离感、不和谐感和被控制感存在着显著的负相关，而对主流文化社会的认同与适应有利于个体心理健康水平的提升[⑤]，这与本研究结

---

① Williams, C. L., & Berry, J. W. "Primary Prevention of Acculturative stress among refugees: Application of psychological theory and practice". *American Psychologist*, No. 46, 1991, pp. 632–641.

② 参见宋兴川、乐国安《藏族大学生精神信仰现状研究》，《青海师范大学学报》（哲学社会科学版）2009年第2期。

③ 参见葛艳丽《影响羌族震后心理复原力的文化因素研究》，硕士学位论文，四川师范大学，2010年，第31页。

④ Berry, J. W. "Immigration, acculturation, and adaptation". *Applied Psychology: An International Review*, Vol. 46, No. 1, 1997, pp. 5–34.

⑤ 参见白晓丽、姜永志《和谐社会视域下蒙古族大学生民族认同与文化适应研究》，《民族高等教育研究》2013年第3期。

果一致。基于上述研究结果，再次验证本研究假设 4 是成立的。此外，可能由于模型中变量间效应的削减，使得领悟社会支持在模型中不具备显著预测效应，为使模型更简洁有效而删除该变量，最终建立羌文化认同、中华文化认同、人格、精神信仰、应对方式和幸福感六因素对心理韧性的预测模型（图 6-1），以此说明羌族人的文化认同及相关因素对个体心理韧性的作用路径。

本章小结

本部分研究分为两个部分，首先探讨羌族人心理韧性的特点；其次对不同羌文化认同和中华文化认同者心理韧性的影响因素及关系进行研究，并据此提出了四个研究假设。

假设 1：羌族人不同文化认同者心理韧性的差异显著。已有关于文化认同的态度模型为我们提供了理论支持[1][2]，本研究根据羌族人在羌文化认同和中华文化认同问卷上的得分情况进行高低分组，分为双高组、双低组、高羌低中组、高中低羌组；四类文化认同类型者心理韧性差异显著，同时，羌族人是否独生子女、职业、文化程度、汉族朋友数量等因素也会对羌族人的心理韧性造成影响。假设 1 成立。

假设 2：对羌文化和中华文化持整合认同态度者（双高组），心理韧性最好；持边缘化认同态度者（双低组），心理韧性则最差。Phinney 等的研究证明了对民族文化和主流文化都持有积极认同态度，能预示该个体具有积极的心理水平。羌文化、中华文化认同双高组（整合）人数最多，心理韧性得分显著高于其他组；而高中低羌组（同化）次之，高羌低中组（分离）更次之，双低组（边缘化）心理韧性最差。假设 2 成立。

假设 3：羌族人的文化认同、大五人格、精神信仰、领悟社会支持、应对方式和幸福感与心理韧性显著相关。通过羌文化认同、中华文化认同、大五人格和心理韧性的相关分析发现：羌文化身份认同与外倾性相关最高，羌文化价值与乐观相关最高，中华文化价值分别与责任感、乐观相

---

① Birman, D. "Biculturalism and ethnic identity: An integrated model." *Notes from the Society for the Psychological Study of Ethnic Minority Issues*, Vol. 8, No. 1, 1994, pp. 9 – 11.

② Phinney, J. S. "The multi-group ethnic identity measure: A new scale for use with diverse groups". *Journal of Adolescent Research*, Vol. 7, No. 2, 1992, pp. 156 – 176.

关最高，责任感与乐观相关最高。羌文化与中华文化认同、精神信仰与心理韧性相关分析发现：羌文化身份认同、中华文化价值认同与社会信仰相关最高，社会信仰与乐观相关最高。羌中华文化认同、领悟社会支持与心理韧性相关分析发现：羌文化身份认同与朋友支持相关最高，中华文化价值与家庭支持相关最高，家庭支持与坚韧相关最高。羌文化、中华文化认同、应对方式与心理韧性的相关分析发现：中华文化价值与积极应对、混合型应对和消极应对的相关程度最高，积极应对方式与心理韧性各维度的相关最高。羌文化认同、中华文化认同、幸福感与心理韧性的相关分析发现：羌文化身份认同与松弛/紧张相关最高，中华文化符号认同与忧郁/愉快心境相关最高，忧郁/愉快的心境与坚韧相关最高。同时，不同羌文化、中华文化认同者在人格、精神信仰、应对方式和幸福感因素上高低得分各不同。假设 3 成立。

假设 4：羌文化认同、中华文化认同、大五人格、精神信仰、领悟社会支持、应对方式和幸福感对心理韧性有显著的预测作用。进一步建立关系模型，发现由于变量间效应的相互作用，可能使社会支持在模型中不具备显著的预测效应，故删除该变量。模型 M3 中，羌文化、中华文化认同通过大五人格对心理韧性产生显著的间接预测作用最强，精神信仰的间接预测效应次之；应对方式的间接预测效应更次之。假设 4 成立。

第七章 不同文化认同者心理韧性的 投射测验研究

一 研究目的

投射测验（projective tests）主要通过被试对结构不明确、模糊不清的刺激反应，来推断和分析被试的人格特点及心理活动。绘画测验作为投射测验的一种，它几乎不受文字表达的限制，测验目的不易暴露，可以更真实地反映出被试潜在的心理状态，有利于收集真实信息，即便多次使用也不会影响诊断的准确性[①]。房树人测试（The House-Tree-Person Test，以下简称 HTP；Buck，1948），是运用广泛的绘画测验之一。HTP 不仅具有人格评估和心理障碍评估的功能，还可以有效地促进心理治疗[②]。研究对象从最初的精神病患者到正常大学生被试，关注情绪障碍、生理障碍、留守儿童和青少年，以及有创伤经历的儿童和成年人。HTP 测验能有效地避免被试对社会赞许、默认、中庸、回避等反应倾向。基于此，为探讨不同羌文化和中华文化认同者在 HTP 测验中的反应特征及与心理韧性的关系，结合第六章羌族人心理韧性特点的调研结果，本部分研究假设如下。

（1）不同羌文化、中华文化认同者在 HTP 测验中存在显著差异。

（2）HTP 绘画特征与心理韧性显著相关。

二 研究方法

（一）研究对象

以随机抽样的方法在阿坝藏羌自治州茂县光明乡、飞虹乡抽取羌族人

---

① Hammer, E. F. The Clinical Application of Projective Drawings. Charles Thomas Publisher. 1970.

② Shahid, M. "A case study of acute stress reaction: Intra-familial conflicts." *Pakistan Journal of Social and Clinical Psychology*, Vol. 7, No. 1, 2009, pp. 65 – 70.

90 名进行问卷测试，获得有效数据 82 份；根据羌文化、中华文化认同问卷结果并进行高低分组，抽取羌文化和中华文化认同双高者（下称"双高组"），羌文化和中华文化认同双低者（下称"双低组"）各 22 人，年龄从 18 岁至 49 岁，平均年龄为 28.98 岁。

（二）研究方法和工具

采用自编羌文化和中华文化认同问卷、CD-RISC 量表（中文版）对 90 名羌族人进行问卷测试，施测方法同第五章；根据问卷测试结果对被试分组，选取双高组和双低组进行 HTP 投射测验：根据指导语的要求，受测者采用统一的测验工具进行房—树—人（HTP）绘画，整个过程需要 40—50 分钟，完成后回收绘画作品进行分析。

测验工具：HB 铅笔，橡皮，A4 白纸三张

测验指导语：

请你根据要求进行绘画。

首先，请把纸横放，然后在上面画一座房子。你想画什么样的房子都可以，请尽你所能地把它画好，作画过程中可以用橡皮进行涂改，我们对绘画的时间没有限制。（当被试完成房屋绘画后，发放第二张纸）

现在，请把纸竖放，然后在上面画一棵树，你画什么样的树都可以，请尽你所能把树画好，绘画过程中可以使用橡皮进行涂改，我们对绘画时间没有限制。（当被试完成树木绘画后，发放第三张纸）

现在，请把纸竖放，在纸上画一个人，你画什么样的人都可以，请尽你所能把人画好，绘画过程中可以使用橡皮进行涂改，我们对绘画时间没有限制。

注意事项：

①在绘画过程中，如果被试觉得自己画得不好，测试员会告知：我们关注的是你如何进行绘画的，并不是考察你的绘画水平。

②如果被试提出使用辅助工具来完成绘画，测试员会告知：这些画需要你徒手完成。

③绘画顺序严格按照：房屋—树木—人物的顺序。

④除了以上指导语，测试员不对被试做任何提示，也不对绘画做任何评价。

（三）计分和统计方法

1. HTP 测验计分方法

在已有相关研究的基础上[1][2][3]，本研究制定出 91 项绘画特征作为本次测验的分析项目（附录 13），包括对房屋、树木和人物的细部刻画、线条特征、比例等，并制定操作定义。计分时按照符合该分析项目操作性定义的计 1 分，不符合的计 0 分，计分过程借助量尺。

2. 统计分析

采用 SPSS 18.0 软件建立数据库并进行数据的统计分析。独立样本 T 检验用于双高组和双低组心理韧性得分比较；采用卡方检验，比较两组被试在各绘画特征上符合与否；采用点二列相关进行各绘画特征与心理韧性得分的相关性检验。

第一节 羌族人 HTP 绘画测验的结果

一 双高组、双低组心理韧性状况比较

本部分调查共发放问卷 90 份，获得有效问卷 82 份，有效回收率为 91.1%；双高组和双低组各 22 人，两组被试的文化程度均在小学至大学之间，且在性别（$X^2 = 2.316$，$p = 0.128$）和文化程度（$X^2 = 1.100$，$p = 0.294$）上，均无统计学差异，具有可比性。双低组的心理韧性（坚韧、力量、乐观）得分均显著低于双高组（$p < 0.001$），见表 7-1。

表 7-1 　　　　双低组、双高组心理韧性得分比较 （$M \pm SD$）

	双低组 （$n = 22$）	双高组 （$n = 22$）	t	P
坚韧	25.68 ± 2.77	33.91 ± 3.31	-8.948***	0.000
力量	32.82 ± 3.66	37.77 ± 3.95	-4.315***	0.000
乐观	22.95 ± 2.36	27.59 ± 2.36	-6.511***	0.000

---

① 参见陈侃《绘画心理测验与心理分析》，广东高等教育出版社 2008 年版，第 35、50 页。
② 参见严文华《心理画外音》（修订版），锦绣文章出版社 2011 年版，第 170—183 页。
③ 参见［日］吉沅洪《树木——人格投射测试》，重庆出版社 2007 年版，第 22 页。

二　双低组与双高组 HTP 测验结果

(一) 房屋绘画情况

1. 屋顶

没有画出房屋屋顶的双低组中有 3 幅 (13.6%) 而双高组没有；画出一片片瓦的在双低组中有 2 幅 (9.1%)，双高组中有 5 幅 (22.7%)；屋顶完全空白，无任何修饰的在双低组中有 12 幅 (54.5%)，双高组中有 2 幅 (9.1%)；对屋顶用网线、线条、点等修饰的在双低组中有 6 幅 (27.3%)，双高组中有 16 幅 (72.7%)；画有烟囱并冒烟的在双低组中有 2 幅 (9.1%)，双高组中有 15 幅 (68.2%)；房屋在两层或以上的双低组有 2 幅 (9.1%)，双高组中有 8 幅 (36.4%)。双低组、双高组在屋顶是否描绘、烟囱冒烟、房屋层数等绘画特征上具有统计学差异 ($p < 0.05$)，见表 7 - 2。

表 7 - 2　　　　　　　　双低组与双高组屋顶组间比较

组别	C3 屋顶完全空白，无任何修饰		X^2	p
	是	否		
双低组　n (%)	12 (54.5)	10 (45.5)	10.476	0.001
双高组　n (%)	2 (9.1)	20 (90.9)		

组别	C4 屋顶用网线、线条、点等修饰		X^2	p
	是	否		
双低组　n (%)	6 (27.3)	16 (72.7)	9.091	0.003
双高组　n (%)	16 (72.7)	6 (27.3)		

组别	C5 画有烟囱并冒烟		X^2	p
	是	否		
双低组　n (%)	2 (9.1)	20 (90.9)	16.200	0.000
双高组　n (%)	15 (68.2)	7 (31.8)		

组别	C7 房屋两层或以上		X^2	p
	是	否		
双低组　n (%)	2 (9.1)	20 (90.9)	4.659	0.031
双高组　n (%)	8 (36.4)	14 (63.6)		

2. 门窗

房屋没有任何窗户的在双低组中有 3 幅（13.6%）而双高组没有；没有画门的在双低组中有 4 幅（18.2%），双高组中有 1 幅（4.5%）；有窗户在双低组中有 20 幅（90.9%），双高组全有；在有门的绘画中，门开着的双低组中有 2 幅（9.1%），双高组中有 9 幅（40.9%）；门前有道路通向外界的，在双低组中有 4 幅（18.2%），双高组中有 20 幅（90.9%）；对路做了进一步描绘的在双低组有 3 幅（13.6%），双高组有 9 幅（40.9%）；两组研究对象在画门，门开着、门前有路通向外界和对路做了进一步描绘等特征上有统计学差异（$p < 0.05$），见表 7 - 3。

表 7 - 3　　　　　　　　　　**双低组与双高组门窗组间比较**

组别	C11 画门，门开着		X^2	p
	是	否		
双低组 n（%）	2（9.1）	20（90.9）	5.939	0.015
双高组 n（%）	9（40.9）	13（59.1）		
组别	C14 门前有路通向外界		X^2	p
	是	否		
双低组 n（%）	4（18.2）	18（81.8）	23.467	0.000
双高组 n（%）	20（90.9）	2（9.1）		
组别	C15 对路做了进一步描绘		X^2	p
	是	否		
双低组 n（%）	3（13.6）	19（86.4）	4.125	0.042
双高组 n（%）	9（40.9）	13（59.1）		

3. 墙壁和线条

墙壁空白无任何修饰的在双低组中有 22 幅（100%）双高组中有 20 幅（90.9%）；墙壁线条十分轻淡或断续不连贯、明显弯曲的在双低组中有 7 幅（31.8%）而双高组中没有；两组研究对象在墙壁线条十分轻淡或断续不连贯特征上有统计学差异（$p < 0.05$），见表 7 - 4。

表 7 - 4　　　　　　　　　双低组与双高组墙壁组间比较

| 组别 | C18 墙壁线条十分轻淡或断续不连贯、明显弯曲 | | X^2 | p |
	是	否		
双低组 n（%）	7（31.8）	15（68.2）	8.324	0.004
双高组 n（%）	0（0）	22（100.0）		

4. 房屋整体情况

画中房屋面积很小（小于或等于纸张面积的 1/5）的在双低组中有 6 幅（27.3%）而双高组中没有；房屋变形或歪曲的在双低组中有 7 幅（31.8%）而双高组中没有；房屋偏左的在双低组中有 6 幅（27.3%），在双高组中有 4 幅（18.2%）；两组研究对象在房屋面积很小、房屋歪曲或变形等特征上有统计学差异（$p < 0.05$），见表 7 - 5。

表 7 - 5　　　　　双低组与双高组房屋整体情况组间比较

| 组别 | C19 房屋面积很小 | | X^2 | p |
	是	否		
双低组 n（%）	6（27.3）	16（72.7）	6.947	0.008
双高组 n（%）	0（0）	22（100.0）		
组别	C20 房屋歪曲或变形		X^2	p
	是	否		
双低组 n（%）	7（31.8）	15（68.2）	8.324	0.004
双高组 n（%）	0（0）	22（100.0）		

（二）树木绘画情况

1. 树根

没有树根的在双低组中有 6 幅（27.3%），在双高组中有 2 幅（9.1%）；须状树根在双低组中有 9 幅（40.9%），在双高组中有 2 幅（9.1%）；没有地平线的在双低组中有 9 幅（40.9%）而双高组中没有；树根没有任何修饰的在双低组中有 22 幅（100.0%），在双高组中有 19 幅（86.4%）；大地是透明的，能看见地下树根的在双低组中有 9 幅（40.9%），在双高组中有 2 幅（9.1%）；两组研究对象在须状树根、没有地平线、大地是透明的，能看见地下树根等特征上有统计学差异（$p <$

0.05），见表 7 - 6。

表 7 - 6 　　　　　　　　双低组与双高组树根组间比较

组别	C25 须状树根		X^2	p
	是	否		
双低组 n（％）	9（40.9）	13（59.1）	5.939	0.015
双高组 n（％）	2（9.1）	20（90.9）		
组别	C26 没有地平线		X^2	p
	是	否		
双低组 n（％）	9（40.9）	13（59.1）	11.314	0.001
双高组 n（％）	0（0）	22（100.0）		
组别	C28 大地是透明的，能看见地下树根		X^2	p
	是	否		
双低组 n（％）	9（40.9）	13（59.1）	5.939	0.015
双高组 n（％）	2（9.1）	20（90.9）		

2. 树干

树干空白的在双低组中有 9 幅（40.9％），在双高组中有 6 幅（27.3％）；对树干有适度描绘的在双低组中有 4 幅（18.2％），在双高组中有 11 幅（50％）；树干顶端闭合的在双低组中有 8 幅（36.4％），双高组中有 4 幅（18.2％）；树干是一条单一的线条在双低组中有 3 幅（13.6％）而双高组没有；树干有疤痕的在双高双低组中各占 4 幅（18.2％）；树干主线条反复描绘的在双低组中有 1 幅（4.5％）而双高组中没有；用杂乱线条组成的树干在双低组和双高组中各有 1 幅（4.5％）；两组研究对象在树干适度描述特征上有统计学差异（$p < 0.05$），见表 7 - 7。

表 7 - 7 　　　　　　　　双低组与双高组树干组间比较

组别	C30 对树干适度描绘		X^2	p
	是	否		
双低组 n（％）	4（18.2）	18（81.8）	4.956	0.026
双高组 n（％）	11（50.0）	11（50.0）		

3. 树冠枝叶

树上有果实或花朵的在双低组中有 1 幅（4.5%），在双高组中有 8 幅（36.4%）；树冠区空白的在双低组中有 14 幅（63.6%），在双高组中有 9 幅（40.9%）；树冠区做了适度描绘的在双低组中有 4 幅（18.2%），在双高组中有 13 幅（59.1%）；树冠区过度描绘或涂黑的在双低组中有 5 幅（22.7%）而双高组中没有；树干全为干枝的在双低组有 1 幅（4.5%）而在双高组中没有；刺状树枝或树上有刺的在双低组有 1 幅（4.5%）而在双高组中没有；两组研究对象在树上有果实或花朵、树冠适度或过度描绘的等特征上有统计学差异（$p < 0.05$），见表 7-8。

表 7-8　　　　　　　　双低组与双高组树冠枝叶组间比较

组别	C42 树上有果实或花朵		X^2	p
	是	否		
双低组 n（%）	1（4.5）	21（95.5）	6.844	0.009
双高组 n（%）	8（36.4）	14（63.6）		
组别	C44 树冠区做了适度描绘		X^2	p
	是	否		
双低组 n（%）	4（18.2）	18（81.8）	7.765	0.005
双高组 n（%）	13（59.1）	9（40.9）		
组别	C45 树冠区过度描绘或涂黑		X^2	p
	是	否		
双低组 n（%）	5（22.7）	17（77.3）	5.641	0.018
双高组 n（%）	0（0）	22（100.0）		

4. 树的整体形态

树画得像一棵草或一株花的在双低组中有 4 幅（18.2%），在双高组中有 1 幅（4.5%）；树下有花草的在双低组中没有，在双高组中有 3 幅（13.6%）；两组研究对象在上述特征上无统计学差异。

（三）人物绘画情况

1. 五官和毛发

在人物躯体的描绘中，双低组有 8 幅（36.4%）表现出大头，而双高组中没有；没有画出头发的双低组中有 5 幅（22.7%）而双高组中没有；乱线条画出头发的双低组中有 7 幅（31.8%），双高组中有 3 幅（13.6%）；刺状头发的在双低组中有 1 幅（4.5%）而双高组中没有；头发一根根画出的在双低组中有 7 幅（31.8%），双高组中有 5 幅（22.7%）；眼睛为空白圆圈状或无眼珠和瞳孔的在双低组中有 6 幅（27.3%），在双高组中没有；没有画眉毛的在双低组中有 2 幅（9.1%），在双高组中没有；画出一根根睫毛的在双低组中有 2 幅（9.1%），在双高组中有 5 幅（22.7%）；嘴巴为张开圆圈状的在双低组中有 3 幅（13.6%），在双高组中没有；嘴巴为一条线的在双低组中有 10 幅（45.5%），在双高组中有 4 幅（18.2%）；没有画耳朵的在双低组中有 8 幅（36.4%），在双高组中有 7 幅（31.8%）；表情是快乐的在双低组中有 7 幅（31.8%），在双高组中有 16 幅（72.7%）；表情是不快乐的在双低组中有 7 幅（31.8%），在双高组中有 2 幅（9.1%）；表情木讷的在双低组中有 4 幅（18.2%），双高组中有 3 幅（13.6%）；两组研究对象在大头、没有头发、空白圆圈状眼睛、表情是快乐的等特征上有统计学差异（$p < 0.05$），见表 7 - 9。

表 7 - 9　　　　　　　　　双低组与双高组五官毛发组间比较

组别	C56 大头		X^2	p
	是	否		
双低组 n（%）	8（36.4）	14（63.6）	9.778	0.002
双高组 n（%）	0（0）	22（100.0）		

组别	C57 没有画出头发		X^2	p
	是	否		
双低组 n（%）	5（22.7）	17（77.3）	5.641	0.018
双高组 n（%）	0（0）	22（100.0）		

组别	C62 眼睛为空白圆圈状或无眼珠和瞳孔		X^2	p
	是	否		
双低组 n（%）	6（27.3）	16（72.7）	6.947	0.008
双高组 n（%）	0（0）	22（100.0）		

续表

组别	C69 表情是快乐的		X^2	p
	是	否		
双低组 n（%）	7（31.8）	15（68.2）	7.379	0.007
双高组 n（%）	16（72.7）	6（27.3）		

2. 躯干、服饰

在清晰画出的人的躯体绘画中，身体空白的在双低组中有 13 幅（59.1%），在双高组中有 6 幅（27.3%）；没有画脖子的在双低组中有 10 幅（45.5%），在双高组中有 1 幅（4.5%）；对穿着进行适度描绘的在双低组中有 6 幅（27.3%），在双高组中有 15 幅（68.2%）；画出一颗颗纽扣的在双低组有 3 幅（13.6%），在双高组中有 9 幅（40.9%）；两组被试在身体空白、没有画脖子、对穿着进行适度描绘、画出一颗颗纽扣等绘画特征上呈现统计学差异（$p < 0.05$），见表 7 - 10。

表 7 - 10　　　　双低组与双高组躯干服饰组间比较

组别	C73 身体空白		X^2	p
	是	否		
双低组 n（%）	13（59.1）	9（40.9）	4.539	0.033
双高组 n（%）	6（27.3）	16（72.7）		
组别	C74 没有画脖子		X^2	p
	是	否		
双低组 n（%）	10（45.5）	12（54.5）	9.818	0.002
双高组 n（%）	1（4.5）	21（95.5）		
组别	C75 对穿着进行适度描绘		X^2	p
	是	否		
双低组 n（%）	6（27.3）	16（72.7）	7.379	0.007
双高组 n（%）	15（68.2）	7（31.8）		
组别	C87 画出一颗颗纽扣		X^2	p
	是	否		
双低组 n（%）	3（13.6）	19（86.4）	4.125	0.042
双高组 n（%）	9（40.9）	13（59.1）		

3. 四肢

画出一根根手指且手指是尖的在双低组中有 11 幅（50%），在双高组中有 4 幅（18.2%）；单线条画出四肢的在双低组中有 4 幅（18.2%），在双高组中没有；双手紧贴在身体两侧的在双低组中有 2 幅（9.1%），在双高组中有 1 幅（4.5%）；双手放在身后的在双低组中没有，而双高组中有 3 幅（13.6%）；手臂张开伸向左右呈水平状的在双低组中有 4 幅（18.2%），在双高组中没有；没有画脚的在双低组中有 4 幅（18.2%），在双高组中有 1 幅（4.5%）；画出腿但很细（双维）的在双低组中有 9 幅（40.9%），在双高组中有 5 幅（22.7%）；两组研究对象在画出一根根手指且手指是尖的、单线条画出四肢、手臂伸展近乎水平等特征上有统计学差异（$p < 0.05$），见表 7 – 11。

表 7 – 11　　　　　　　　双低组与双高组四肢组间比较

组别	C76 画出一根根手指且手指是尖的		X^2	p
	是	否		
双低组 n（%）	11（50.0）	11（50.0）	4.956	0.026
双高组 n（%）	4（18.2）	18（81.8）		
组别	C77 单线条画出四肢		X^2	p
	是	否		
双低组 n（%）	4（18.2）	18（82.8）	4.400	0.036
双高组 n（%）	0（0）	22（100.0）		
组别	C81 手臂张开伸向左右呈水平状		X^2	p
	是	否		
双低组 n（%）	4（18.2）	18（82.8）	4.400	0.036
双高组 n（%）	0（0）	22（100.0）		

4. 人物整体形态

人很小的在双低组有 5 幅（22.7%），在双高组中有 2 幅（9.1%）；没有刻画出人物的五官或躯体的在双低组中有 4 幅（18.2%），在双高组中有 1 幅（4.5%）；画人的线条轻淡、短促、不连续的在双低组中有 1 幅（4.5%）而双高组中没有；画出人的侧面的在双低组和双高组中各 1 幅（4.5%）；所画人物坐着或躺着的在双低组中有 1 幅（4.5%）而双高组中没有；所画人物变形的在双低组中有 4 幅（18.2%）而在双高组中没有；画出人的侧面的在双低组和双高组中各 1 幅（4.5%）；线条过粗过黑的在双低组中有 1 幅（4.5%）而双高组中没有；两组研究对象在人物变形特征上有统计学差异（$p < 0.05$），见表 7 - 12。

表 7 - 12 　　　　　双低组与双高组人物整体形态组间比较

组别	C90 人物变形		X^2	p
	是	否		
双低组 n（%）	4（18.2）	18（82.8）	4.400	0.036
双高组 n（%）	0（0）	22（100.0）		

三　不同文化认同者 HTP 测验与心理韧性特征的相关分析

（一）双低组 HTP 测验与心理韧性特征的相关分析

双低组 HTP 测验各绘画特征与坚韧得分的相关分析结果显示，绘画特征 C1、C2、C3、C4、C5、C8、C9、C24、C28、C30、C33、C44、C56、C62、C63、C69、C75、C76、C77、C82、C84、C85、C90 与坚韧因子得分显著相关（$p < 0.05$）；除 C2、C4、C5、C9、C30、C44、C69、C75 为正相关外，其余均为负相关（表 7 - 13）。

表 7 - 13 　　　　双低组 HTP 测验各绘画特征与坚韧得分的相关性

绘画特征编号	绘画特征简称	点二列相关系数
C1	没有画出房屋的屋顶	- 0.639 **
C2	画出一片片瓦	0.505 *
C3	屋顶完全空白，无任何修饰	- 0.682 **
C4	屋顶用网线、线条、点等修饰	0.525 *
C5	画有烟囱并冒烟	0.505 *
C8	房屋没有任何窗户	- 0.639 **
C9	房屋有窗户，窗户开着	0.548 **
C24	没有树根	- 0.456 *
C28	大地是透明的，能看到地下树根	- 0.483 *
C30	对树干适度描绘	0.491 *

续表

绘画特征编号	绘画特征简称	点二列相关系数
C33	树干是一条单一的线条	− 0. 443 *
C44	树冠区做了适度描绘	0. 491 *
C56	大头	− 0. 540 **
C62	眼睛为空白圆圈状或无眼珠或瞳孔	− 0. 532 *
C63	没有画眉毛的	− 0. 489 *
C69	表情是快乐的	0. 550 **
C75	对穿着进行适度描绘	0. 601 **
C76	画出一根根手指且手指是尖的	− 0. 521 *
C77	单线条画出四肢	− 0. 468 *
C82	没有画脚	− 0. 555 **
C84	人很小	− 0. 498 *
C85	没有刻画出人的五官或躯体	− 0. 555 **
C90	人物变形	− 0. 555 **

　　双低组 HTP 测验各绘画特征与力量得分的相关分析结果显示，绘画特征 C1、C2、C3、C4、C5、C8、C10、C14、C15、C24、C28、C30、C33、C44、C49、C56、C58、C62、C63、C66、C68、C69、C70、C74、C75、C76、C77、C82、C85、C87、C90 与力量因子得分显著相关（$P <$ 0.05）；除 C2、C4、C5、C14、C15、C30、C44、C69、C75、C87 为正相关外，其余均为负相关（表 7 – 14）。

表 7 – 14　　双低组 HTP 测验各绘画特征与力量得分的相关性

绘画特征编号	绘画特征简称	点二列相关系数
C1	没有画出房屋屋顶	− 0. 498 *
C2	画出一片片瓦	0. 591 *
C3	屋顶完全空白，无任何修饰	− 0. 685 **
C4	屋顶用网线、线条、点等修饰	0. 773 **
C5	画有烟囱并冒烟	0. 591 **
C8	房屋没有任何窗户	− 0. 498 *
C10	没有画门	− 0. 503 *

续表

绘画特征编号	绘画特征简称	点二列相关系数
C14	门前有路通向外界	0.551**
C15	对路做了进一步描绘	0.539**
C24	没有树根	−0.483*
C28	大地是透明的，能看到地下树根	−0.527*
C30	对树干适度描绘	0.683**
C33	树干是一条单一的线条	−0.424*
C44	树冠区做了适度描绘	0.716**
C49	树画得像一棵草或一株花	−0.503*
C56	大头	−0.649**
C58	乱线条画出头发的	−0.457*
C62	眼睛为空白圆圈状或无眼珠或瞳孔	−0.568**
C63	没有画眉毛的	−0.426*
C66	嘴巴为张开圆圈状	−0.498*
C68	没有画耳朵	−0.464*
C69	表情是快乐的	0.744**
C70	表情是不快乐的	−0.457*
C74	没有画脖子	−0.566**
C75	对穿着进行适度描绘	0.716**
C76	画出一根根手指且手指是尖的	−0.763**
C77	单线条画出四肢	−0.569**
C82	没有画脚	−0.569**
C85	没有刻画出人的五官或躯体	−0.569**
C87	画出一颗颗纽扣	0.576**
C90	人物变形	−0.569**

双低组 HTP 测验各绘画特征与乐观得分的相关分析结果显示，绘画特征 C33、C36、C60、C86 与乐观因子得分显著相关（$p < 0.05$）；除 C36、C60 为正相关外，其余均为负相关（表 7 - 15）。

表 7 - 15　　　**双低组 HTP 测验各绘画特征与乐观得分的相关性**

绘画特征编号	绘画特征简称	点二列相关系数
C33	树干是一条单一的线条	- 0. 452 *
C36	树干顶端闭合	0. 425 *
C60	头发一根根画出	0. 437 *
C86	画人的线条轻淡、短促、不连续	- 0. 469 *

（二）双高组 HTP 测验与心理韧性特征的相关分析

双高组 HTP 测验各绘画特征与坚韧得分的相关分析结果显示，绘画特征 C2、C3、C4、C5、C7、C10、C11、C14、C15、C16、C22、C24、C25、C27、C28、C29、C30、C36、C39、C42、C43、C44、C51、C58、C60、C64、C67、C69、C72、C73、C74、C75、C76、C82、C84、C85、C91 与坚韧得分显著相关（$P < 0.05$）；除 C2、C4、C5、C7、C11、C14、C15、C30、C42、C44、C51、C69、C75 为正相关外，其余均为负相关（表 7 - 16）。

表 7 - 16　　　**双高组 HTP 测验各绘画特征与坚韧得分的相关性**

绘画特征编号	绘画特征简称	点二列相关系数
C2	画出一片片瓦	0. 485 *
C3	屋顶完全空白，无任何修饰	- 0. 627 **
C4	屋顶用网线、线条、点等修饰	0. 772 **
C5	烟囱并冒烟	0. 766 **
C7	房屋两层或以上	0. 606 **
C10	没有画门	- 0. 466 *
C11	画门，门开着	0. 710 **
C14	门前有路通向外界	0. 627 **
C15	对路做了进一步描绘	0. 681 **
C16	墙壁空白无任何修饰	- 0. 449 *
C22	房屋偏左	- 0. 461 *
C24	没有树根	- 0. 431 *
C25	须状树根	- 0. 627 **
C27	树根没有任何修饰的	- 0. 503 *

绘画特征编号	绘画特征简称	点二列相关系数
C28	大地是透明的，能看到地下根	−0.529*
C29	树干空白	−0.741**
C30	对树干适度描绘	0.647**
C36	树干顶端闭合	−0.424*
C39	用杂乱线条组成的树干	−0.466*
C42	树上有果实或花朵	0.694**
C43	树冠区空白	−0.806**
C44	树冠区做了适度描绘	0.806**
C51	树下有花草	0.503*
C58	乱线条画出头发的	−0.431*
C60	头发一根根画出	−0.522**
C64	画出一根根睫毛	−0.488*
C67	嘴巴为一条线	−0.461*
C69	表情是快乐的	0.709**
C72	表情木讷	−0.522*
C73	身体空白	−0.455*
C74	没有画脖子	−0.466*
C75	对穿着进行适度描绘	0.653**
C76	画出一根根手指且手指是尖的	−0.643**
C82	没有画脚	−0.561**
C84	人很小，面积小于纸面的1/5	−0.687***
C85	没有刻画出人的五官或躯体，模糊错乱	−0.514**
C91	线条过粗过黑	−0.427**

注：* p<0.05，** p<0.01 双侧，余同。

双高组 HTP 测验各绘画特征与力量得分的相关分析结果显示，绘画特征 C2、C4、C5、C11、C15、C16、C24、C27、C29、C30、C42、C43、C44、C51、C60、C64、C69、C73、C75、C76 与力量得分显著相关（p<0.05）；除 C2、C4、C5、C11、C15、C30、C42、C44、C51、C69、C75 为正相关外，其余均为负相关，见表 7-17。

表 7 - 17　　　**双高组 HTP 测验各绘画特征与力量得分的相关性**

绘画特征编号	绘画特征简称	点二列相关系数
C2	画出一片片瓦	0.566 **
C4	屋顶用网线、线条、点等修饰	0.546 **
C5	画有烟囱并冒烟	0.617 **
C11	画门，门开着	0.720 **
C15	对路做了进一步描绘	0.696 **
C16	墙壁空白无任何修饰	- 0.469 *
C24	没有树根	- 0.514 *
C27	树根没有任何修饰的	- 0.538 **
C29	树干空白	- 0.466 *
C30	对树干适度描绘	0.553 **
C42	树上有果实或花朵	0.656 **
C43	树冠区空白	- 0.717 **
C44	树冠区做了适度描绘	0.717 **
C51	树下有花草	0.538 **
C60	头发一根根画出	- 0.642 **
C64	画出一根根睫毛	- 0.530 *
C69	表情是快乐的	0.625 **
C73	身体空白	- 0.446 *
C75	对穿着进行适度描绘	0.678 **
C76	画出一根根手指且手指是尖的	- 0.552 **

双高组 HTP 测验各绘画特征与乐观得分的相关分析结果显示，绘画特征 C3、C4、C5、C7，C11、C14、C22、C25、C27、C29、C30、C42、C43、C44、C49、C51、C67、C69、C70、C73、C75、C84 与乐观得分显著相关（$p < 0.05$）；除 C4、C5、C7、C11、C14、C30、C42、C44、C51、C69、C75 为正相关外，其余均为负相关，见表 7 - 18。

表 7 - 18　　　**双高组 HTP 测验各绘画特征与乐观得分的相关性**

绘画特征编号	绘画特征简称	点二列相关系数
C3	屋顶完全空白，无任何修饰	- 0.423 *
C4	屋顶用网线、线条、点等修饰	0.554 **

绘画特征编号	绘画特征简称	点二列相关系数
C5	画有烟囱并冒烟	0.597**
C7	房屋两层或以上	0.748**
C11	画门，门开着	0.628**
C14	门前有路通向外界	0.423*
C22	房屋偏左	−0.427*
C25	须状树根	−0.423*
C27	树根没有任何修饰的	−0.529*
C29	树干空白	−0.599**
C30	对树干适度描绘	0.768**
C42	树上有果实或花朵	0.502*
C43	树冠区空白	−0.653**
C44	树冠区做了适度描绘	0.653**
C49	树画得像一棵草或一株花	−0.434*
C51	树下有花草	0.529*
C67	嘴巴为一条线	−0.427*
C69	表情是快乐的	0.466*
C70	表情是不快乐的	−0.423*
C73	身体空白	−0.468*
C75	对穿着进行适度描绘	0.425*
C84	人很小	−0.423*

四　绘画评定的信度和效度

采用评分者一致性检验本绘画评定的信度，$Kappa$ 系数可以有效反映评价的质量和信度；$Kappa$ 系数为 1 表示评价完全一致，0 表示完全不一致。本研究中，两名主试评分结果一致性的 $kappa$ 系数的取值范围为 $[0.64，1]$，表明评定一致性较好，本研究的绘画评定结果具有可以接受的信度；同时，在 C2、C12、C19、C51、C73 等 21 项绘画特征上 $kappa$ 值呈现极显著水平（$p = 0.000$）。

本绘画测验的效度采用效标效度来表示。通过 HTP 绘画特征诊断结果与被试 CD-RISC 量表测试坚韧、力量和乐观的结果求点二列相关，相关系数即效度系数均达到显著水平，具体见讨论部分。

第二节　不同文化认同者 HTP 绘画特征的心理分析

心理韧性作为个体心理的积极特质和一种动态心理过程，对于维护个体心理健康具有十分重要的意义[1][2]。第六章的研究结果验证了不同文化认同的个体心理韧性存在显著差异，在本部分问卷调查中也得到了一致的结果：82 名羌族人文化认同高低分组后，双高组在总体心理韧性及坚韧、力量和乐观各维度上得分均高于双低组，二者呈现极显著差异（表 7 – 1）。已有对汶川地震后幸存者的心理韧性的测查多采用问卷调查的方式，研究者认为，中国人在问卷测验时有着与西方人不同的反应心向，如社会赞许心向、默认心向和中庸心向[3]。绘画作为一种创造性的活动，不仅有利于个体的成长和保持心理健康，同时可以有效地避免上述反应心向，得到受试者更客观、真实的心理特征。房—树—人（HTP）投射测验的文化通用性较好，没有明确的语言暗示和结构限制，引发的反应完全来自被试在成长经历中形成的对房、树、人意象的主观解释和想法，更能够反映出被试真实的人格特质。本部分研究根据陈侃、严文华等人有关绘画投射测验的研究结果，制定出 91 项绘画特征，作为本研究的项目分析标准，包括对房屋、树木和人物的细部刻画、线条特征、比例等。

一　不同羌文化、中华文化认同者 HTP 绘画特征的心理分析

由于受测者的人口学因素可能会对 HTP 测验结果造成影响，我们首先对羌文化、中华文化认同双高组和双低组的 44 名羌族人进行性别、文化程度的卡方检验，发现均未呈现显著差异，两组研究对象可以进行比较分析。

（一）房屋绘画特征的心理分析

房屋在中国文化意象中是亲情与安全的象征，反映受测者与家人、家

---

[1]　Kathleen, T. , & Janyce, D. "Resilience: A historical review of the construct." *Holistic Nursing Practice*, No. 18, 2004, pp. 3 – 10.

[2]　Werner, E. E. "Resilience development." *American Psychological Society*, Vol. 4, No. 3, 1995, pp. 81 – 84.

[3]　参见杨国枢、余安邦《中国人的心理与行为》，桂冠图书公司 1992 年版，第 17—18 页。

庭之间的互动经验①；通过对房屋的描绘，可以反映出作画者对家庭、亲情的情绪情感体验以及态度和看法②。本研究中表 7 - 2 显示，羌文化、中华文化认同双低组与双高组在对屋顶特征 C3、C4、C5、C7 的描绘中存在显著差异：双低组中屋顶完全空白，无任何修饰者占 54.5% 而双高组占 9.1%，屋顶用网线、线条、点等修饰的双低组中占 27.3% 而双高组中占 72.7%；屋顶是幻想世界的象征，对于智力正常的个体，屋顶区域有无适度修饰，代表其对现实生活的安全感和目标感；对屋顶厚重描绘，反映个体努力抑制失控的幻想，这在焦虑症患者中常见③，这说明双低组比双高组暴露更多的焦虑情绪。烟囱冒着烟代表亲情与温暖的感觉，以及亲密的关系；反之则代表内心缺乏亲情、爱和温暖，缺乏亲密关系④：双低组中画有烟囱并冒烟者占 9.1%，而双高组中占 68.2%；画出房屋在两层或以上者双低组占 9.1%，双高组占 36.4%，这说明双高组被试渴望更大的个人空间，无论是生活空间还是心理空间，渴望与他人的沟通和交流；反映双高组在震后心理复原过程中，出现的紧张情绪状态。已有研究证明地震对个体心理造成的创伤会持续较长时间，而灾后负性生活事件，又被称作二次应激源，它属于个体心理健康的危险性因素⑤。震后羌族人面临房屋重建、子女教育、农业生产恢复等问题、生态环境变化及次生地质灾害发生等生活事件，无论是双低组还是双高组个体都会出现不同程度的紧张、担忧和焦虑情绪，这些不良情绪在他们的绘画作品中得到不同程度的体现。

门窗代表与外界联系的途径，反映个体与环境的联系以及个体对外界的开放程度。表 7 - 3 显示，双低组与双高组在 C11、C14、C15 的描绘中存在显著差异：画门，门开着的在双低组中占 9.1% 而在双高组中占 40.9%；房屋门开着，象征个体渴望与外界交流，得到他人温暖的情感表现，双高组比双低组表现出更多的自信，更强烈的与外界沟通和自我发展

---

① 参见陈侃《绘画心理测验与心理分析》，广东高等教育出版社 2008 年版，第 5 页。

② 参见严文华《心理画外音》（修订版），锦绣文章出版社 2011 年版，第 177 页。

③ Oster, G., & Gould, P. *Using drawings in assessment and therapy.* New York：Brunner/Mazel. 1987, pp. 275 - 294.

④ Buck, J. N. The HTP test. *Journal of Clinical Psychology*, Vol. 4, No. 2, 1948, pp. 151 - 159.

⑤ Norris, F. H., Friedman, M. J., Watson, P. J., Byrne, C. M., Diaz, E., & Kaniasty, K. 60000 disaster victims speak：Part I. *An empirical review of the empirical literature*, 1981 - 2001. Psychiatry, Vol. 65, No. 3, 2002, pp. 207 - 239.

的需要。C14 和 C15 两项特征上：门前有路通向外界在双低组中占18.2% 而在双高组中占 90.9%；对路做了进一步描述的在双低组中占13.6% 而在双高组中占 40.9%。三项绘画特征上的差异表明，双低组相对于双高组在人际交往中更容易出现心理冲突，焦虑或抑郁的情绪体验，这可能与双低组对各种社会支持的利用度较低有关，个体在高应激状态下，如果缺乏社会支持和良好的应对方式，则心理损害的危险度为普通人群危险度的 2 倍以上[1]。

墙壁代表人格的力量，象征着自我并与自我功能的强度直接相关[2]。表 7 - 4 显示，C18 墙壁线条十分轻淡或断续不连贯、明显弯曲在双低组中占 31.8% 而在双高组中没有，这反映了双低组可能存在消极悲观的情绪和态度，情绪控制力较低以及消极的防御方式，这与已有研究一致[3]。

从房屋总体特征看（表 7 - 5），双低组与双高组在房屋特征 C19、C20 的描绘中存在显著差异：房屋面积很小（小于等于纸张面积的 1/5）的在双低组中占 27.3% 而在双高组中没有；房屋歪曲或变形的在双低组中占 31.8% 而在双高组中也没有。Buck 研究发现，图画大小与自信心有显著相关[4]；房屋倾斜、变形与强迫和精神病性等不良心身症状相关，垮掉的房屋象征心理能量微弱、无力支撑自我；而房屋面积的大小与家在心目中的地位相关。对玉树地震幸存者研究发现，经历地震的藏族大学生的房屋描绘主要为地震前自己的家、地震后的危房和帐篷、板房等[5]；同时，画中打开门的家、灾后重建有民族特色的学校，又反映出这些学生虽面临痛失家园的痛苦，但对于未来仍抱有美好的希望。在 5·12 地震中大约 1/10 的羌族人（约 3 万人）在地震中失踪或遇难，伤亡程度远远高于玉树地震。地震给羌族人民带来的不仅仅是家园的坍塌、财物的损失，更

---

① Andrews, G. Life event stress, social support, coping style, and risk of psychological impairment. *Journal Nervous Mental Dissection*, No. 166, 1978, pp. 307 – 316.

② Ericsson, K., Winblad, B., & Nilsson, L. Human-figure drawing and memory functioning across the adult life span. *Archives of Gerontology and Geriatrics*, No. 32, 2001, pp. 151 – 166.

③ 参见邱鸿钟、吴东梅《抑郁症患者明尼苏达多项人格测验与房树人绘画特征的相关性研究》,《中国健康心理学杂志》2010 年第 11 期。

④ Buck, J. N. The quality of the quantity of the HTP. *Journal of Clinical Psychology*, Vol. 7, No. 4, 1951, pp. 352 – 356.

⑤ 参见刘桂兰、马林山、宋志强《绘画心理投射测验对玉树灾后学生心理状态评估与治疗作用的探讨》,《青海医药杂志》2012 年第 3 期。

多的是亲人的逝去带来的难以磨灭的心灵创伤，使得部分羌民不愿意回忆和面对与"家""亲人"有关的信息，在灾后特殊时期内，"家"给他们带来的不是温暖和力量，而是痛苦的回忆，这些情绪就在以上对房子的描绘特征中投射出来。

（二）树木绘画特征的心理分析

Hammer 认为，树木画中较少有暴露自我的担心、少有自我防卫的必要，因此较之人物画，树木画更容易投射出对存在深层的情感[①]。另外对于被试而言，树木画感觉是更加中立而无威胁的主题，能够自发地、不受束缚地表现自我。尤其对于经历过重大创伤性事件的个体，树木意象还可有效地检测病理性创伤反应。研究发现，5·12震后一年对灾区儿童树木绘画测试分析发现，灾区儿童在画中反映出的创伤性标识（树干伤疤、树木表面污迹、树木被毁坏等）显著多于非灾区儿童[②]，树木意象能有效反映灾后心理状态。树根是与土壤相接的部位，通过树根吸收水分、养料以维持树的生长，因而树根代表着与现实世界的关系。本研究中（表7-6）绘画特征 C25、C26 和 C28 上两组呈现显著差异：须状树根在双低组中占 40.9% 而在双高组中占 9.1%；没有地平线的在双低组中占 40.9% 而在双高组中没有；大地是透明的，能看见地下树根的在双低组中占 40.9% 而在双高组中占 9.1%。须状树根代表过分关注自己对现实的把握程度，而没有地平线和大地透明能看见地下树根反映出回避、脱离现实，缺乏与外界良好的接触和交流，更多地关注自身内部。这与须状树根的象征产生矛盾，反映出双低组相对于双高组在面临灾后生活中的压力时产生现实与自我观念之间的冲突，而 PTSD 症状与负性生活事件之间的关系提示，震后有较高 PTSD 症状的个体在心理复原的过程中，可能存在一定的恶性循环效应[③]。

树干象征力量，与个人成长、能力的自我评价和自我形象有关[④][⑤]。

---

① Hammer, E. F. The Clinical Application of Projective Drawings. *Charles Thomas Publisher.* 1970, pp. 483 – 489.

② 参见王萍萍、许燕、王其峰《汶川地震灾区与非灾区儿童动态房树人测验结果比较》，《中国临床心理学杂志》2010 年第 6 期。

③ 参见范方、柳武妹、郑裕鸿、崔苗苗《震后 6 个月都江堰地区青少年心理问题及影响因素》，《中国临床心理学杂志》2010 年第 1 期。

④ 参见严文华《心理画外音》（修订版），锦绣文章出版社 2011 年版，第 118 页。

⑤ 参见陈侃《神经症的绘画心理诊断研究》，硕士学位论文，华南师范大学，2002 年，第 13 页。

本研究中（表7-7）两组研究对象在C30树干适度描绘双低组中占18.2%而在双高组中占50%，说明双高组相对双低组而言虽然面临压力事件和心理冲突，更倾向积极的自我评价，对未来生活抱有憧憬和愿望。这种差异或因受到文化因素的影响，不同的文化环境和特点决定了个体所获得的社会支持类型和程度[①]。

　　树枝和树冠反映与环境的关系，并传递着成长的信息。严文华研究认为，树枝的象征意义类似人的手臂，它反映个体主动与环境接触的方式、与他人的联系以及个体获得的成就。本研究中绘画特征C47树干全为干枝、C48刺状树枝或树上有刺仅在双低组中出现。树冠区域空白反映着被试心理能量水平和自信心不足，树除了象征躯体，还象征个体潜意识的自我，空白树冠与被试躯体无力感或自我无力感有关。刺状、尖状树枝及三角形树冠反映出被试内心的不满、敌意和攻击性[②]，这与本研究中部分双低组被试结果一致。对地震灾区中学生的攻击性行为研究发现，个体的攻击性情绪和行为与震后焦虑、抑郁等负性情绪相关，同时地震信息的反复出现也会诱发个体的敌意、攻击性情绪的产生[③]。两组被试在C42、C44和C45绘画特征上差异显著：树上有果实或花朵的在双低组中占4.5%而在双高组中占36.4%；树冠区做了适度描绘的在双低组中占18.2%而在双高组中占59.1%；树冠区过度描绘或涂黑的在双低组中占22.7%而在双高组中没有。果实或花朵一般象征着目标、想法等，代表希望、收获、成就、目标、美好的憧憬和愿望，双高组被试相对于双低组对未来生活更有目标，对灾后生活的重建和恢复充满信心和希望。树冠区域做了适度描绘也体现了这一特点。当个体处于焦虑或抑郁状态时，往往也会不由自主地多次涂画线条，对树冠区域的过度描绘、涂黑常与现实生活及自我相关的悲观苦闷情绪相联系。双低组被试相对于双高组而言对灾难的认知和评价更消极，面临压力事件时所采取的应对方式也不同。

　　（三）人物绘画特征的心理分析

　　人物画反映被试的自我形象以及与人相处的情形，可以投射出个体对

---

① 参见张倩、郑涌《创伤后成长：5·12地震创伤新视角》，《心理科学进展》2009年第3期。

② 参见严虎、陈晋东《画树测验在一组青少年抑郁症患者中的应用》，《中国临床心理学杂志》2012年第2期。

③ 参见张婵《地震灾区初中生攻击性的调查与实验研究》，硕士学位论文，华东师范大学，2012年，第29页。

于外貌、身体与自我概念之生理层面与心理层面的感受。如"躯体想象"假设认为个体在画人物时，所画人物是他如何看待自己的外表和性别的认同，而人物画的大小也可以反映出绘画者本人的自我概念[①]。对5·12地震后儿童绘画研究发现，人物画中展现出的人物一般都是他们目前最关心的人物或是印象最深刻的人物[②]。

从五官和毛发的绘画特征看，C59 刺状头发、C63 没有画眉毛、C66 嘴巴为张开圆圈状等绘画特征仅在双低组中出现，这可能反映绘画者烦恼、焦虑、混乱的情绪状态，或对外界的敌意、攻击心理；也可能反映被试希望逃避某些人际交往，回避现实和对环境适应不良，与其创伤心理有关[③]。两组被试在 C56、C57、C62 和 C69 绘画特征上呈现显著差异（表7－9）：绘画中出现大头在双低组中占 36.4% 而在双高组中没有；没有画出头发在双低组中占 22.7% 而在双高组中没有；眼睛为空白圆圈状或无眼珠和瞳孔的在双低组中占 27.3% 而在双高组中没有；表情是快乐的在双低组中占 31.8% 而在双高组中占 72.7%。Machover 认为，人物画中的大头特征对于儿童来说是正常的，也可能出现在知识分子或高学历者对自己的智慧、精神和智力评价中，但也有可能反映出智商偏低；Buck 认为大头是个体对自己身体不满意的反映。本研究双低组中的大头特征是被试对自身现状不满意的表现。没有头发可能与身体状况有关，也反映出被试渴望摆脱现实烦恼的情绪心向。无眼珠反映了被试常常关注自我、封闭、内向以及对外界事物不屑一顾的性格特征[④]；同时，双高组比双低组表露出更多高兴、快乐的情绪。

从躯干、服饰绘画特征看（表7－10），两组被试在 C73、C74、C75、C87 绘画特征上差异显著：身体空白的在双低组中占 59.1% 而在双高组中占 27.3%；没有画脖子的在双低组中占 45.5% 而在双高组中占 4.5%；对穿着进行适度描绘的在双低组中占 27.3% 而在双高组中占 68.2%；画出一

---

　　①　参见童辉杰《投射技术——对适合中国人文化的心理测评技术的探索》，黑龙江人民出版社 2004 年版，第 59—61 页。

　　②　参见李小新《绘画测验：评估灾后儿童的心理状态和人际关系功能的有效工具》，《福建医科大学学报》（社会科学版）2009 年第 10 期。

　　③　Machover, K. Personality projection: in the drawing of a human figure. Springfield, *IL*: *Charles C Thomas Publisher*. 1949, pp. 3 - 32.

　　④　Burns, R. C., & Kaufman, S. H. Action, styles and symbols in Kinetic Family Drawings (K-F-D). *An interpretation Manual*. New York: Brunner/Mazel. 1972.

颗颗纽扣的在双低组中占 13.6% 而在双高组中占 40.9% 。人物身体空白象征被试意识到对躯体的无力感；脖子作为头部与躯干的连接部分，象征着智慧与情绪之间的链接；没有画脖子可能是被试自觉意志无法控制本能冲动或感性情绪的一种补偿表现形式，或是对内部情绪及外部境遇无力、情绪低落的应对方式。对衣着进行适度描绘反映了个体自我重视的程度，双高组被试比双低组更重视自我的积极认知和情绪表达及情感的合理宣泄；羌族人通过参与宗教祭祀、艺体活动等帮助其缓解压力、释放不良情绪。有研究发现，参与宗教活动及采取宗教性应对方式与 PTG 呈正相关[1]，宗教信仰与积极的情感、积极主动的应对方式都对 PTG 有显著的影响[2]。Burns 和 Kaufman 认为，服饰上纽扣的刻画反映出被试人格特征中的依赖性和幼稚性，而这可能作为个体灾后应对压力的一种自发性防御方式。

　　从四肢绘画特征看（表 7 - 11），两组被试在 C76、C77 和 C81 绘画特征上差异显著：画出一根根手指且手指是尖的在双低组中占 50% 而在双高组中占 18.2%；采用单线条画出四肢的在双低组中占 18.2% 而在双高组中没有；手臂张开伸向左右呈水平状的在双低组中占 18.2% 而在双高组中没有。已有研究认为画出的手指是尖的与个体敌意和攻击性有关。在本研究中，震后羌民在面临生活巨变、震后重建的经济压力和自然环境压力等多重压力下，容易产生焦虑、暴躁、愤怒等不良情绪是合情理的；灾后重建虽然有国家、政府的支持和援助，但许多生活中的压力性事件仍需要靠羌民自己理性而积极地解决。双低组出现的单线条画出四肢，则是明显的逃避现实的退化、幼稚心理表现。双臂展开近乎水平方向反映出被试自觉对环境的适应不良，希望通过这种方式来控制外界环境，是一种心理补偿方式。

　　从人物的整体形态上看，C86 画人的线条轻淡、C91 线条过粗过黑等绘画特征仅出现在双低组，这反映出被试作画时较低的心理能量水平或是心理压抑，缺乏自信、胆怯、焦虑、紧张不安和行为上的犹豫不决或无所适从[3]。两组研究对象在绘画特征 C90 上有显著差异（表 7 - 12）：双低

　　[1]　Tedeschi, R. G., & Calhoun, L. G. The posttraumatic growth inventory: Measuring the positive legacy of trauma *Journal of Traumatic Stress*, No. 9, 1996, pp. 455 –471.

　　[2]　Bussell, V. A., & Naus, M. J. A longitudinal investigation of coping and posttraumatic growth in breast cancer survivors. Journal Psychosocial Oncology, Vol. 28, No. 1, 2010, pp. 61 –78.

　　[3]　参见邱鸿钟、吴东梅《抑郁症患者明尼苏达多项人格测验与房树人绘画特征的相关性研究》，《中国健康心理学杂志》2010 年第 11 期。

组出现的人物变形特征反映出震后灾民自我认知与评价的歪曲、对自我价值的怀疑或否定，出现迷茫、空虚的心理状态，进而反映在绘画中的卡通人物、异形人等，这也反映出其对现实困难和逆境的回避心理。

通过对房屋、树木和人物绘画特征的心理分析，双低组被试的绘画特征投射出更多缺乏安全感、紧张、焦虑和情绪特征；在人际关系方面的适应不良和退缩、依赖性；这些不良心理症状是创伤心理的反映。地震虽然已经过去五年，但灾难给个体心理的创伤却是长期难以消除的。双高组也存在不良情绪特征但程度低于双低组，也投射出更多的积极情绪和态度。与此同时，羌文化、中华文化认同双低组与双高组被试在多项绘画特征上存在极显著的差异，因此，本研究假设 1 成立。

二   HTP 测验与心理韧性特征的相关分析

国内已有研究将 HTP 测验运用于地震后儿童、青少年的心理健康测查[1][2][3]。本研究将 HTP 测验用于 5·12 地震后不同文化认同的羌族人心理韧性的相关研究，发现无论双低组、双高组的绘画特征均与坚韧、力量、乐观等心理韧性维度存在显著的相关关系。

在坚韧维度上：双低组（表 7 - 13）中有 23 项绘画特征（占 25.3%）与坚韧因子呈现显著的相关关系；其中 C2、C4、C5、C9、C30、C44、C69、C75 等绘画特征与坚韧呈正相关，其余 15 项绘画特征，如没有画出房屋屋顶、没有树根、大头、没有画脚等特征与坚韧因子则呈负相关。双高组（表 7 - 16）中有 37 项绘画特征（占 40.7%）与坚韧因子呈现显著相关关系；其中 C2、C4、C5、C7、C11、C14、C15、C30、C42、C44、C51、C69、C75 与坚韧因子呈正相关，其余 24 项绘画特征，如屋顶完全空白，无任何修饰；没有画门；树干空白；乱线条画出头发的；嘴巴为一条直线；没有画脖子；表情木讷等与坚韧因子呈负相关。两组被试在 C2 画出一片片瓦，C4 屋顶用网线、线条、点等修饰，C30 对树干适度描绘、

---

① 参见刘桂兰、马林山、宋志强《绘画心理投射测验对玉树灾后学生心理状态评估与治疗作用的探讨》，《青海医药杂志》2012 年第 3 期。

② 参见王萍萍、许燕、王其峰《汶川地震灾区与非灾区儿童动态房树人测验结果比较》，《中国临床心理学杂志》2010 年第 6 期。

③ 参见李小新《绘画测验：评估灾后儿童的心理状态和人际关系功能的有效工具》，《福建医科大学学报》（社会科学版）2009 年第 2 期。

C44 树冠区做了适度描绘，C69 表情是快乐的，C75 对穿着进行适度描绘六项绘画特征上呈现与坚韧因子正相关的一致性。这六项绘画特征表现个体对震后现实生活所持的客观、积极的认知和态度，虽然经历灾难和创伤，但国家、社会、家人、朋友给予的温暖，个体感知到的社会支持增强了其面对逆境的韧劲，对生活充满信心、未来抱有希望。有研究认为，社会支持与创伤后应激症状之间既有支持作用，也可能产生负性作用[1]；但范方等人研究认为，社会支持可以直接或间接地降低灾后继发性负性事件对个体心理的消极影响，降低震后个体心理恢复过程中的恶性循环效应。

　　在力量维度上：双低组（表 7 - 14）中有 31 项绘画特征（占 34.1%）与力量因子呈现显著的相关关系；其中 C2、C4、C5、C14、C15、C30、C44、C69、C75、C87 等绘画特征与力量呈正相关，其余 21 项绘画特征，如没有画出房屋屋顶、房屋没有任何窗户、没有画门、没有树根、树干是条单一的线条、大头、没有画脚等特征与力量因子则呈负相关。双高组（表 7 - 17）中有 20 项绘画特征（占 22.0%）与力量因子呈显著相关关系；其中 C2、C4、C5、C11、C15、C30、C42、C44、C69、C75 为正相关，其余 10 项绘画特征，如墙壁空白无任何修饰、树干空白、头发一根根画出、身体空白、画出一根根手指且手指是尖的等与力量呈显著负相关。两组被试在 C2 画出一片片瓦；C4 屋顶用网线、线条、点等修饰；C5 画有烟囱并冒烟；C15 对路做了进一步描绘；C69 表情是快乐的；C75 对穿着进行适度描绘六项绘画特征上呈现与力量因子正相关的一致性。与在坚韧维度上的表现不同的是，绘画特征"门前有路，并对路有进一步描绘"体现了个体渴望与外界沟通与交流，以及自我发展的需要。有研究认为，个体对自己在地震中的幸运程度的评价也会对创伤后成长有显著影响[2]；具有乐观人格特点的人，在经历创伤事件后会报告更多的创伤后成长[3]，从认知上并不局限于自己所经历的创伤事件和体验，而是关

---

[1]　Kaniasty, K., & Norris, F. H. Longitudinal linkages between perceived social support and post-traumatic stress symptoms: Sequential roles of social causation and social selection. *Journal of Traumatic Stress*, Vol. 21, No. 3, 2008, pp. 274 – 281.

[2]　参见杨寅、钱铭怡、李松蔚《汶川地震受灾民众创伤后成长及其影响因素》，《中国临床心理学杂志》2012 年第 1 期。

[3]　Zoellner, T., Rabe, S., & Karl, A. Posttraumatic growth in accident survivors: Openness and optimism as predictors of its constructive or illusory sides. *Journal of Clinical Psychology*, Vol. 64, No. 3, 2008, pp. 245 – 263.

注自我未来的发展，以一种更为建设性的方式来处理和应对创伤。这也是心理韧性的要义所在——个体在经历重大创伤或应激之后，能够坚韧顽强地成长并获得新生。

在乐观维度上：双低组（表7－15）中有4项绘画特征（占4%）与乐观因子呈显著相关关系；其中C36树干顶端闭合、C60头发一根根画出与乐观因子显著正相关；而C33树干是一条单一的线条、C86画人的线条轻淡、短促、不连续等绘画特征与乐观因子呈显著负相关。双高组（表7－18）中有22项绘画特征（占24.2%）与乐观因子呈显著相关关系；其中C4、C5、C7、C11、C14、C30、C42、C44、C51、C69、C75等11项绘画特征与乐观因子呈显著正相关，如屋顶用网线、线条、点等修饰；画门，门开着；对树干适度描绘；树上有果实或花朵；表情是快乐的；穿着进行适度描绘等；其余11项与乐观因子呈显著负相关，如房屋偏左、树根没有任何修饰的、树画得像一棵草或一株花、人很小等。在乐观上，双低组的相关性明显低于双高组，树干顶端闭合反映心理能量不足，成长中缺乏支持的力量；而对头发的仔细刻画则体现了认真、追求完美的性格特征，这些矛盾的特征体现了被试的心理冲突，也从另一角度反映被试在压力下成长的可能性。双高组中与乐观因子正相关的绘画特征，与在坚韧和力量维度上的正相关相似，如对房屋的描绘特征体现了个体对现实和自我的具有客观的认知和评价，各种主客观社会支持能给予个体温暖的力量，虽然经历了创伤和痛苦，但对自己和未来的生活还是充满希望；对树木的描绘特征体现了个体内心充满能量，对现实生活的目标、希望和愿景；对人物的描绘特征则反映了被试的自我认知[①]，被试对穿着的适度描绘和快乐的表情反映出自我认同与自我和谐。这种认同与和谐有助于个体获得幸福感，而幸福感则是良好心理韧性的重要指标。上述结果表明，无论是双低组还是双高组的绘画特征与坚韧、力量、乐观均存在显著相关，并在部分正相关上呈现一致趋势。因此，本部分研究假设2成立。此外，采用经培训的两位主试的评分一致性信度 $kappa$ 系数进行评定，发现本研究评分者信度处于中上水平；与 CD-RISC 的相关分析也证明了研究的效标效度达到了统计学要求。

---

① Ericsson, K., Winblad, B., & Nilsson, L. Human-figure drawing and memory functioning across the adult life span. *Archives of Gerontology and Geriatrics*, No. 32, 2001, pp. 151－166.

本章小结

作为意象的重要表现形式之一，绘画通过让个体认识自己的无意识内容，来帮助其处置和治疗创伤性情感体验[1]。本研究将 HTP 测验应用于震后羌族人心理韧性的测查中，通过不同羌文化、中华文化认同者房屋（House）、树木（Tree）、人（Person）的绘画特征比较，考察其心理韧性的投射状况。本研究结果表明：（1）不同羌文化、中华文化认同者在 HTP 绘画特征上存在显著差异；（2）HTP 绘画特征与心理韧性显著相关。

正如 Camara 等人认为，一个有说服力的心理测评工具应该具备四个要素[2]：一是经过训练的测试者，二是测试应具备一定的信度，三是测试应具备一定的效度，四是有足够基数的跨人群常模数据。由于已有相关研究较少，本部分研究旨在对少数民族心理韧性的研究方法做一些有益的尝试，以佐证调查研究的结果；在未来的研究中，进一步对绘画特征的操作定义、解释系统进行修正和完善，用以评定和预测少数民族心理韧性的发展。

附录　HTP 绘画测验图例

1. 房屋

| 双低组 | 双高组 |

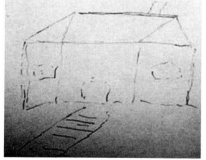 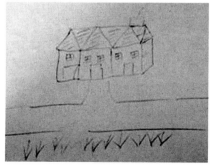

---

① 参见孟沛欣、郑日昌《西方绘画评定的进展》，《中国心理卫生杂志》2004 年第 5 期。

② Camara, W. J., Nathan, J. S., & Puente, A. E. Psychological test usage: Implications in professional psychology. *Professional Psychology: Research and Practice*, Vol. 31, No. 2, 2000, pp. 141–154.

2. 树木

双低组　　　　　　　　　　　　　双高组

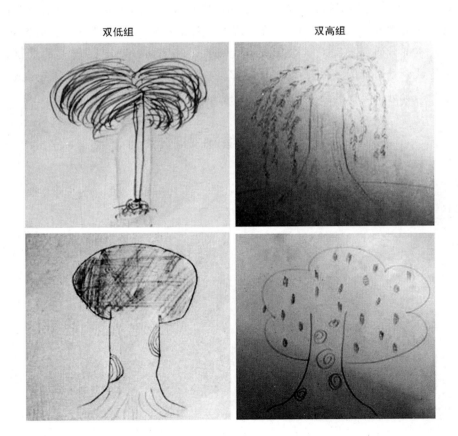

3. 人物

第四篇

心理韧性：压力下成长的动力

第八章　羌族文化认同影响心理
韧性的认知证据

第一节　不同文化认同者对威胁性刺激的
注意分配研究

一　研究目的

注意偏向（attentional bias）是指个体相对于中性刺激，对威胁及相关刺激表现出不同的注意分配，而威胁性刺激更能吸引注意或占用更多的注意资源引起注意偏向[1][2][3]。本部分研究，考察不同羌文化、中华文化认同者的注意偏向，主要考察以下三个指标：（1）注意警觉或维持：考察在线索有效条件下被试对线索任务的反应时差异：对目标探测点的反应时越短，表明被试对线索产生注意警觉；反之，则为注意维持。（2）注意回避或脱离困难：考察在线索无效条件下被试对词语线索反应时的差异：对目标探测点的反应时越短，表明出现对威胁性刺激的注意回避；反之，则出现注意脱离的困难[4]。（3）线索有效性效应（Cue Validity，CV 效应）：线索有效性效应 = 无效线索反应时（RT invalid） – 有效线索反应时

---

① Carretie, L., Hinojosa, J. A., Martin-Loeches, M., Mercado, F., & Tapia, M. Automatic attention to emotional stimuli: neural correlates. *Human Brain Mapping*, No. 22, 2004, pp. 290 – 299.

② Fox, E., Ridgewell, A., & Ashwin, C. Looking on the bright side: Biased attention and the human serotonin transporter gene. *Proceedings of the Royal Society B-Biological Sciences*, No. 276, 2009, pp. 1747 – 1751.

③ MacLeod, C., Mathews, A., Tata, P. Attentional bias in emotional disorders. *Journal of Abnormal Psychology*, No. 95, 1986, pp. 15 – 20.

④ 参见冯文锋、罗文波、廖渝、陈红、罗跃嘉《胖负面身体自我女大学生对胖信息的注意偏好：注意警觉还是注意维持》，《心理学报》2010 年第 7 期。

（RT valid）[①]。正值表示对有效线索靶子的反应更快，即为反应的易化效应（Facilitation effect）[②]；而负值则表示返回抑制效应（Inhibition of return，IOR）。

本研究假设，不同羌文化和中华文化认同类型者对威胁性刺激的注意偏向存在组间差异：对羌文化和中华文化认同程度双高者，对有关地震的威胁性刺激的反应最小，反之，羌文化和中华文化认同双低者对威胁性刺激的反应最大。

二　研究方法

（一）实验设计和材料

采用 2（提示条件：有效/无效）×2（线索类型：地震词/中性词）×4（组别：羌文化和中华文化认同双高组、羌文化和中华文化认同双低组、高羌文化低中华文化认同组、高中华文化低羌文化认同组）的混合实验设计。

本实验词语材料包括地震相关词和中性词各 35 个，选自邱江等（2009）研究中的词语；每个刺激词均为两个中文字，两类刺激的主要特征（词频和笔画平均数）无显著差异，所有词语均用 20 号宋体，1.6°（水平）×0.8°（垂直）呈现。

（二）被试

1. 被试选取

本研究选取阿坝藏族羌族自治州茂县、理县辖区内的光明乡、凤仪镇、古尔沟镇等地居民作为被试，这些地区根据《汶川地震灾害范围评估结果》（2008 年 7 月 22 日印发）均属于 5·12 地震极重灾区。

2. 被试筛选的程序

首先，采用羌文化认同问卷、中华文化认同问卷对调查对象进行筛选。其次，按照实验的伦理学原则，实验前与所有被试进行访谈，主要针

---

① Koster, E. H., De Raedt, R., Goeleven, E., Franck, E., & Crombez, G. Mood-congruent attentional bias in dysphoria: maintained attention to and impaired disengagement from negative information. *Emotion*, Vol. 5, No. 4, 2005, pp. 446 – 455.

② Posner, M. I., Cohen, Y. Components of visual orienting. In H. Bouma & D. G. Bouwhuis (Eds.), Attention and performance X: Control of language processes (pp. 531 – 556). Hillsdale, NJ: Erlbaum. 1984, pp. 531 – 556.

对受灾情况和被试人口学变量情况进行；掌握被试的较详细背景资料，对于有重大创伤经历者，不予参与实验。最后，通过以上标准对茂县、理县羌族人进行测试筛选，获得有效被试 64 人，四种羌文化和中华文化认同类型组每组 16 人，年龄分布 18—58 岁，平均年龄 29.07 ± 11.48 岁；所有被试视力或矫正后视力正常，均为右利手。在获得被试的知情同意后进行实验，实验结束后给予被试一定报酬。

三　实验程序

被试坐在电磁屏蔽的隔音室内，被试与电脑显示器的距离为 80 厘米，视角约为 4.8°×4.8°，并要求被试注意力集中于显示屏中央；显示器背景、亮度、对比度及饱和度均统一设置。采用 E-Prime 软件呈现实验材料，实验刺激随机呈现于 17 英寸电脑屏幕中央，要求被试在刺激出现时尽量控制眨眼，同时左、右手按键在被试间进行平衡。

采用经典的线索提示范式（cue-target paradigm）进行实验：计算机屏幕上的左右视野各出现一个矩形提示框，时间为 500 毫秒；要求被试注视其中一个十字形注视点，靶刺激（星号）将出现在其中一个提示框内。提示线索将出现在靶刺激之前，当靶刺激出现在与提示线索的同侧空间位置时，称为有效提示；相反，当靶刺激出现在提示线索的相反空间位置时，则为无效提示[1]。如本实验中有效提示实验示例见图 8 - 1，无效提示的实验示例见图 8 - 2。杨小冬和罗跃嘉（2004）研究发现，手动反应时在无效提示条件下慢于有效提示条件，即产生提示效应[2]。有效提示占 2/3，无效提示占 1/3；被试在出现靶刺激（星号）时要尽快作出按键反应，星号出现在左边按 "F 键"，右边按 "J 键"；两个 trial 之间的间隔时间为 1500 毫秒。

本实验共两个 block，每个 block 包括 180 个 trials；其中，只有线索刺激没有靶刺激的 trials 90 个；线索有效提示的 60 个，线索无效提示的 30 个。中性词和地震相关词各占 1/2，两类词出现在线索有效 trial 和线索无效 trial 中的概率相等，出现在左边和右边方框内的概率也相等；每个

---

[1]　Posner, M. I., Petersen, S. E. The attention system of the human brain. *Annual Review of Neuroscience*, Vol. 13, No. 1, 1990, pp. 25 – 42.

[2]　参见杨小冬、罗跃嘉《注意受情绪信息影响的实验范式》，《心理科学进展》2004 年第 6 期。

block 结束后被试休息 5 分种，正式记录时间大约为 25 分钟。

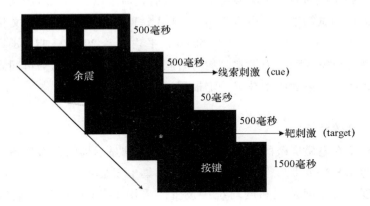

图 8 - 1　线索提示范式（cue-target paradigm）（有效提示）
实验流程（一个 trial 示例）

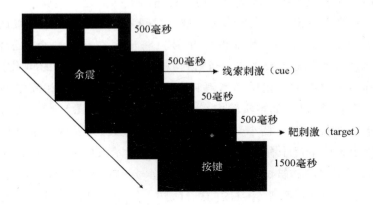

图 8 - 2　线索提示范式（cue-target paradigm）（无效提示）
实验流程（一个 trial 示例）

四　数据的转换与处理

正式数据分析前对数据进行了整理，一共 105 个被试，删除了被试正确率低于 90% 及反应时在三个标准差以外的 trials，以及各组的极端数据共 41 个，剩余 64 个数据为有效数据。所有数据导出后采用 SPSS 18.0 进行统计分析。

五 研究结果

对靶刺激反应的正确率和反应时分别进行组别4（双高组、双低组、高羌低中组、高中低羌组）×提示条件2（线索有效/线索无效）×线索类型2（地震词/中性词）的重复测量方差分析。不同羌文化、中华文化认同者在不同条件下的再认正确率和反应时，见表8-1。

表8-1 不同羌文化、中华文化认同者在不同条件下的再认
正确率和反应时（$M \pm SD$）（$n = 64$）

线索类型	提示有效性	双高组		高羌低中组		高中低羌组		双低组	
		正确率	反应时	正确率	反应时	正确率	反应时	正确率	反应时
地震词	有效提示	.98 ± .02	408.35 ± 43.17	.98 ± .02	646.80 ± 162.28	.97 ± .02	517.30 ± 152.91	.98 ± .03	441.15 ± 53.28
	无效提示	.97 ± .03	396.59 ± 51.05	.96 ± .03	623.53 ± 160.89	.97 ± .03	520.08 ± 156.41	.98 ± .03	446.84 ± 73.09
中性词	有效提示	.97 ± .02	400.42 ± 36.47	.97 ± .02	652.01 ± 167.35	.98 ± .03	518.94 ± 164.06	.98 ± .01	444.20 ± 58.55
	无效提示	.98 ± .03	394.18 ± 47.44	.97 ± .03	623.24 ± 159.43	.97 ± .04	513.90 ± 150.98	.98 ± .02	440.05 ± 56.12

表8-1显示，在正确率上，没有任何主效应和交互作用。在反应时上，重复测量的方差分析发现，实验分组的主效显著 $F_{(3, 52)} = 10.96$，$p = 0.000$；但线索类型主效应 $F_{(1, 52)} = 0.907$，$p = 0.345$；线索类型×实验分组的交互作用 $F_{(3, 52)} = 0.548$，$p = 0.652$，均不显著。具体而言，在线索有效提示条件下，不同文化认同组组间效应显著 $F_{(3, 52)} = 11.63$，$p < 0.001$；双高组对地震词、中性词的反应时均小于其他组，而高羌低中组的反应时最长；除双高组外，高羌低中组、高中低羌组和双低组对地震词为线索的靶刺激反应时均小于中性词。在线索无效提示条件下，不同文化认同组组间效应显著 $F_{(3, 52)} = 9.98$，$p < 0.001$；双高组对地震词、中性词的反应时小于其他组，而高羌低中组反应时最长；且四组被试在地震词为线索的靶刺激上反应时均长于中性词，见图8-3。

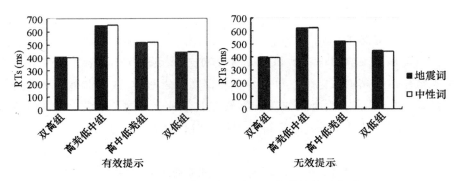

图 8 - 3   不同文化认同组在不同条件下的反应时

分别计算四类文化认同者在地震词和中性词上反应时的线索有效性效应值（CV）。结果发现，双高组和高羌低中组在所有刺激上的 CV 均为负值，即存在返回抑制效应（IOR）；且双高组对地震词刺激线索比中性词刺激线索的 IOR 量大，而高羌低中组对地震词刺激线索比中性词刺激线索的 IOR 量小。高中低羌组和双低组只对中性词刺激线索存在返回抑制效应，而对地震词刺激线索存在易化效应。

六   讨论

研究表明，有创伤经历者在灾难发生数年后仍可能出现认知、情绪或行为等方面的不良症状[①]。有创伤经历的个体对相关的创伤刺激存在注意偏向[②③]。Kumpfer（1999）基于生态理论建立的心理韧性作用模型[④]，强调了认知因素对心理韧性的影响，重视自我认知与社会认知在心理韧性发

①   Basoglu, M., Kilic, C., Salcioglu, E., & Livanou, M. Prevalence of posttraumatic stress disorder and comorbid depression in earthquake survivors in Turkey: an epidemiological study. *Journal of Traumatic Stress*, No. 17, 2004, pp. 133 - 141.

②   Moradi, A. R., Taghavi, R., Neshat-Doost, H. T., Yule, W., & Dalgleish, T. Memory bias for emotional information in children and adolescents with posttraumatic stress disorder: a preliminary study. *Journal of Anxiety Disorder*, No. 14, 2000, pp. 521 - 534.

③   Paunovi, N., Lundh, LG., Ost, LG. Attentional and memory bias for emotional information in crime victims with acute posttraumatic stress disorder (PTSD). *Journal of Anxiety Disorders*, Vol. 16, No. 6, 2002, pp. 675 - 692.

④   Kumpfer, L. K. Factors and processes contributing to resilience: The resilience framework. In M. D. Glantz & J. L. Johnson (Eds), *Resilience and development: Positive life adaptations* New York: Academic/Plenum. 1999, pp. 179 - 224.

展过程中的重要性，并提出了认知情绪调节能力在压力生活事件与心理韧性间的调节作用模型，阐述了选择性注意在心理韧性作用机制中的作用①。第六章的研究已从外显角度验证了不同文化认同类型者的心理韧性存在显著差异：羌文化和中华文化认同双高组的心理韧性最好，高中低羌组次之，高羌低中组更次之，双低组最差。在第七章中通过心理韧性的投射测验分析，发现双低组比双高组投射出更多的不良心身症状。基于此，在本部分研究中从认知行为层面考察了不同文化认同类型者对威胁性刺激的注意偏向。

注意成分说认为，人类注意系统包含多个成分：注意警觉、注意回避、注意维持和注意解除②。本实验结果显示（表8-1），在两种线索提示条件下，不同文化认同类型组均未呈现明显的注意偏向，即地震词与中性词相比并未显著吸引被试的注意分配；但双高组对地震词、中性词的反应时均小于其他组别，而高羌低中组反应时最长。进一步比较四组被试反应时长发现：在线索有效条件下，双高组对中性词为线索的靶刺激的反应时小于地震词，表明中性词可能更吸引被试的注意；高羌低中组、高中低羌组和双低组对地震线索靶刺激的反应时小于中性词，表明地震词可能更吸引这三组被试的注意；即高羌低中组、高中低羌组和双低组可能存在对地震词汇的注意警觉，而双高组相比其他组而言，可能存在注意维持。在线索无效条件下，四组被试在地震词为线索的靶刺激上反应时均长于中性词，表明可能存在注意解除困难。

研究发现，威胁性刺激具有特殊的吸引视觉注意警觉的倾向，在注意定向阶段，个体对威胁性刺激更加敏感，注意被威胁性刺激所吸引，而表现出对威胁刺激的注意偏向③。本实验中高羌低中组、高中低羌组和双低组的实验结果与此一致；而双高组的注意分配则倾向于中性刺激，换言之，威胁性刺激对双高组个体影响较小或未产生影响，这与已有研究结论

---

① Troy, A. S., & Mauss, I. B. Resilience in the face of stress: Emotion regulation ability as a protective factor. In S. Southwick, D. Charney, M. Friedman, & B. Litz (Eds.), *Resilience to stress Cambridge University Press.* 2011, pp. 30 – 44.

② Posner, M. I., & Petersen, S. E. The attention system of the human brain. *Annual Review of Neuroscience*, Vol. 13, No. 1, 1990, pp. 25 – 42.

③ Fox, E., Russo, R., & Dutton, K. Attentional bias for threat: Evidence for delayed disengagement from emotional faces. *Cognition and Emotion*, No. 16, 2002, pp. 355 – 379.

类似①②。对不同心理韧性大学生的注意偏向研究发现，高心理韧性组在有或无应激情境下对高应激词的注意偏向并不明显；方静的研究也发现，高心理韧性组被试对情绪词汇的加工并没有表现出明显的注意偏向效应，低心理韧性被试对负性信息产生了注意偏向。本研究在外显测验中发现了双高组的心理韧性最好，进而推论双高组对中性刺激的注意分配是其心理韧性的作用。Tugade 和 Fredrickson 基于情绪拓展—建构理论（Broaden-and-build theory）的研究表明，高心理韧性个体善于发掘压力事件中的积极意义，他们所体验到的积极情绪有助于提升自身情绪调节的能力，而这种情绪调节能力一定程度上会影响个体的选择性注意，促使他们不会对负性情绪刺激投入更多的注意资源③，这也可以解释为何不同文化认同类型者对地震词和中性词反应时上的差异了。

进化论认为个体对负性情绪信息的优先注意，有助于个体对所处环境的分析并采取相应行动，因而具有进化适应性意义④。同时，个体由于威胁性信息引发的主观不适感，而回避对该类信息的加工；这一特质并非焦虑个体所特有⑤。但这种回避威胁信息的注意偏向，将不利于个体应对环境中不可知的威胁性刺激⑥。在本实验中，双高组在线索无效条件下并未表现出对地震刺激的注意回避，从某种程度上说，为羌文化、中华文化认同双高组为何能够成功应对逆境提供了认知加工方面的证据。在线索无效条件下，四种文化认同类型组在地震词为线索的靶刺激上反应时均长于中性词，但并未表现出明显的注意解除困难。已有研究发现，抑郁和躁狂患

---

①　参见方静《教师心理弹性对注意偏向和记忆偏向的影响》，硕士学位论文，宁夏大学，2013 年，第 25 页。

②　参见陶云、张莎、唐立、刘艳《不同心理弹性大学生在有或无应激情景下的注意偏向特点》，《心理与行为研究》2012 年第 3 期。

③　Tugade, M. M., & Fredrickson, B. L. Resilient individuals use positive emotions to bounce back from negative emotional experience. *Journal of Personality and Social Psychology*, Vol. 86, No. 2, 2004, pp. 320 – 333.

④　Strauss, G. P., & Allen, D. N. Positive and negative emotions uniquely capture attention. *Applied Neuropsychology*, No. 16, 2009, pp. 144 – 149.

⑤　Mogg, K., & Bradley, B. P. Selective orienting of attention to masked threat faces in social anxiety. *Behavior Research and Therapy*, No. 40, 2002, pp. 1403 – 1414.

⑥　Foa, E. B., & Kozak, M. J. Emotional processing of fear: exposure to corrective information. *Psychological Bulletin*, No. 99, 1986, pp. 20 – 35.

者对负性情绪存在注意解除困难现象①，存在对负性刺激的返回抑制缺陷，表现出注意偏向。Davidson 认为，抑郁、焦虑和恐惧等心境障碍与情绪障碍者不能从负性情绪中充分而迅速地恢复密切相关，如焦虑症患者不能摆脱事件所引发的紧张状态，恐惧症患者不能摆脱恐怖情绪体验等②，这些情绪障碍者存在对负性情绪的注意偏向很可能与情绪弹性有关③。有关重大灾难对幸存者创伤心理研究表明，无论幸存者的文化背景或宗教信仰如何，都可能表现出创伤后应激症状④，并可能绵延数年。我们的前期研究（第三章）也发现，5·12 地震三年后，灾区羌族青少年、成年人群中仍存在不同程度的焦虑、抑郁、人际关系敏感等不良心身症状。因此在本实验结果中，不同文化认同类型组在地震词为线索的靶刺激上反应时均长于中性词，可能与其心境和情绪状态有关，在诱发情境中出现了心境一致性效应，而在自然情境中则没有出现⑤。

值得注意的是，双高组被试对地震词、中性词的反应时均小于其他组别，进一步分析四类文化认同者在地震词和中性词上反应时的线索有效性效应值（CV），结果发现，双高组和高羌低中组在所有刺激上的 CV 均为负值，即存在返回抑制效应（IOR）；且双高组对地震词刺激线索比中性词刺激线索的 IOR 量大。返回抑制（Inhibition of return，IOR）是 Posner 等人采用经典的线索—靶子实验范式时发现的，是指对原先注意过的位置上出现的物体反应滞后的现象；它发生的时间点为刺激呈现后 200—300 毫秒。如果线索有效性效应（CV）为负值，表示被试对负性刺激具有返回抑制能力。本实验中，双高组对地震词刺激线索的 IOR 量大于中性词，说明双高组相比其他组而言，不易出现注意解除困难；相反，高羌低中组对地震词刺激线索比中性词刺激线索的 IOR 量小，高中低羌组和双低组只对中性词刺激线索存在返回抑制效应，而对地震词刺激线索存在易化效

———————

①　Koster, E. H., De Raedt, R., Goeleven, E., Franck, E., & Crombez, G. Mood-congruent attentional bias in dysphoria: maintained attention to and impaired disengagement from negative information. *Emotion*, Vol. 5, No. 4, 2005, pp. 446 –455.

②　Davidson, R. J. Affective neuroscience and psychophysiology: Toward a synthesis. *Psychophysiology*, Vol. 40, No. 5, 2003, pp. 655 –665.

③　参见王振宏、郭德俊《情感风格及其神经基础》，《心理科学》2005 年第 3 期。

④　Yule, W. Alleviating the effects of war and displacement on children. *Traumatology*, No. 3, 2002, pp. 160 –168.

⑤　参见陈莉、李文虎《心境对情绪信息加工的影响》，《心理学探新》2006 年第 4 期。

应。这三组被试反应时结果表明其在线索无效条件下更易出现注意解除困难。研究认为，IOR 能帮助个体将注意随环境刺激的变化而改变，有利于个体对不良情绪的调节，反映出心理机制的灵活性与适应性，具有重要的生物进化意义[1]。这也与心理韧性的特征相契合，心理韧性具有心理灵活性的特征，有助于个体调度社会的、认知的和经济的资源，顺利适应不断变化的生活环境，并保持较高的幸福感[2]。

第二节　不同文化认同者对威胁性刺激记忆偏向的研究

一　研究目的

记忆偏向（Memory bias）是相对稳定的个性倾向或特征函数，是指在控制了一般记忆能力后，某种人格特质差异对某一特殊类型先前经验的回忆或再认有更好或更坏的倾向[3]。研究发现，创伤经历对人的记忆系统具有重大影响[4]；对于地震重灾区的羌族人而言，有关地震的创伤性记忆可能会伴随其一生[5][6]。本研究采用学习—再认（study-test）新/旧实验任务，考察不同羌文化、中华文化认同者对威胁性刺激进行再认时的记忆偏向特点。

本实验假设，不同文化认同者对威胁性刺激存在记忆偏向：羌文化和中华文化认同双低者，在对地震图片再认加工过程中反应时最长，受到地震相关的威胁性刺激的影响最大；反之，羌文化和中华文化认同双高者对

① Tian, Y., Klein, R. M., Satel, J., Xu, P., & Yao, D. Electrophysiological Explorations of the cause and effect of inhibition of return in a cue-target paradigm. *Brain Topography*, Vol. 24, No. 2, 2011, pp. 164 – 182.

② Waugh, C., E., Thompson, R., J., & Gotlib, I., H. Flexible emotional responsiveness in trait resilience. *Emotion*, Vol. 11, No. 5, 2011, pp. 1059 – 1067.

③ Tafarodi, R. W., Marshall, T. C., & Milne, A. B. Self-esteem and memory. *Journal of Personality and Social Psychology*, Vol. 84, No. 1, 2003, pp. 29 – 45.

④ 参见王婷、韩布新《创伤后应激障碍记忆机制研究述评》，《中国农业大学学报》（社会科学版）2010 年第 2 期。

⑤ Hizli, F. G., Taskintuna, N., Isikli, S., Kilic, C., & Zileli, L. Predictors of posttraumatic stress in children and adolescents. *Children and Youth Services Review*, No. 31, 2009, pp. 349 – 354.

⑥ Livanou, M., Kasvikis, Y., Basoglu, M., Mytskidou, P., Sotiropoulou, V., Spanea, E., Mitsopoulou, T., & Voutsa, N. Earthquake-related psychological Distress and associated factors 4 years after the Parnitha earthquake in Greece. *European Psychiatry*, No. 20, 2005, pp. 137 – 144.

地震图片再认加工过程中反应时最短，受地震相关威胁性刺激的影响最小。

二 研究方法

（一）实验设计

采用 2 图片类型（地震图/中性图）×2（新/旧图片）×4 组别（羌文化、中华文化认同双高组、双低组、高羌低中组、高中低羌组）的混合实验设计。

（二）实验材料评定

正式实验前，首先选取与地震相关图片和中性图片并进行了评定；然后对图片进行处理：采用统一标准，用 Photoshop 7.0 软件对图片进行标准化处理，图片尺寸为 15 厘米×15 厘米，425×425 像素。

1. 图片的标准化评定

首先，由两名心理学博士研究生对 250 张与地震相关的图片进行初评，并选取评价一致性较高的 230 张图片。再由 120 名羌族和汉族评分者对初评的 230 张地震相关图片、230 张中性图片进行评分。对实验材料的评定流程，如图 8－4 所示：图片评定共有三个 blocks，分别进行图片类别、唤醒度、效价的评定；每 100 个 trials 会休息 3 分钟。最后根据图片评定结果，选取了属性均衡的地震图片和中性图片各 200 张，作为本次实验的材料。

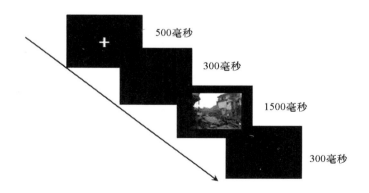

图 8－4 图片评定流程（一个 trial 示例）

2. 实验后评定

为了排除无关变量（如图片的物理属性）的影响，检验已选取的图片评定是否具有一致性。实验完成后，让参与记忆偏向实验的被试评定图片。结果见表 8 - 2。T 检验结果表明，实验前后被试对地震图和中性图的评定无显著差异（$p > 0.05$），并且羌族和汉族被试对地震图和中性图的评定也不存在差异。这说明本实验中图片的评定具有较高的一致性；若实验结果存在差异，不是因图片属性差异造成的，而是被试反应上的不同。

表 8 - 2   羌族、汉族对图片的标准化评定

维度		图片	羌族	汉族	t	p
唤醒度	实验前（$N = 120$）	地震图	6.46 ± 0.71	6.51 ± 0.80	-0.45	0.66
		中性图	6.31 ± 0.61	6.43 ± 0.67	-1.34	0.21
	实验后（$N = 60$）	地震图	6.50 ± 0.75	6.32 ± 0.57	0.57	0.58
		中性图	6.21 ± 0.67	6.45 ± 0.48	-0.88	0.40
效价	实验前（$N = 120$）	地震图	4.60 ± 0.41	4.66 ± 0.41	-1.05	0.31
		中性图	5.23 ± 0.56	5.35 ± 0.64	-3.43	0.19
	实验后（$N = 60$）	地震图	4.57 ± 0.51	4.47 ± 0.47	0.71	0.63
		中性图	5.22 ± 0.56	5.23 ± 0.31	-0.06	0.96

注：唤醒度：1 = 非常放松到 9 = 非常振奋，效价：1 = 非常消极到 9 = 非常积极

（三）被试

被试筛选的程序同本章第一节，最终获得有效被试60人，四类羌文化、中华文化认同类型组每组各15人，年龄分布18—58岁，平均年龄30.95 ± 11.31岁；所有被试视力或矫正后视力正常，均为右利手。在获得被试对实验的知情同意后进行实验。实验结束后，给予被试一定的报酬。

三   实验程序

被试坐在电磁屏蔽、隔音的室内座椅上，被试离显示器的距离为80厘米，视角约为$4.8° \times 4.8°$；屏幕为白色背景，亮度、对比度均统一设置；采用 E-Prime 软件编制程序。要求被试注意电脑屏幕中央，在刺激出

现的时候尽量控制眨眼；实验分为两个阶段，即学习阶段与再认阶段（图 8 - 5）。首先，呈现实验的指导语，被试清楚实验任务后方可进入练习程序，练习结束后进入正式实验。程序中地震图片和中性图片各 40 张，出现地震图片时"按 1"，出现中性图片时"按 2"；每呈现 40 张图片后，被试休息 2 分钟，正式记录时间大约 10 分钟。当被试完成学习任务后，休息 5 分钟后进入再认阶段。再认任务中，当呈现图片是被试看过的则"按 1"，未看过的则"按 2"。为消除不同任务之间的干扰，同时避免前、后摄抑制对被试记忆的影响，将所有图片随机呈现。实验中除了呈现判断阶段被试见过的地震图片和中性图片各 40 张外，新增两类图片各 40 张。实验共有两个 blocks，每个 block 均包括新（未看过的）、旧（看过的）地震图片、中性图片各 20 张。每个 block 结束后，被试休息 2 分钟，正式记录时间大约为 20 分钟。

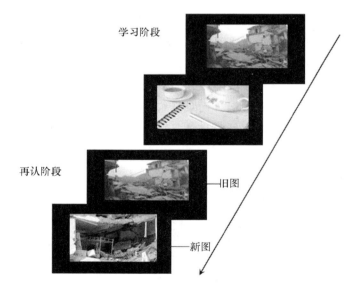

图 8 - 5　学习—再认（study-test）实验范式

四　研究结果

再认任务中，对再认率和正确反应的反应时分别进行 2 图片类型（地震图/中性图）×2（新/旧图片）×4 组别（双高组、双低组、高羌低中组、高中低羌组）混合实验设计的重复测量的方差分析（表 8 - 3）。

表 8 - 3 不同羌文化、中华文化认同者在各个类别图片上的
再认正确率和反应时（$M \pm SD$）（$n = 60$）

类别	双高组		高羌低中组		高中低羌组		双低组	
	再认率	反应时	再认率	反应时	再认率	反应时	再认率	反应时
旧地震图	0.93 ± 0.06	556.86 ± 68.61	0.86 ± 0.09	726.35 ± 117.94	0.85 ± 0.11	724.81 ± 95.12	0.76 ± 12.	727.49 ± 158.97
旧中性图	0.25 ± 0.27	578.66 ± 70.05	0.26 ± 0.27	741.54 ± 81.82	0.38 ± 0.29	687.43 ± 117.17	0.44 ± 0.27	708.96 ± 143.51
新地震图	0.12 ± 0.16	584.13 ± 73.61	0.23 ± 0.25	764.07 ± 135.86	0.30 ± 0.26	765.56 ± 104.22	0.42 ± 0.25	745.86 ± 137.71
新中性图	0.77 ± 0.23	599.91 ± 70.40	0.76 ± 0.23	720.29 ± 83.66	0.72 ± 0.22	696.37 ± 113.51	0.67 ± 0.21	711.22 ± 149.24

在再认率上，不同羌文化、中华文化认同组对新、旧图片的主效应显著 $F (1, 56) = 11.24$，$p < 0.001$，但交互效应不显著；图片类型的主效应显著 $F (1, 56) = 12.02$，$p < 0.001$，但交互效应不显著；具体而言，双高组对旧地震图再认率显著高于其他组，而双低组最低；双高组对旧中性图再认率显著低于其他组，而双低组最高。同时，双高组对新地震图的再认率显著低于其他组，而双低组最高；双高组对新中性图片的再认率显著高于其他组，而双低组最低（图 8 - 6）。

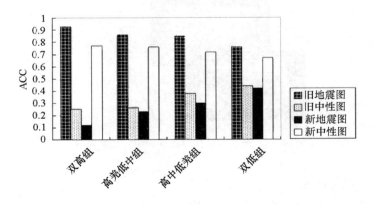

图 8 - 6 不同文化认同组在各个类别图片上的再认正确率

在反应时上，不同羌文化和中华文化认同组对新、旧图片的主效应也

显著 F（1，56）=9.94，$p < 0.01$，但交互效应不显著；图片类型主效应显著 F（1，56）= 4.89，$p < 0.05$，交互效应也显著 F（3，56）= 3.08，$p < 0.05$；对旧地震图，双高组和高羌低中组的反应时小于中性图反应时，而高中低羌组、双低组对地震图的反应时均长于中性图；对新地震图，除双高组外，其余各组对地震图的反应时均长于中性图。进一步简单效应分析发现，对于旧地震图片，双高组的反应时显著小于其他组 F（3，56）= 5.43，$p < 0.01$；对于新地震图片，双高组的反应时也显著小于其他组 F（3，56）= 8.83，$p < 0.001$（图 8 - 7）。

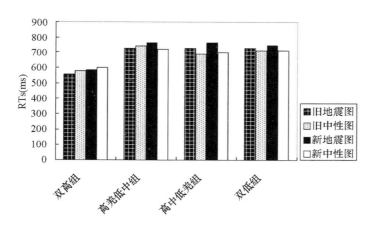

图 8 - 7　不同文化认同组在各个类别图片上的反应时

五　讨论

不同心理韧性者对挫折情境的认知差异，表现为对相同挫折情境有着不同性质的认知评价，而这种认知和评价取决于个体对信息选择和不同程度的加工水平[1]。已有研究证明了高心理韧性个体更容易对积极信息产生认知偏向，而低心理韧性个体容易对消极信息更为敏感且认知加工程度更深[2][3]。在前面的研究中已经证明了羌文化和中华文化认同双高组的心理

---

① 参见王玉龙、姚明、邹森《不同心理弹性青少年在挫折情境下的认知特点》，《心理研究》2013 年第 6 期。

② 参见安献丽、郑希耕《惊恐障碍的认知偏向研究》，《心理科学进展》2008 年第 2 期。

③ 参见彭李《不同心理弹性大学生的心理健康与认知偏向特点及心理弹性训练的影响研究》，硕士学位论文，第三军医大学，2012 年，第 24 页。

韧性水平最好，而羌文化和中华文化认同双低组最差。

本部分研究对 60 名不同文化认同羌民对威胁性刺激的记忆偏向行为实验发现：双高组对地震旧图片的再认率高于其他组、反应时小于其他组，而双低组对地震图片的再认率最低，反应时最长。这说明双高组个体在从长时记忆中提取地震图和中性图信息进行再认加工的过程中对中性图更为敏感；而双低组个体则对地震图片的信息加工投入了更多的认知资源，这可能由于地震这一威胁性刺激，自动激活了双低组与地震紧密相关的情景记忆。记忆—视觉神经认知模型认为，个体的创伤性经历在情景记忆加工的神经机制中可能起着重要作用，它促使被试在回忆地震情境时，大脑中出现更加生动逼真的画面，即出现"闪光灯记忆"（flashbulb memory）或者闪回现象①，双低组被试在对地震图片的认知加工中，可能存在更多的闪回现象，进而占用其更多的认知资源。在创伤事件后适应水平演化模型中②，个体在创伤事件后的短时期内，心理社会功能水平会出现不同程度的下降，但随着时间的推移有一部分人出现了心理障碍，有一部分人经过一番痛苦恢复了，有一部分人则受损甚小。席居哲等人研究了不同心理韧性儿童对逆境/压力的认知，发现缺乏心理韧性的儿童所认为的严重压力/逆境影响力更为持久③。上述研究结果有力地证明了双高组被试对地震威胁性刺激具有更好的心理免疫，对地震图片的认知过程中占用更少的认知资源，同时，虽经历创伤但能够较快地从中恢复过来，并且灵活地适应环境变化的能力。

在对新地震图片的认知加工过程中：双高组对新地震图片再认率、反应时均低于其他组；双低组对新地震图片的再认率最高，反应时也长于双高组；高羌低中组和高中低羌组对新地震图片的再认率和反应时也高于双高组，且高中低羌组的反应时最长（图 8 - 7）。记忆的选择性决定了个体对有关自我的信息更加敏感而较易记忆，研究发现，创伤经历幸存者对有关创伤性的线索会产生过度注意，这是由于被试强化了对创伤有关的记忆

　　① Brewin, C. R., Gregory, J. D., Lipton, M., & Burgess, N. Intrusive images in psychological disorder: characteristics, neural mechanisms, and treatment implications. *Psychological Review*, Vol. 117, No. 1, 2010, pp. 210 - 232.

　　② Bonanno, G. A., Westphal, M., Mancini, A. D. Resilience to loss and potential trauma. *Annual Review of Clinical Psychology*, No. 7, 2011, pp. 511 - 535.

　　③ 参见席居哲、左志宏、Wu Wei《心理韧性研究诸进路》，《心理科学进展》2012 年第 9 期。

而减少了遗忘①。除双高组外,其余三组被试对新地震图片的反应时都长于中性图片;地震亲历者对相关威胁性刺激信息再认时,其选择性遗忘会耗费被试更多的认知资源对地震图片进行加工;因此,对地震相关图片的再认加工也分配了更多认知资源②。Mogg 等人提出了"警戒—回避"假说认为③,焦虑症患者最初对威胁性刺激是处于警觉性注意,随后开始回避注意和加工。通过这种策略,焦虑个体可以回避对威胁刺激的精细加工,从而减轻威胁刺激引起的焦虑情绪状态,同时也会导致对威胁信息的记忆不良。个体最初对创伤性刺激是一种保护性的警戒反应,但随着刺激的呈现时间的增加,个体开始回避对创伤相关信息的认知加工,表现在信息提取和再认上的减弱,称之为回避加工,这一过程有助于创伤性分离个体保持与外界环境的和谐状态④。对于本研究中的双低组、高羌低中组和高中低羌组被试而言,是否存在这种"警戒—回避"的认知加工模式,还需要进一步的研究证明,但可以确定的是这三组被试与双高组相比,对与地震相关的信息表现出更多的注意和记忆偏向。

Seligman 曾指出,那些认为逆境事件持久延绵的人往往觉得无助和无望,相对而言认为负性事情是暂时性的人往往具有更好的心理韧性⑤。造成这一差异的原因也许在于不同心理韧性水平的个体在遭遇了挫折情境之后有选择地对不同信息进行了深度加工。有研究对不同情绪弹性青少年对简单/复杂情绪图片的认知加工特点发现,具有高情绪弹性水平的个体,在面对负性情绪刺激时,他们的积极情绪能力能帮助自己较少受到负性情绪刺激的干扰,即便受到干扰,也会因其较强的情绪回弹能力而降低这种

---

① Alexander, K. W., Redlich, A. D., Goodman, G. S., & Peterson, M. Interviewing children. In M. Durfee & M. Peterson (Eds.), *Guidelines for the identification*, *reporting*, and management of child abuse and neglect for hospitals, clinics, and health professionals. Los Angeles, CA: California State Department of Health Services. 2001.

② Kimble, M., Kaloupek, D., Kaufman, M., & Deldin, P. Stimulus novelty differentially affects attentional allocation in PTSD. *Biological Psychiatry*, No. 47, 2000, pp. 880 – 890.

③ Mogg, K., & Bradley, B. P. Selective orienting of attention to masked threat faces in social anxiety. *Behavior Research and Therapy*, No. 40, 2002, pp. 1403 – 1414.

④ 参见赵冬梅《创伤性分离个体注意加工的警戒—回避模式研究》,《心理科学》2009 年第 4 期。

⑤ Seligman, M. E. P. *Authentic happiness*: *Using the* new positive psychology to realize our. *potential for lasting fulfillment*. New York: Free Press. 2002.

负性情绪体验的强度①，这与本研究中双高组的认知加工类似，双高组虽然再次体验到威胁性刺激（新地震图），但因为其较强的心理复原能力（心理韧性）而降低了这种威胁性刺激的情绪体验强度。面临同样的挫折情境，高心理韧性者相比低心理弹性者对积极信息有更多的选择偏向，却不会因此而忽略其中的消极信息事实；同时，在挫折情境下保持对消极信息的敏感性对于适应环境是有利的②。研究者认为，低情绪弹性者表现为易受到负性情绪刺激的干扰而产生不良情绪体验，并且在短时期内难以恢复，进而导致个体在情绪信息加工过程中产生不同的记忆偏向③。这一结果也佐证了本研究中双低组、高羌低中组、高中低羌组在对新、旧地震图片的认知加工过程中的记忆偏向特点。那么，不同文化认同类型者对地震相关信息的记忆偏向差异的原因何在呢？

目前关于记忆偏向的机制问题，主要存在心境一致性效应（mood-congruency effect）和特质一致性效应（trait-congruency effect）两种观点④：前者认为个体更容易记住那些与自己情绪状态相一致的信息；后者认为个体更容易记住那些与自己紧密相关的价值性信息。已有大量研究证明高特质焦虑个体、抑郁患者、厌食症患者、PTSD 患者等非正常个体对威胁性刺激词汇有着注意偏好和记忆偏向，并支持心境一致性效应⑤⑥⑦。但这些研究主要针对非正常群体进行存在诸多局限，很难确定对信息的选择性加工中所呈现的差异，是与心境状态有关还是与持久的人格特质相关。有研究者认为，被试的心境状态是由人格特质和情境联合决定的⑧。

---

① 参见张敏、卢家楣《青少年负性情绪信息注意偏向的情绪弹性和性别效应》，《心理与行为研究》2013 年第 1 期。

② 参见王玉龙、姚明、邹森《不同心理弹性青少年在挫折情境下的认知特点》，《心理研究》2013 年第 6 期。

③ 参见张敏、卢家楣《青少年情绪弹性问卷的研究报告》，《心理科学》2010 年第 1 期。

④ Tafarodi, R. W., Marshall, T. C., & Milne, A. B. Self-esteem and memory. *Journal of Personality and Social Psychology*, Vol. 84, No. 1, 2003, pp. 29 –45.

⑤ 参见郭力平《再认记忆测验中抑郁个体的心境一致性记忆的研究》，《心理学报》1997 年第 4 期。

⑥ Reidy, J., & Richards, A. A memory bias for threat in high-trait anxiety. *Personality and Individual Difference*, Vol. 23, No. 4, 1997, pp. 653 –663.

⑦ Tekcan, A. L., Cağlar-Taş, A., Topçuoğlu, V., & Yücel, B. Memory bias anorexia nervosa: Evidence from directed forgetting. *Journal of Behavior Therapy and Experimental Psychiatry*, Vol. 39, No. 3, 2008, pp. 369 –380.

⑧ 参见陈少华、郑雪《人格特质对选择性加工偏向的影响》，《心理科学》2005 年第 5 期。

Tafarodi 等人的研究发现，选择性记忆是一种稳定的个性倾向，在控制了基本的记忆能力后，那些在某一人格特质上得分高的个体相比得分低的个体对某类信息的回忆或再认表现出更好或更坏的倾向。

结合本部分研究和前期对心理韧性外显、内隐研究的结果（见第六章、第七章），本研究认为，不同羌文化和中华文化认同类型者对威胁性刺激的记忆偏向既与情绪和心境有关，也与人格特质有关：对双高组被试而言，威胁性刺激的再现可能在认知加工初期阶段吸引其注意，但随后个体低神经质、高外倾性、高宜人性和责任感等人格特质及较好的心理韧性能力有助于降低对威胁性刺激的负性情绪体验，并转向积极/中性的信息；同时，羌族人的积极人格特质作为其心理韧性的保护性因子在前期研究中已经得到证实（见第六章）。双低组被试对旧地震图片和新地震图片再认率、反应时的差异，表明其对地震图片的认知加工过程可能存在对地震刺激的选择性失忆和负性情绪记忆的增强，这与 PTSD 有类似特点[1][2]。基于此，羌族人行为研究结果证明了不同文化认同类型者对威胁性刺激存在记忆偏向。

本章小结

研究表明，重大灾难的经历者通常是创伤后应激障碍的易感人群，调查显示，灾难幸存者中出现 PTSD 症状的比例为 15%—30%[3]。当然，不是所有地震亲历者都会出现 PTSD 症状，但由于汶川地震的强破坏性和波及区域较大的特点，使大量地震亲历者出现了不同程度的情绪障碍和创伤后压力反应。

本部分研究在前期研究基础上考察不同羌中文化认同者对地震相关的威胁性刺激的注意分配和记忆偏向特点，发现在注意分配上：在线索有效和无效两种实验条件下，不同羌文化和中华文化认同者对地震词汇、中性

---

① 参见王婷、韩布新《创伤后应激障碍记忆机制研究述评》，《中国农业大学学报》（社会科学版）2010 年第 2 期。

② 参见张妍《地震亲历者创伤后压力反应的神经生理机制》，博士学位论文，西南大学，2012 年，第 69 页。

③ 参见陈文锋等《创伤后应激障碍的认知功能缺陷与执行控制——5·12 震后创伤恢复的认知基础》，《心理科学进展》2009 年第 3 期。

词汇均未表现出明显的注意偏向（警觉、维持、回避或脱离困难），但四组被试在反应时上存在明显的组间差异。进一步比较四组被试的反应时和线索有效性效应值（CV），发现双高组与高羌低中组、高中低羌组、双低组相比，对有关地震的威胁性刺激的反应最小；而高中低羌组和双低组对地震词刺激线索均存在易化效应，且双低组最大。在"学习—再认"任务实验中，不同文化认同者对威胁性刺激存在记忆偏向：双低组在对地震图片再认加工过程中反应时最长，而双高组对地震图片再认加工过程中反应时最短。结合相关研究结果推论，心境一致性效应和特质一致性效应都可能导致不同文化认同被试产生记忆偏向，但具体机制还需要进一步实验研究予以论证。综上，本部分研究得出以下结论。

（1）不同羌文化和中华文化认同类型组对威胁性刺激的注意偏向存在组间差异：双高组对有关地震的威胁性刺激的反应最小；而双低组对威胁性刺激的反应最大。

（2）不同羌文化、中华文化认同者对威胁性刺激存在记忆偏向：双低组对地震图片再认加工过程中反应时最长，受到地震相关的威胁性刺激的影响最大；双高组对地震图片再认加工过程中反应时最短，受地震相关威胁性刺激的影响最小。

第九章 个案研究：9 名羌族人的调查访谈

一 研究目的

心理韧性的研究起源于 20 世纪 50 年代的西方国家，取得了丰硕的研究成果。在我国虽然处于发展阶段，但相关的研究成果已涉及社会生活的诸多领域。有学者提出应将东方（中国）文化传统和民族精神融入心理韧性的研究中，如 "天行健，君子以自强不息"（《周易·乾卦》）即向人们昭示着生命不息、奋斗不止的震撼性力量，而有关人们如何适应 "逆境"（灾难、疾病、贫困、意外等）及 "创伤后成长"（Post Traumatic Growth，PTG）的研究，更是对这一古训作出了回应。

5·12 特大地震对羌族和羌文化造成的重创，在灾后心理恢复与重建的过程中，研究者逐渐关注和重视民族文化元素的作用。本研究中，通过外显问卷调查、内隐测验和行为实验等研究探讨了羌族民众文化认同的特点、心理韧性特点及其影响因素等（见第四章至第八章），但鉴于研究方法和角度的局限，一些有关羌族民众生活的实际情况和背景资料都难以全面收集，而个案研究更有利于从个体层面为心理韧性的发展变化提供佐证和补充。

二 研究方法

采用目的性抽样法（同第三章）选取访谈对象进行访谈。依据前期对羌人、羌文化、中华文化的认同及心理韧性的调查研究结果，选取三种不同文化认同类型（简称：羌文化和中华文化认同双高者、高羌低中者、高中低羌者。双低者不在此类）的 9 名羌族民众作为此次访谈的对象。访谈中采用的羌文化认同问卷、中华文化认同问卷和 CD-RISC 心理韧性量表与前述研究相同。

正式访谈前，向受访者说明此次访谈的目的并征得受访者同意。采用录音笔和现场记录的方式进行一对一访谈，每位受访者的访谈时间为30—50分钟。在访谈过程中，访谈者尽量使用通俗、生活化的语言使其充分理解访谈问题；受访者可在访谈过程中随时说出自己即刻的想法，以获得更多关于受访者的信息；当受访者出现遗漏或表达不清的情形时，访谈者可以做必要的提示或补充。访谈者认真倾听并及时进行澄清和确认以保证访谈资料的准确性。在访谈过程中，受访者有权因任何原因拒绝或中途退出访谈；如受访者在访谈过程中出现情绪问题，访谈者将提供情绪疏导和心理支持。

三　研究结果

（一）9名羌族受访者的基本情况

选取四川阿坝藏羌自治州茂县回龙乡回龙村、飞虹乡一步坎村和光明乡胜利村共9名羌族民众进行半结构化访谈：男性5名，女性4名，年龄29—51岁，平均年龄40.22±9.22岁。

受访者 V_1：小刘，男，29岁，未婚，职业技术学院毕业，自由职业者。谈到自己的地震经历和对羌文化、中华文化的看法。

5·12当天正在门面上（与人合伙经营五金配件），开始不知道是地震，人吓蒙了；人们都往外跑，只看见对面山上的石头往下垮，桥上的车也在摇晃；有些老房子就在垮，人都站不稳，把人吓傻了。

地震对我们这里的文化破坏很大，好在现在很多东西都维修和重建了，灾后国家很重视我们羌族，来旅游的人也比以前多，虽然我不会说羌话，但是我们（羌族）的风俗我基本都晓得。在外面读书的时候，说起我是羌族还是很自豪的。我觉得羌文化和中华文化各有好处，我从小就说汉话，容易交流些，中华文化先进些嘛，但是我们羌族（文化）也有自己的特色。

受访者 V_2：赵大姐，女，50岁，已婚，小学文化，村民。谈到自己的地震经历和对羌文化、中华文化的看法。

5·12当时在茂县县城，从县城赶回来，一路上房子垮得凶，地动山摇；山上不断垮石头，路上的车辆有的被砸中，车上的人惊慌得很；庄稼受损严重，蔬菜什么的全部都烂地里了，路断了也没法运出去，自己也吃不了，损失很大。

我很小就知道自己是羌族人，我会说点羌语，我自己也会羌绣，原来卖不起价钱，地震过后，来这里的人多了，现在绣得好的还是有旅游的（人）买。我觉得我们的风俗好，但是不能只靠这个生活呀，我三个娃娃两个结婚了，在外头安家了，还有一个小的在县城读高中，还是要学文化才有出息。

受访者 V₃：荣师傅，男，38岁，已婚，初中文化，村民。谈到自己的地震经历和对羌文化、中华文化的看法。

地震的时候还是把人吓惨了，家里人跑了三四回都没有跑出来，到处都在垮。震后慢慢就好了，经济上主要靠种菜，农闲就出去打工挣点钱；震后路和房子都修好了，基本生活还是没有问题的。

我上小学过后渐渐知道自己是羌族了，寨子里每年都有祭山会，那个时间端公（释比）都要领着跳舞（羊皮鼓舞），小娃娃家就只晓得看热闹，后来晓得了这些风俗的意思，还是觉得很好。地震那时我老屋在寨子里，塌得基本没法住人了，政府组织重建了，包括我们的碉楼都重新加固了，现在漂亮得很。我说不来羌话，但是我老汉（父亲）教我们祭祀的习俗我现在都会。但是，（现在）要生活得好，还是要读书。我家里两个娃娃，一个读初中一个读中专；读书为了娃娃今后发展，希望娃娃将来离开这个地方（茂县），不再担惊受怕的；特别前段时间的泥石流也把人吓惨了，（自然）灾害还是多。

受访者 V₄：赵姐，女，42岁，已婚，小学文化，村民。谈到自己的地震经历和对羌文化、中华文化的看法。

5·12那天，正在山上家里，吓惨了，老房子倒光了，我们几个女的吓得惊叫；过后，男的就冲回屋里拿点东西，附近我们几家人就搭的帐篷；一个星期多后就慢慢好了，政府发了救灾物资，吃的有了；那段时间还是很造孽（辛苦），从来没有遇到过这么大的灾难，当时心里很担心娃娃，小的（儿子）还在读书，不知道怎样了，后来走路去看了，还好有老师照看都好。

我们山上的庙子好些都垮了，那些个碉楼也震裂了。刚刚地震那会儿，有些老人就经常到林子边（神树林），跪在那里求天神保佑哇，求树神保佑些，我们都还是相信这些。我从小就喜欢唱歌（羌歌），唱得不好，没事就瞎唱，心里很舒服。我们这辈子就是吃了文化（知识）的亏，小时候家里穷，没有读到书，出去打工也挣不到好多钱，我男人书比我读得多点，脑子活点就出去跑运输，我就在屋里（家里）守点（种）蔬菜。

受访者 V$_5$：曾大姐，女，51岁，已婚，小学文化，村民。谈到自己的地震经历和对羌文化、中华文化的看法。

5·12那天家里面房子全部塌完了，家里公公跑的时候把脚砸伤了，都跑出来了；人吓惨了，腿都在抖，从来没有见过这种阵势，心里很害怕，现在回想起来都后怕。

我们寨子里好多人都会说羌话，会跳（羌）舞，刚地震那会儿，主要是忙生活；政府给我们（灾后）重建了，日子慢慢好了。逢年过节还是要祭山，敬神些，这些传统（习俗）还是不能丢。好多年轻的（人）都不会了，完全汉化了，我过节的时候都要穿蓝衫子（羌族传统服饰），他们都不穿了；娃娃些放假回来都喜欢看电视，到县城去上网，喜欢赶时髦，对我们这些传统的东西（文化）都不感兴趣。

受访者 V$_6$：赵师傅，男，50岁，已婚，初中文化，村民。谈到自己的地震经历和对羌文化、中华文化的看法。

5·12对我们精神和经济上伤害还是很大；房屋倒塌了，庄稼损失了，财产损失大；有些人受伤了，大寨那边房子垮了把人砸死了好多；刚地震后心里很难受，压力很大，经济上几十万瞬间就没有了，很难过。

震后，（生活）慢慢好了，房子和路都修好了；国家对我们（羌族）很重视，重建了老寨子、修建纪念馆（中国羌族博物馆，茂县）保护了我们羌族的文化。现在羌历年，瓦尔俄足节都是政府要组织活动；寨子里面遇到白喜事还是要请端公；遇到喜事，大家要跳跳锅庄，心里非常高兴，我觉得这些传统还是要好好地保留。我儿子媳妇些在县城上班，儿子在外面读的书，大学毕业有文化，他们基本都不会这些（传统习俗）了。汉族的一些传统我们也做，像（比如）过年吃鱼，中秋吃月饼（这）些，娃娃们念书还是写汉字的嘛。

受访者 V$_7$：王师傅，男，43 岁，已婚，高中文化，自由职业者。谈到自己的地震经历和对羌文化、中华文化的看法。

5·12 当天我就在回龙山上，听见对面山上石头叮叮咚咚作响，人都站不稳；山上的人受伤的少，山下沟头的多些，山上垮石头砸到的多。地震过后，村干部和民兵就到每家每户来查看有无伤亡；受灾群众就聚在一起，搭彩条布棚子。当天晚上就下雨了，听见对面山上垮塌，心里很害怕；但想到只要人没有死，国家给粮食、被子等，40 多个人聚在山顶上一起情绪还是比较好。

每年过年，跳锅庄很热闹，大家都去，会跳的就跳，不会跳的就看热闹，都很高兴。祭山这些一般都是村里或族里年长的人发动大家，组织（到）一起去。地震后就去过（祭山），这些传统的习俗对我们（精神上）帮助还是很大的。我们和汉族在生活上莫得（没有）太大的区别，汉族的节日我们基本都要过，而且我们从小上学都是学的汉语，我们羌族莫得文字，羌话也是老人们教的，现在好多人也不会，我在外面做生意都说汉话。

受访者 V$_8$：小殷，男，29 岁，已婚，大学专科毕业，工人。谈到自己的地震经历和对羌文化、中华文化的看法。

5·12 那天在乡里电站上（上班），当时电闸一下就跳了，地抖得像筛子一样，这里也有小地震，我们还是有点经验，大家都跑到坝子里蹲下；看见公路上的车子都在簸，根本没法走；心里很紧张，担心茂县家里的妈妈和儿子，家住在 7 楼上，担心房子垮没有……走了半天回来了，但是心都凉了，房子有些垮了，有些没有垮，当时就听说有小学里砸死了些娃娃；大家都聚到广场上，搭彩条布棚子；当时通信断了，只能挨个棚子里面去找，最后找到了，看家人都好，心里也就放心了。

我们这里很多家里建有"勒色",供奉白石,也是祈求保佑的意思,把白石请到屋里来,消灾辟邪。我们屋里还挂了羊脑壳和牛脑壳的,意思也是一样的,就是我们这里的风俗,大家还是相信这些传统的东西。像你们汉族的春节、端午、中秋(节日)些我们也过,感觉这些也是传统的(中华文化),也要保留到。

受访者 V_9:小赵,女,30 岁,已婚,初中文化,村民。谈到自己的地震经历和对羌文化、中华文化的看法。

5·12 地震时心里还是很害怕的,从来没有遇到过,天(山)崩地裂的,山上滚石头下来,乌天黑地的,到处都是灰,看都看不见,人也站不稳,房屋塌了,地里庄稼全完了,财产损失惨得很,幸好人都跑出来了,人没有死也算万幸了。

原来我们每家都有"火塘",这是羌族的传统,也是我们祖先保佑家族兴旺的做法。灾后新修的房子里很多都没有了(火塘)。灾后由政府出面组织了(文化活动),外面对我们(羌族的)文化了解也多了,宣传得多嘛,所以传统的(羌)文化就增加了一些表演的性质,但寨子里的纯羌族还是做得很传统。我觉得汉族的文化历史也很悠久,很多优秀的先进的东西是我们(羌文化)没有的,我们都应该把这些保留好。

(二)个案 9 例的问卷得分情况分析

将 V_1 填写的羌文化认同问卷、中华文化认同问卷和心理韧性量表(CD-RISC)的结果与第六章中的研究结果进行比较(下同)发现:V_1 在羌文化认同上的得分低于其他各类别的均分,在中华文化认同上得分高于其他各类别的均分;除在力量维度得分低于其他各类别的均分外,在心理韧性及其坚韧和乐观维度上的得分,均高于其他各类别的均分(表 9 - 1)。

表 9 - 1　　V_1 羌文化、中华文化认同问卷和心理韧性量表得分

	羌文化认同	中华文化认同	心理韧性	坚韧	力量	乐观
总体平均数	3.22	3.63	3.30	2.67	4.02	3.37
男	3.36	3.60	3.32	2.69	4.05	3.39

续表

	羌文化认同	中华文化认同	心理韧性	坚韧	力量	乐观
20—30 岁	3.10	3.62	3.26	2.65	3.97	3.32
大学（大专）文化	3.00	3.62	3.30	2.69	4.01	3.36
自由职业者	3.21	3.42	3.35	2.69	4.07	3.46
个案 V_1	2.67	4.47	3.59	3.80	3.38	3.57

V_2 在羌文化认同上的得分低于其他各类别的均分，在中华文化认同上得分高于总体平均数、同性别、同年龄段，但低于同文化程度和其他村民的均分；V_2 在心理韧性及其坚韧维度（同年龄段除外）的得分上高于其他各类别的均分；但在力量和乐观维度上（除乐观维度的总体平均数外）得分均低于其他各类别的均分（表 9 - 2）。

表 9 - 2　　V_2 羌文化、中华文化认同问卷和心理韧性量表得分

	羌文化认同	中华文化认同	心理韧性	坚韧	力量	乐观
总体平均数	3.22	3.63	3.30	2.67	4.02	3.37
女	3.33	3.71	3.29	2.66	4.01	3.36
41—50 岁	3.40	3.58	3.44	2.78	4.19	3.51
小学文化	3.98	3.83	3.41	2.74	4.14	3.55
村民	3.77	3.81	3.37	2.72	4.11	3.47
个案 V_2	2.47	3.77	3.44	3.11	3.88	3.34

V_3 在羌文化认同上的得分均低于其他各类别的均分，而在中华文化认同上均高于其他各类别的均分，除坚韧维度外，V_3 在心理韧性及其力量、乐观维度上的得分上均低于各类别的均分（表 9 - 3）。

表 9 - 3　　V_3 羌文化、中华文化认同问卷和心理韧性量表得分

	羌文化认同	中华文化认同	心理韧性	坚韧	力量	乐观
总体平均数	3.22	3.63	3.30	2.67	4.02	3.37
男	3.36	3.60	3.32	2.69	4.05	3.39
31—40 岁	3.48	3.68	3.28	2.61	4.00	3.42

续表

	羌文化认同	中华文化认同	心理韧性	坚韧	力量	乐观
初中文化	3.57	3.69	3.30	2.65	4.06	3.35
村民	3.77	3.81	3.38	2.72	4.11	3.47
个案 V_3	2.97	4.41	3.05	3.15	3.10	2.90

V_4 在羌文化认同上得分最高，在中华文化认同上的得分均低于其他各类别的均分；除力量维度外，V_4 在心理韧性、坚韧和乐观各维度的得分均高于其他各类别的均分（表 9 - 4）。

表 9 - 4 V_4 羌文化、中华文化认同问卷和心理韧性量表得分

	羌文化认同	中华文化认同	心理韧性	坚韧	力量	乐观
总体平均数	3.22	3.63	3.30	2.67	4.02	3.37
女	3.33	3.71	3.29	2.66	4.01	3.36
41—50 岁	3.40	3.58	3.44	2.78	4.19	3.51
小学文化	3.98	3.83	3.41	2.74	4.14	3.55
村民	3.77	3.81	3.37	2.72	4.11	3.47
个案 V_4	4.20	3.12	3.73	4.12	3.34	3.72

V_5 在羌文化认同上得分均高于其他各类别的均分，在中华文化认同上的得分均低于其他各类别的均分；V_5 在心理韧性、坚韧和乐观（同年龄段乐观均分除外）各维度的得分均高于其他各类别的均分；而力量维度得分均低于其他各类别的均分（表 9 - 5）。

表 9 - 5 V_5 羌文化、中华文化认同问卷和心理韧性量表得分

	羌文化认同	中华文化认同	心理韧性	坚韧	力量	乐观
总体平均数	3.22	3.63	3.30	2.67	4.02	3.37
女	3.33	3.71	3.29	2.66	4.01	3.36
51—60 岁	3.84	3.82	3.48	2.79	4.21	3.61
小学文化	3.98	3.83	3.41	2.74	4.14	3.55
村民	3.77	3.81	3.37	2.72	4.11	3.47
个案 V_5	4.53	3.59	3.68	3.94	3.51	3.58

V_6 在羌文化认同上得分均高于其他各类别的均分，在中华文化认同上的得分均低于其他各类别的均分；除力量维度外，V_6 在心理韧性、坚韧和乐观各维度的得分均高于其他各类别的均分（表 9 - 6）。

表 9 - 6　　V_6 羌文化、中华文化认同问卷和心理韧性量表得分

	羌文化认同	中华文化认同	心理韧性	坚韧	力量	乐观
总体平均数	3.22	3.63	3.30	2.67	4.02	3.37
男	3.36	3.60	3.32	2.69	4.05	3.39
41—50 岁	3.40	3.58	3.44	2.78	4.19	3.51
初中文化	3.57	3.69	3.30	2.65	4.06	3.35
村民	3.77	3.81	3.37	2.72	4.11	3.47
个案 V_6	4.23	3.41	3.72	3.81	3.33	4.02

V_7 在羌文化认同和中华文化认同上的得分均高于其他各类别的均分；除力量维度外，V_7 在心理韧性、坚韧和乐观各维度的得分均高于其他各类别的均分（表 9 - 7）。

表 9 - 7　　V_7 羌文化、中华文化认同问卷和心理韧性量表得分

	羌文化认同	中华文化认同	心理韧性	坚韧	力量	乐观
总体平均数	3.22	3.63	3.30	2.67	4.02	3.37
男	3.36	3.60	3.32	2.69	4.05	3.39
41—50 岁	3.40	3.58	3.44	2.78	4.19	3.51
高中文化	3.03	3.40	3.19	2.57	3.88	3.28
自由职业	3.21	3.42	3.35	2.69	4.07	3.46
个案 V_7	4.90	4.94	4.09	4.33.	3.93	4.01

V_8 在羌文化认同和中华文化认同上的得分均高于其他各类别的均分；同时 V_8 在心理韧性、坚韧、力量和乐观各维度的得分均高于其他各类别的均分（表 9 - 8）。

表 9 - 8   V₈羌文化、中华文化认同问卷和心理韧性量表得分

	羌文化认同	中华文化认同	心理韧性	坚韧	力量	乐观
总体平均数	3.22	3.63	3.30	2.67	4.02	3.37
男	3.36	3.60	3.32	2.69	4.05	3.39
20—30 岁	3.10	3.62	3.26	2.65	3.97	3.32
大学（大专）文化	3.00	3.62	3.30	2.69	4.01	3.36
工人	3.17	3.33	3.04	2.43	3.76	3.08
个案 V₈	4.13	4.06	4.36	4.62	4.14	4.33

V_9 在羌文化认同和中华文化认同上的得分均高于其他各类别的均分；同时 V_9 在心理韧性、坚韧、力量和乐观各维度的得分均高于其他各类别的均分（表 9 - 9）。

表 9 - 9   V₉羌文化、中华文化认同问卷和心理韧性量表得分

	羌文化认同	中华文化认同	心理韧性	坚韧	力量	乐观
总体平均数	3.22	3.63	3.30	2.67	4.02	3.37
女	3.33	3.71	3.29	2.66	4.01	3.36
20—30 岁	3.10	3.62	3.26	2.65	3.97	3.32
初中文化	3.57	3.69	3.30	2.65	4.06	3.35
村民	3.77	3.81	3.37	2.72	4.11	3.47
个案 V₉	4.40	4.00	4.61	4.87	4.53	4.43

综观 9 例个案的问卷得分，与第六章中的总体分值结果有类似的得分趋势：如羌文化与中华文化认同双高者的心理韧性得分总体最高，而高羌低中文化认同或高中低羌文化认同者在心理韧性得分相对次之；但在除 V_8、V_9 而外的其他 7 例个案中，不论其采用何种文化认同的方式，他们在力量维度上均低于总体平均数、同性别、同年龄段、同文化程度和同职业者的均分。从具体变量上看，也存在差异，比如个案 V_2，作为一名高中羌低文化认同者，其在中华文化认同上得分高于总体平均数、同性别、同年龄段，却低于同文化程度和其他村民的均分。个案 V_3 与 V_1、V_2 同为高中低羌认同者，但与 V_1、V_2 不同的是 V_3 在心理韧性及其力量、乐观维度上的得分上均低于各类别的均分。因此，有必要与 9 名羌族人进行

深入交流，探寻不同羌文化、中华文化认同态度对其心理韧性发展的影响。

（三）9 例个案的深入分析情况

1. 影响羌族民众震后心理复原的主要压力源

羌族是我国最古老的民族之一，主要聚居在"四川阿坝藏族羌族自治州的汶川、茂县、理县、黑水、松潘及绵阳市的北川和平武县境内"；在 5·12 特大地震中，近 3 万名羌族同胞罹难，大地震使羌族民众生活面临巨大的压力，表现在诸多方面。

（1）震后房屋的维修、重建与道路的恢复。接受访谈的 9 名羌族村民家的房屋均不同程度地受损或倒塌，受访者 V_2 谈道："我屋里是老房子，我结婚过后修的，几十年了，地震过后根本莫法住人了，那阵我老二刚结婚不久，屋头经济吃紧得很，国家补贴根本不够。"V_7："地震过后，国家给我们补贴修房子，按人头算，我们屋头有 6 个人，总共给了两万六千七百多块，但是还是吃紧得很，你想现在修房子钢筋好贵，还有运输沙石的费用和人工费，我们这个房子修下了要投（算）十几万了，还是有点压力呀。"震后的经济压力是许多村民面临的难题，国家出台了许多帮扶政策，但羌族地区自然地理环境、经济基础、生产方式和人员结构都成为影响灾后恢复的重要因素。V_5："我们这里山高路陡，（灾后）重建那会儿困难得很，那个时间，基本家家都在维修（房子），不好请人得很，人工也比地震前贵得多，修房子的同时还要弄地头（庄稼），累得很，不修（房子）又不得行，莫得住的地方，总不能一直住棚子里。"而道路的中断，曾一度切断了茂县与外界的联系，V_1 谈道："地震过后通往外面的路基本断了，后来抢修过程中又有很多余震，过了十来天才基本抢通了。那个时候基本没有什么生意，就整理下店里面的东西（货物）。"V_4："5·12 那天，我们这里路基都震垮了好多，去茂县的路基本断了，我当时担心我老幺（在县城读高中），我们几个就走路去（茂县）；路上又遇到好多其他村子的人，往县上走，大家就一起，当时山上还在不断地垮石头，凶险得很，后来看到娃娃安全了，就放心了。"

（2）经济损失严重。9 名访谈对象均为茂县人，茂县位于阿坝藏族羌族自治州东南部，河谷深邃，高山耸峙，悬崖壁立，有"峭峰插汉多阴谷"之称。全县辖区面积 3885.6 平方公里，户籍人口数 109361 人（来源：阿坝州政府，2007），是全国羌族人口最多的县，羌族人口占全县总人口的 88.92%。由于气候具有干燥多风、冬冷夏凉、昼夜温差大、地区差异大的特点，有利于苹果、李子、樱桃等多种水果的种植和花椒等农作物的生长，这些经济作物的生产和出售成为当地民众重要的收入来源。5·12 大地震使得全县公路交通陷入瘫痪状态，大量农作物无法运出，严重影响了羌民们当年的经济收入。村民 V_6 讲道："地震那年，我们种的番茄、莴笋都烂到地头了，路断了运不出去，吃也吃不完，莴笋两毛多都卖不起，卖不了价格，损失好几万哦。"V_2："我们当时地头（里）基本上种的海椒（辣椒），地震过后没得精力管，人吃住都恼火（困难），哪个管嘛，最后统共（一共）收了七八百块钱的，那时间也卖不起价，光这个（辣椒）至少损失了六七千块钱。"地震的突发性和破坏性对当地民众的经济收入和生活方式都造成了严重的影响，村民们的生活节奏被打乱了，V_3 说："地震后一年多我都没有出去（打工），当时心里还是害怕，怕来了大的余震，屋里还有两个老的，家里的房子也需要维修，就在屋里了。"V_7："刚地震那会儿，我们这里做活路（做工）的人很少，也找不到什么活路做，那时间重建（房屋）的补贴款还没下来，大家基本上都在屋里耍起；我原来在茂县拉沙石也没有去了，一直到过完年才又去找钱。"

（3）羌民出现紧张、害怕、焦虑等不良心身症状。5·12 汶川地震是新中国成立以来破坏性最强、波及面最广的一次地震，截至 2009 年 4 月 25 日 10 时，遇难 69227 人，受伤 374643 人，失踪 17923 人。《国务院关于四川汶川特大地震灾后恢复重建工作情况的报告》〔2009〕中称，震后大量灾区群众、干部、师生、伤残人员急需心理治疗和精神抚慰，需要长期心理服务的人员占灾区总人数的 8%，约为 40 万人。身处地震极重灾区的羌族同胞，他们的心理也经历了惊慌、害怕、紧张、焦虑等过程，正如 V_9 所说："刚刚地震那阵，人都比较惊慌，睡觉也睡不踏实，稍微哪儿有点动静就紧张得很，毕竟这种阵势（地震）从来没有遇到过，山崩地裂的，现在想起都后怕。"这些情绪体验是大部分地震亲历者的共同感受，突如其来的大地震，带给灾区人民的不仅仅是震惊、惊慌失措，同时，对震后生活和未来的担忧，也引发一些心理不适与心理问题，如 V_8："我们这里是地震多发带，小地震经常有，但是这么大的地震还是百年难遇的，我现在最焦心的就是娃儿的（读书）问题，毕竟我们这里的各方面条件都赶不上外面，特别是环境（地理环境）不好，前段时间的泥石流也把大家吓惨了，我和老婆都想把娃娃送出去，但是送到哪儿合适还没有想好，加上现在教育费用也高，压力大呀。"V_2："刚地震那阵，根本睡不着，既担心余震，又焦心家里的房子。我老母亲还是吓到了，前段时间泥石流半夜山上有石头滚下来，她都着急把我们喊起来，她自己也不睡觉，就那么坐一夜，不敢睡。"V_6："刚刚地震那阵心里还是很难受，房子也垮了，蔬菜损失也惨重，但是我还是能坚持扛过了，我媳妇就不好，很长一段时间都睡不着，好不容易睡着了净做噩梦，后头还到茂县去看（病）了，吃了药现在要好些了。"

　　接受访谈的羌族民众都谈到了不同程度的经济压力与问题。虽然震后国家根据各地受灾情况给予了不同程度的资金补贴，但是房屋重建等费用还是超出了大部分村民的承受能力范围，加之重建时间上的限制，以及部分村民的搬迁问题（从山上迁至河坝）客观上加重了他们的经济负担。地震本身的破坏性，给人们精神和心理上的巨大冲击，促使部分村民出现了持续的心理不适感（严重的不安全感、担心、害怕，但尚未构成 PTSD 的诊断标准）并产生了焦虑等心理问题。研究发现，在汶川震后灾民中出现失眠、做噩梦、警戒过度、易受惊吓、情感麻木等一系列创伤后应激反应[①]，而这些内、外压力源影响了村民震后心理复原与心理韧性的发展。

　　2. 震后羌族民众心理韧性的发展：文化认同的驱动作用

　　在访谈中，9 位受访者都谈到了自己对羌文化与中华文化的认识和感受，如 V_4 谈道："虽然我们羌族很多东西都很传统（特色），你看我（穿）的衫子和花鞋，都是我自己缝的，我觉得很好看，特别是上面的（绣）花，我们绣的方法不同、纹路不同表达的意思也不一样，我自己喜欢绣'福字纹'和'牡丹纹'，这个就是代表'吉祥''富贵'的意思。年轻人就觉得（羌族服饰）土得很，他们就喜欢穿时髦的，和外面（汉族）是一样的。"现代羌族社会生活很大程度受中华文化（尤其是汉文化）的影响，但对于年长一些的羌民而言，传统羌文化的印记至今还留存于心，V_5 说："我是 1882 年嫁过来的，那个时候结婚和现在不同，结婚前要请'红爷'先提亲，提亲的时候带上挂面、饼子和一些点心，经

---

　　①　参见张姝玥、王芳、许燕《受灾情况和复原力对地震灾区中小学生创伤后应激反应的影响》，《心理科学进展》2011 年第 3 期。

过'手情'和一道'吃大酒'和'送彩礼',再请'端公'(释比)合了生辰八字,这门亲事才算定下了。结婚当天不仅要请'端公'敬神,还要分别在两家(男方、女方)屋头过'花夜';那个时候感觉(结婚)要正式得多,现在娃娃们结婚钱用得不少,置办的都是些'现代'的东西,但是没有我们那个时候传统了。"V_6:"地震我们这里死了20多个人,后来我们举行了仪式,老人土葬,年轻的火葬,请了'端公'来作法,超度亡灵;也有人说我们族人是得罪了山神,才会地震,是老天爷在惩罚我们,我不相信,但是我们每年六月初六的'转山会'都要祭拜山神,(祈)求保佑赐给我们风调雨顺、人畜兴旺。"也有不少羌族人,受社会生活环境的影响,无论是价值观念还是生活方式都与汉族趋同了。V_1:"我从小就说的汉话,因为在外面读书的时候同学们都说的汉话,羌话只会简单的几句,平时也没有什么用。我长得也不太有(羌族人)特色(大笑),所以我不说别人也不晓得我是羌族……我觉得现在市场经济了,自己是什么民族的显得不那么重要了,都是中国人。大家做生意,讲求(讲究)搭伙求财,大家都有钱赚就好。"V_3:"我觉得现在社会上还是有知识、有文化才好,我们国家的文化(中华文化)还是很好,应该很好学习;但我们小时候家里穷,供不起(读书),所以现在只能种点地,找点活路做(打工);现在只希望两个娃儿能够有出息,读书好,将来在外面安家,地震还是把人弄害怕了。"对于另一部分羌族民众而言,在融入主流文化社会生活的同时,他们也尽量保持本民族传统文化习俗,将两种文化和谐地融合在一起。如V_9:"地震过后,县上每年都要举行'瓦尔俄足节',也就是我们羌族的妇女节,热闹得很,我们都要穿长衫、包头帕、穿花鞋,穿得很隆重地去。由释比主持祭祀,还有唱山歌、口弦子表演,大家围着火塘跳'萨朗',还有好多外地游客来看,那个时候觉得自己是羌族人很有点自豪的感觉。平时还是和你们汉族一样的,只不过我们这里喜欢吃腊肉,新鲜肉要到市场上去买;国家(中华民族)重大节日我们也要过,比方说,过年也要吃鱼,'年年有余'嘛……我不太喜欢吃月饼,太甜了,饺子还是好吃,里面自己想吃什么馅儿的都可以包。"V_8:"我出生的时候,我外婆、舅舅他们还送了'红蛋'和'咂酒',还放了'震天炮'来庆祝,但是我父亲给我取名字的时候,觉得我的'泽'字辈取名字不好听,就没有按辈分取名,后来我兄弟也没有按辈分取了;其实我觉得名字只是个符号,这个并不影响我是羌族人啊。"

V_7："地震后，我们这里很多家都修了楼房，但家头还是供起羊脑壳和神龛，屋顶上都放起白石头，大家还是信这些，羊是我们（羌人）的神，和白色（白石）都是'吉祥'的意思；神龛上都是供的'天地君亲师'位，天地为大，祖先保佑国泰民安，孔夫子保佑我们子孙后代有文化，这些中国的传统（中华文化）还是不能丢掉。"

我们访谈的 9 位羌族同胞他们对羌文化和中华文化的认同态度有三类，双高者、高中低羌者和高羌低中者。问卷调查结果显示，双高者的心理韧性最好，高羌低中文化者次之，高中羌低文化者最低。文化适应的二维理论表明，少数民族个体对两种文化（本族文化、主流文化）的整合程度，与其心理适应能力呈正相关[1]，整合程度越好越利于少数民族对主流文化社会的适应。由此，我们相信，对羌文化和中华文化采取整合的态度的羌族人，他们的心理适应能力和心理韧性水平应优于采取其他文化认同方式的羌族人，文化认同方式对震后羌人的心理韧性产生积极驱动作用。那么，除去文化认同因素外，还有哪些因素对羌人心理韧性的发展产生影响呢？

3. 震后心理复原力的发展：社会支持、应对方式与人格的促进作用

5·12 地震后，灾区各级政府积极组织了抗震救灾，县、乡一级干部都下派到各个行政村、大队驻村工作，组织灾后重建、帮助村民恢复生产生活。9 名受访者均谈到了政府政策和积极的社会支持给予他们的力量。V_3 说："那些驻村的干部真的辛苦，跟我们同吃同住，跑前跑后帮我们落实政策，联系物资，自己的家都不管，照顾我们，我们心里还是很受感动的，国家这么对我们，还有啥子困难过不去呢？"V_5："刚刚地震那时候，我们村上就组织各家各户到安全的地方，大家搭棚子，都从家里抢出些粮食煮来吃。五六天过后，直升机就到我们这里了，给我们空投救灾物资，吃的、用的、穿的都有；我们这儿从来没有见过真正的飞机，大家都激动得很，都跑去看，最后还是村上的民兵们把那些一捆一捆的东西从山上盘（搬）下来（从飞行安全角度考虑，救灾物资投放在山顶或半山腰的空地上）。"在震后物资生活最困难的时期，由于各级行政部门组织得力，国

---

① Mok, A., & Morris, M. W. Cultural chameleons and iconoclasts: Assimilation and reactance to cultural cues in biculturals' expressed personalities as a function of identity conflict. *Journal of Experimental Social Psychology*, No. 45, 2009, pp. 884 – 889.

家救灾物资的及时投放，村民们的温饱、居住问题得到了有效的保障，这对于震后羌族民众创伤心理的复原起到了积极的保护作用。V_6 谈道："地震让许多家庭家破人亡，虽然我们家里面没有死人，但是几十万的房屋、庄稼一瞬间就没有了（山体垮塌后掩埋了房屋和农田），哪个承受得住哇；幸亏有政府哇，喊我们修房子，每个月按人头给补助，不是那样，我现在的房子根本莫法修，当然我自己兄弟那里也借了钱的，受灾的人太多，国家也不可能都管上。"而羌族人、亲人之间的相互帮助在灾后心理复原过程中也起到了积极作用。V_7："刚地震时，路断了，桥也垮了，到处都莫法去，后来政府组织抢通了路，又组织我们修房子，但是莫得那么多人（修房子的工人）啊，家家都要维修，但是大家都很团结相互帮忙，几家人商量匀工（相互帮工），亲戚之间也来帮忙，很快房子还是修起来了。"那些地震发生时没有和亲人在一起的村民，都非常担心亲人的安危，希望和他们在一起。V_9 说："地震过后电话就打不通了，我很担心寨子里的父母亲，当天晚上又下雨，路也不通，我只有第二天一早往山上走，走了大半天才到（地震前只需要一个小时左右）我父母都在这里，他们年纪大了，而且我当时很怕再有大的地震来，我在他们身边好有个照应，即使再困难，心里面觉得只要跟父母在一起还是踏实些。"V_4："没有遇到过这么大的灾难，当时心里很担心娃娃，小的（儿子）还在读书，不知道怎样了。后来走路去看了，还好有老师照看都好。"社会支持对人的心理健康和心理复原的积极作用已毋庸置疑，如前期的问卷调查已印证了这一结果，体验到积极的家庭内、外支持的羌族村民他们的心理韧性状况更好。

除去社会支持外，羌族人对于地震的应对方式也成为影响他们心理复原的重要因素。面对灾后重建经济上的压力，很多村民都认为不能光依靠国家，还要凭借自己的劳动来克服困难。V_1："我经营的五金店当时没有垮，灾后重建只是维修了下墙体；后来修房子很多家都来我这里买配件，我也不涨价，莫得（没有）必要发这种财，大家都是一个地方的，抬头不见低头见的，所以我现在都有很多老顾客照顾我的生意，大概就是从地震那会儿积攒的（人缘）关系。"V_3："你自己都不管了，哪个还可能管你呢，政府也管不了那么多人哪；况且还有娃娃要读书，肯定还是要出去找钱（打工），要不然这个日子也不会好过。"受访的村民在面临困难时都能勇敢地面对，尽自己的力量去解决问题。V_6 谈道："从山上搬下来没有土地，修房子国家只能补贴一部分，地基的钱和修房子的一部分（钱）还是要自己承担，当时养的猪死了三头，还有一头，我就把养的猪和牛都卖了（死的牲畜大队统一组织焚烧掩埋了），加上积蓄和儿子给的基本够了。"V_7："我原来在茂县拉沙石，地震过后出去不到，就在屋里头做些活路（做工），把地头收拾了，庄稼还是要种的，不种也莫得收入；然后修房子，我们这里莫得石头、水泥些，都要从外面运，运费和人工（费）太高了，我就去邻居那儿借了匹马来驮，又找了些亲戚帮到抬，当时路也不好，我还自己把门口这条小路平了，运沙石些才方便省力些。"积极的应对方式给予灾后羌族村民们战胜困难的信心和勇气，从村民们的言谈中，我们感受到积极的力量，虽然灾后生活困难重重，但羌族人还是挺起胸膛，以积极的生活态度和方式战胜了困难。

与此同时，积极的人格特质也是影响羌族村民心理复原的重要因素之一。访谈中我们发现热情、乐观、善良、勤劳、责任心等个人特质，在其讲述中常常体现。V_4："刚地震那会儿，我男人就从屋里抢出点苞谷面、米和腊肉，我们附近几家邻居都过来和我们搭伙，大家一起吃住，反正是遭灾了，你多出点我多出点（生活物资）都不重要了，而且政府也在管我们，所以觉得困难是暂时的，痛苦些始终都要过去的。"V_7 谈道："我们当时 40 多个人就在山顶上的'无声庙'里头，老余（守庙人）还是好，把庙子里的粮食、香油、咸菜些都拿出来，煮一大锅，大家都吃点；我就把原来搭蔬菜棚子的油布拿上去，几个人帮忙搭了几个棚子，结果当天晚上就落雨了……反正想到只要命保住的，其他都无所谓了，大家都是一个村里的，大灾面前就是要互相照应嘛。"V_8 回忆道："我当时找到我妈妈和儿子的时候（妻子当时在成都），我妈还说我莫良心，她说，'别人找到自己的娃娃都搂着哇哇大哭'，我就抱着我儿子也没有哭；其实我内心还是很激动的，从快要绝望到满心欢喜那种，但是我是男的，哪能像女的那样呢（笑）；再说了，只要看到家人都平平安安的，还有啥子过不去呀，日子肯定会好起来的。"在大灾面前许多羌民都体现出坚强、乐观、无私与爱，问卷调查的结果也表明，情绪的稳定性（神经质）与心理韧性是呈显著负相关的，而与外倾性、开放性、宜人性和责任感呈正相关，也即是说，拥有积极人格特质的羌族村民们，他们的心理韧性也会更好。

四　讨论

通过对 9 名羌族村民震后生活与文化认同态度的访谈发现，5·12 大地震不仅给羌族同胞赖以生存的家园造成了毁灭性的破坏，同时给羌人的心理造成了不同程度的压力与创伤体验。受访者 V_2 和 V_7 都谈到震后房屋重建带给自己和家庭的经济压力，同时由于道路的损毁和农作物的损失使得经济来源大幅度减少甚至为零，来自这两方面的压力给羌民震后的心理复原带来阻碍。受访者 V_2 和 V_6 还谈到家人严重的不安全感、焦虑等心理不适问题。研究表明，在灾难过后，无论幸存者的文化背景或宗教信仰如何，他们都有可能表现出创伤后应激症状 [1]。有研究对创伤性应激障碍（PTSD）的危险因子进行了元分析，发现创伤严重程度和缺乏社会支持对 PTSD 症状的预测值要大于创伤前经验[2]；而应激则是个体对自己与环境的关系是否超出自身能力资源以及是否危及自身健康状态的主观评价的结果。因此，有研究认为，负性事件所引发的心理压力能否损害心理健康，取决于个体应激强度和持续时间是否超出了个体的耐受限度；同时，应激只是部分地影响身心健康，应激的性质与特点、个体特征、心理与社会环境因素之间的相互作用，共同决定了应激反应的结果[3]。大部分羌民在访谈中都提到在地震后近半年的时间内，面临的心理压力和心理不适感较重，随着时间的推移和灾后重建进程的推进，这种压力和心理不适感才逐渐减轻。大量相关研究表明，个体的心理韧性与应激、适应和压力之间存在密切的联系。心理韧性是个体应对应激适应最重要的决定性因素和保护性资源之一[4]。Friborg 等人的研究发现，高心理韧性者比低心理韧性者感知到更少的压力和痛苦，表现出更高的

---

[1]　Bhushan, B., Kumar, J. S. Emotional distress and posttraumatic stress in children surviving the 2004 tsunami. *Journal of Loss and Trauma*, Vol. 12, No. 3, 2007, pp. 245 – 257.

[2]　Brewin, C. R., Andrews, B., & Valentine, J. D. Meta-analysis of risk factors for posttraumatic stress disorder in trauma-exposed adults. *Journal of Consulting and Clinical Psychology*, No, 68, 2000, pp. 748 – 766.

[3]　参见梁宝勇《"非典"流行期民众常见的心理应激反应与心理干预》，《心理与行为研究》2003 年第 3 期。

[4]　Rutter, M. Psychological resilience and protective mechanisms. In: J. Rolf, A. S. Masten, D. Cicchetti, et al. (Eds.), *Risk and protective factors in the development of psychopathology*. New York: Cambridge University Press. 1990, pp. 181 – 214.

心理健康水平①。

　　正如著名社会学家费孝通先生所说："羌族是一个向外输血的民族，许多民族都流着羌族的血液。"早在东汉以后，羌族趁着局势大乱之际大举侵入了凉州（约在今甘肃武威）地域并定居下来，开始与汉人杂居，到了唐代，一部分羌人同化于藏族，另一部分同化于汉族；今天，居住在岷江上游与杂谷脑河两岸的羌族，正是古羌保留有羌族族称以及最具有传统文化历史的一支。羌族的文化观认为：人法地、地法山、山法天、天法神、神法自然；其核心围绕人与自然的亲和，人与社会的亲和，人与他者、他族文化的交流与共享，以及人与自我的协调。羌族人依山而居，山在羌族生存中至关重要。从对山神的唱经到对高山仰止的民谣，都饱含羌族神圣的文化心态。如羌族的"祭山会"，在每年的六月初六（羌区各地时间不统一，有正月、四月或五月之分），每年举行一次或两三次不等。羌民以祭山还愿来表达对天神、山神的敬仰，祈祷天神木比塔恩赐风调雨顺、牛羊兴旺、五谷丰登。祭山会充满浓郁的宗教色彩，有"神羊祭山""神牛祭山"和"吊狗祭山"三种方式，巫师释比（俗称端公）穿戴非常讲究，要戴猴头帽，手执神杖和羊皮鼓；祭品一般为宰杀后的羊、狗和鸡。整个祭山活动围绕"阿巴木比塔"（天神塔）进行，塔高 3—4 米，状如锥形，顶端有一块较大的白石，周围放数块小白石，以象征其羌族诸神信仰的各个神位。祭祀期间，每家房屋顶上插杉树枝、屋内神龛或神台上挂剪纸花、烧柏枝，各寨羌民杀牛杀羊祭山，跳锅庄、饮酒吃肉，尽兴而归。

　　由于羌族自古无文字，通用汉字，在与汉族、藏族、彝族等兄弟民族生活杂居的历史过程中，羌族人传统价值观念与行为方式不可避免地受到包括汉文化为主的中华文化的影响，"自由、平等、公正、和平、安宁"等社会观念和"勤劳、节俭、诚实、正直、孝顺、团结、互助"等伦理观念，成为羌族社会伦理思想的核心。上述思想观念，通过各种形式在羌族民间流传，如在羌族传统民歌《太阳出来辣焦焦》中的歌词"想起地租和粮税，心头就像滚油浇"，反映了羌人反抗压迫剥削的斗志和对"自

　　① Friborg, O., Hjemdal, O., Rosenvinge, J. H., & Martinussen, M. A new rating scale for adult resilience: what are the central protective resources behind healthy adjustment? International. *Journal of Methods in Psychiatric Research*, Vol. 12, No. 2, 2003, pp. 65 – 76.

由"和"平等"美好的向往。释比经文上坛经《日不舍格》中诵唱"藏人掌锄刨地基，羌人背石砌墙脚，汉人挖土和稀泥"，反映了民族间团结互助，共建家园的动人画面。羌族还将宗教道德与世俗道德融为一体，并通过历史传说、典故、故事、歌谣等民间文学作品，代际相传。如上坛经《离促》中"天天向上青年人，勤劳生产务耕作，待人谦和敬长辈"。婚礼《祝词》中"养儿育女理好家，尊老爱幼是本分"。爱护公物、热心公益、解危济困、互助生产是羌族人认为天经地义之事。尤其强调要明辨是非、分清善恶、惩恶扬善，这些思想，在上坛经《国》《籴》《兑也》《助耶》和下坛经《迟》《鄂》《勒》《则》等经文中都有明确的体现，而这些传统的伦理思想与中华文化价值体系一脉相承。随着现代化新农村建设的迅速发展，羌区古老的农耕社会中逐渐融入现代化的气息，从道路公共设施的建设、文化教育卫生事业的发展，到羌区市场经济、旅游业的逐步兴旺，在这一社会发展进程中，中华文化中所倡导的自由、平等、公正、法治；爱国、敬业、诚信、友善等社会主义价值体系也融入羌人日常生活中，被现代羌人所崇尚和遵循。

通过对访谈资料的分析，发现羌族人对于本族文化与主流文化（中华文化）之间的关系、态度通过他们的歌舞文化、服饰文化、房屋建筑、人生礼仪、宗教信仰等反映出他们的价值认同与民族身份认同特征；而这些独特的文化特征影响着震后羌族村民心理复原与心理韧性的发展。从符号互动理论出发，个体的经验是其行为塑造和标准与规范形成的行动指南，处于不同社会文化中的个体，会将各自的文化特征逐渐内化为自身观念，进而会对心理韧性产生不同的影响[1]。Peed 研究发现，宗教信仰及价值观是影响个体心理韧性的重要因素[2]，Berry 的二维模型也证明了，少数民族在面临本民族文化与主流文化时，采取整合的认同态度，最利于他们的心理和行为适应，进而提升心理健康水平；反之，采取边缘化的认同态度者，不利于两种文化的适应和心理健康水平的发展。我们访谈分析结果与 Berry 的理论相一致；同时，双文化认同整合（Bicultural identity integration）理论认为，双文化认同整合的程度与双文化能力呈正相关，即那

---

[1]　参见祝红娟等《创伤患者心理弹性的支持系统》，《中华损伤与修复》杂志（电子版）2013 年第 2 期。

[2]　Peed, S. L. The lived experience of resilience for victims of traumatic vehicular accidents: A phenomenological study. *Minneapolis: Capella University.* 2010.

些感受到较少的文化冲突和分离的双文化者，对两种文化都具有更强认同程度和行为上适应能力[1]。

许多研究证明，社会支持与心理韧性呈显著正相关[2]，高心理韧性个体显示出积极的社交倾向，这些个体特征又促进个体与其家庭成员、朋友之间的支持性关系。对汶川地震后青少年心理韧性的调查发现，良好的社会支持系统能有效缓解创伤后的心理应激反应，并促进青少年心理弹性的发展[3]。受访的羌族村民 V_3 谈道："我们心里还是很受感动的，国家这么对我们，还有啥子困难过不去呢？" V_9 说："……我在他们身边好有个照应，即使再困难，心里面觉得只要跟父母在一起还是踏实些。"无论是来自国家、政府还是同族、亲人的支持，都让震后的羌族人体验到温暖和踏实的感觉，这种温情也催生了羌人战胜困难的力量。高心理韧性者通过使用支持性资源来提高他们应对压力的能力，从而减少他们感知到的压力体验和心理痛苦[4]。在灾后重建的过程中，许多村民在接受国家支援扶持的同时积极组织生产自救，如 V_7 谈道："我们这里莫得石头、水泥些，都要从外面运，运费和人工（费）太高了，我就去邻居那借了匹马来驮，又找了些亲戚帮到抬，当时路也不好，我还自己把门口这条小路平了，运沙石些才方便省力些。" V_3："肯定还是要出去找钱（打工），要不然这个日子也不会好过。"此外，在社会支持与应对策略关系的研究中，Holahan 等人研究发现，社会支持能够通过信息或实际的帮助，使个体积极应对心理健康问题[5]；特别是个体对社会支持源的认知，个人领悟到的社会支持更能影响其行为和心理发展。

---

① Benet-Martínez, V. , & Haritatos, J. Bicultural identity integration (BII): Components and psychosocial antecedents. *Journal of Personality*, No. 73, 2005, pp. 1015 - 1050.

② Bonanno, G. A. Loss, trauma, and human resilience: Have we underestimated the human capacity to thrive after extremely aversive events? *American Psychologist*, Vol. 59, No. 1, 2004, pp. 20 - 28.

③ Yu, X. N. , Lau, J. T. , Mak, W. W. , Zhang, J. , Lui, W. W. , & Zhang, J. Factor structure and psychometric properties of the Connor-Davidson Resilience Scale among. *Chinese adolescents*. *Comprehensive Psychiatry*, Vol. 52, No. 2, 2011, pp. 218 - 224.

④ Friborg, O. , Hjemdal, O. , Rosenvinge, J. H. , & Martinussen, M. A new rating scale for adult resilience: what are the central protective resources behind healthy adjustment? International. *Journal of Methods in Psychiatric Research*, Vol. 12, No. 2, 2003, pp. 65 - 76.

⑤ Holahan, C. J. , Moos, R. H. , & Bonin, L. Social support, coping, and psychological adjustment: A resources model. In: Pierce, H. R. , Lakey, B. Sarason, I. G. , & Sarason, B. R. (Eds.), *Sourcebook of social support and personality*. New York: Plenum Press. 1997, pp. 169 - 186.

应对方式作为心理韧性的保护性因素之一，能帮助个体更有效地抵抗压力和挫折并在很大程度上影响着生活事件压力的后果和严重性。如受访者 V_3 谈道："你自己都不管了，哪个还可能管你呢，政府也管不了那么多人哪；况且还有娃娃要读书，肯定还是要出去找钱（打工），要不然这个日子也不会好过。"反映出羌民面对大灾后生活压力的积极认知与行为。当个体面临压力与逆境时，并不存在适用于所有压力情境的应对方式，采用何种应对方式，往往取决于个体对压力情境和自身能力的认知评估；如果个体确认自己对压力情境具有控制力，则倾向采取问题解决的积极应对方式，反之，则可能采取幻想、退避等消极应对方式；当压力超出个体的承受能力时，采取消极应对方式也可以是个体实现自我保护较有效的方法[1]。

研究者对于心理韧性究竟是什么的问题至今未达成一致意见，有研究者认为心理韧性是一种能力，或者是一种人格特质；也有研究者认为，心理韧性是一种动态的过程，是后天逐渐形成发展的，它不属于天生的特质，心理韧性的形成贯穿人的一生。我们更赞成后者，因为前者将心理韧性看作人与生俱来的特质，后天不容易发生变化，这种观点难免消极了一些。张海峰研究发现，生活事件可能是通过人格为中介对个体的心理韧性产生影响[2]，这说明心理韧性是心理状态与心理过程的结合体，心理韧性受到人格的影响，同时也会受到生活事件的影响。有研究发现，心理弹性和人格中的社交能力、与人相处融洽、情绪稳定性、责任心、对工作尽职尽责高度相关[3]，而与情绪的波动性、焦虑、紧张和对他人的不信任感呈负相关[4]。访谈中 V_8："只要看到家人都平平安安的，还有啥子过不去嘛，日子肯定会好起来的。" V_4："……困难是暂时的，痛苦些始终都要过去的。"受访者积极人格特质有助于他们心理韧性的成长和灾后心理复原。研究发现，人格中的乐观因子经由应对方式来促进个体良好的健康和

---

① 参见张海鸥、姜兆萍《自尊、应对方式与中职生心理韧性的关系》，《中国特殊教育》2012 年第 9 期。

② 参见张海峰《大学生生活事件、大五人格与心理韧性的关系研究》，硕士学位论文，南京师范大学，2012 年，第 47 页。

③ Block，J.，& Kremen，A. M. IQ and ego-resilience：Conceptual and empirical connections and separateness. *Journal of Personality and Social Psychology*，Vol. 70，No. 2，1996. pp. 349 – 361.

④ Finn，J. D.，& Rock，D. A. Academic success among students at risk for school failure. *Journal of Applied Psychology*，No. 82，1997，pp. 221 – 234.

主观幸福感①。Allport 认为，个体所处的社会文化背景、扮演的社会角色都对其人格产生巨大影响。基于此，Oishi 提出了人格与文化的关系模型②，描绘了两者间的动态互动关系，即文化对人格在行为上的表现起到了限制或增强的作用；反之，人格特质又限制着文化对个体的影响程度。受文化影响，不同羌文化和中华文化认同态度者，其人格中的积极因子（外倾性、宜人性、责任感等）能帮助他们采取更为有效的应对策略，积极应对震后家园重建与心理复原的过程。

本章小结

5·12 地震发生后，身处极重灾区的羌族同胞经历了痛失家园、财产损失、亲友伤亡等多重压力性事件；虽然国家和灾区各级政府在第一时间启动了重大自然灾害一级响应，迅速投放救灾物资、生活补助以及后来的房屋重建补贴；但由于灾区羌族村民们经济来源的暂时丧失，房屋重建对于大部分羌族家庭而言仍存在不小的经济压力。同时，由于地震强烈的破坏性和突发性，使羌族民众产生心理上的恐慌、紧张、担心、害怕、焦虑等心理压力与问题。震后羌族村民的心理复原不仅受其文化认同方式的影响，而且与社会支持、应对方式和人格等因素密切相关。通过访谈发现：采取整合文化认同态度的羌族人，他们的心理韧性更好；而对羌文化认同较低，不接受、回避本族的文化传统与价值观，仅一味追寻主流文化（中华文化）价值的羌族人所获得的心理韧性最低；这与第三部分外显和内隐研究结果是一致的。

本研究认为对羌文化和中华文化持整合的态度，成为驱动羌族人心理复原的积极力量之一。国家灾后援建和扶持、各级政府的具体措施、族人之间的相互帮助等来自家庭外部的支持资源和亲人关怀等家庭内支持，都对震后羌族人的心理复原产生促进作用。同时，人格中的外倾性、开放性、宜人性、责任感等因子有助于羌族同胞采取积极有效的应对方式，进而促进其心理韧性和灾后心理的复原。

---

① Yali, A. M. , Lobel, M. Coping and distress in pregnancy: an investigation of medically high risk women. *Journal of Psychosomatic Obstetrics & Gynecology*, Vol. 20, No. 1, 1999, pp. 39 – 52.

② Oishi, S. Personality in culture: a neo-Allportian view. *Journal of Research in Personality*, Vol. 38, No. 1, 2004, pp. 68 – 74.

第十章 羌族大学生情绪调节能力与心理韧性成长的团体音乐辅导

第一节 羌族大学生团体音乐辅导的量化分析

音乐是一门古老的艺术，古人云："乐者，心之动也。"它通过有组织的乐音形式，凭借声波振动，在时间中展现，来表达人们的思想感情，反映社会现实生活。音乐作为重要的社会文化现象之一，对个体健康发挥着不可忽视的作用，具有治疗效果，正所谓"音由心生，乐者藥也"①。研究发现，将音乐的元素融入团体治疗中时，音乐可以使团体所产生一种情感的共鸣，形成情感交流，彼此支持的关系网，从内心层次将每个成员都联系起来②，解决成员发展性的心理问题，促进人格成长③。音乐治疗作为一个新兴的、跨越多种学科的边缘学科，它与其他治疗最大的区别就是将音乐作为基本的治疗工具，治疗师通过音乐活动来达到治疗的目的。音乐治疗可以有效地帮助来访者放松身心，宣泄、管理不良情绪，进而促进人际交往和社会化整合④⑤。

Krumhansl 认为，音乐是情绪和认知之间的连接，提出了"音乐情

---

① 参见马前锋《音由心生，乐者藥也——个性化音乐治疗的探索性研究》，博士论文，华东师范大学，2008 年，第 2 页。

② Alison, D., & Eleanor, R. Music Therapy and Group Work Sound Company. London: *Jessica Kingsley Publishers*. 1998.

③ 参见王一卉《音乐团体治疗对大学生心理健康发展的实证研究》，硕士学位论文，兰州大学，2010 年，第 37 页。

④ 参见裴天《音乐治疗学基础理论》，世界图书出版社 2011 年版，第 152—159 页。

⑤ 参见《音乐治疗理论与实务》，吴幸如、黄创华等译，心理出版社（台北）2008 年版。

绪"概念①；音乐作为诱发情绪的有力工具，它的加工依靠广泛分布的皮质神经网络，包括较高的颞部、背侧部前脑及顶叶的大脑区域②。研究证明，积极情绪促进身体健康③、提高和增进幸福感④，促进对挫折的应对和挑战⑤，而且可以促进个体心理健康⑥。基于此，本部分探讨民族音乐元素对亲历5·12地震的羌族大学生情绪调节能力与心理韧性的作用。

一　研究目的

探讨"接受式音乐治疗"对羌族大学生心理韧性的立即性辅导疗效，即进行"中国古典音乐和羌族妮莎多声部团体音乐辅导"的大学生（实验组）在完成实验后，与未接受团辅的大学生（控制组）在情绪调节能力、心理韧性上是否存在显著性差异。

二　研究对象

在四川省绵阳市境内的四所大学（5·12汶川地震中属于重灾区）中通过张贴海报的方式招募对本研究（羌族大学生心理韧性成长的团体音乐辅导）感兴趣的羌族大学生，共招募33名大一、大二学生；通过前测筛选，被试自愿并遵守团体公约，确定最终入组成员为15人（实验组），与之随机匹配15人作为控制组（表10-11）。

---

① Krumhansl, C. L. Rhythm and Pitch in music cognition. *Psychological Bulletin*, No. 126, 2000, pp. 159 – 179.

② Altenmüller, E. , Schürmann, K. , Lim, V. K. , Parlitz, D. Hits to the left, flops to the right: different emotions during listening to music are reflected in cortical lateralisation patterns. Vol. 40, No. 13, 2002, pp. 2242 – 2256.

③ Doyle, W. J. , Gentile, D. A. , Cohen, S. Emotional style, nasalcytokines, and illness expression after experimental rhinovirus exposure. *Brain Behavior, and Immunity.* Vol. 20, No. 2, 2006, pp. 175 – 181.

④ Frederickson, B. L. , Cohn, M. A. , Coffey, K. A. , Pek, J. , & Finkel, S. M. Open hearts build lives: Positive emotions, induced through loving-kindness meditation, build consequential personal resources. *Journal of Personality and Social Psychology*, Vol. 95, No. 5, 2008, pp. 1045 – 1062.

⑤ Folkman, S, Moskowitz, J. T. Positive affect and the other side of coping. *American Psychologist* . Vol. 55, No. 6, 2000, pp. 647 – 654.

⑥ Diener, E. , Lucas, R. E. , Scollon, C. N. Beyond the hedonic treadm ill Revisions to the adaptation theory of well-being. *American Psychologist.* Vol. 61, No. 4, 2006, pp. 305 – 314.

表 10 - 1   研究对象情况 （$n = 30$）

实验组				控制组			
编号	性别	年龄	专业	编号	性别	年龄	专业
1	女	20	文学	1	女	21	教育
2	女	20	教育	2	女	20	教育
3	女	20	文学	3	女	20	文学
4	女	21	应心	4	女	20	文学
5	女	20	应心	5	男	20	城规
6	女	20	应心	6	男	20	交通
7	女	20	教育	7	女	18	交通
8	女	21	教育	8	女	19	英语
9	女	21	文学	9	女	20	应心
10	女	20	经济	10	男	21	应心
11	女	20	经济	11	男	19	体育
12	女	20	英语	12	女	19	化工
13	女	19	英语	13	女	19	资环
14	男	19	体育	14	女	19	经济
15	男	19	城规	15	男	19	资环

三　研究者和观察员

　　研究者即为本次团辅的领导者，在前期充分调研和文献分析的基础上，对团队活动方案进行设计，组织团辅课程的施行，对结果的分析和讨论等均由领导者完成。研究者在组织此次活动前，已多次参与主持团队音乐辅导活动，积累了一定的实践经验，具备完成此次活动的组织能力。观察员 3 名，均为应用心理学专业大三学生，系统学习过团队辅导的理论知识，参与过团队辅导活动，具有实践经验。他们在此次活动中负责被试招募、量表施测、现场记录和配合领导者组织团队活动等，起到非常重要的作用。

四　研究工具

（一）音乐材料

1. 羌族妮莎多声部古歌

　　羌族妮莎属于国家级非物质文化遗产羌族多声部歌曲中有歌词部分。妮莎歌诗的语言表达上与《诗经》相类处，有其风、雅、颂、赋、比、兴六艺相类点，又被称为"妮莎诗经"[①]。妮莎内容涉及从开天辟地到广阔社会生活的各个方面，是一部口耳相传的羌族历史文化和百科全书，现流传并保留于四川阿坝州松潘县、茂县和理县部分乡村。值得庆幸的是经过诸多羌文化传承人和羌文化学者的悉心整理，现已结集出版[②]。本次团体音乐辅导采用的妮莎节选自《羌族妮莎诗经》之埃溪雷簇传承中"天人形成""望下看上""日子话语""天地柱子"和"天地父母"等唱经（详见附录）。

2. 中国古典乐曲

依据乐曲喜欢程度、表达情绪和症状拟合度三个方面来筛选入库乐曲，最终从 62 首中国古典乐曲中选取《月夜》《平湖秋月》《春江花月夜》等 20 首古典音乐作为此次团体辅导使用的音乐曲目。（参见本章第二节）

（二）自陈量表

（1）抑郁自评量表（SDS）包括 20 个项目，分为 4 级评分，原型是 Zung 抑郁量表（1965）。将 20 个项目的各个得分相加，即得粗分；标准分等于粗分乘以 1.25 后的整数部分；总粗分的正常上限为 41 分，标准总分为 53 分。抑郁严重度 = 各条目累计分/80；结果：0.50 以下者为无抑郁；0.50—0.59 为轻微至轻度抑郁；0.60—0.69 为中至重度；0.70 以上为重度抑郁。

（2）焦虑自评量表（SAS）由 Zung（1971）编制。评定采用 1—4 级计分。把 20 个题项的得分相加得总分，把总分乘以 1.25，即得标准分；焦虑评定的分界值为 50 分，50 分以上就可诊断为有焦虑倾向。分值越高，焦虑倾向越明显。

（3）青少年心理韧性量表（RS）由胡月琴等编制（2008），共 27 个题项，采用 1—5 级评分，包含目标专注、情绪控制、积极认知、家庭支持、人际协助 5 个分量表；量表的克隆巴赫 α 系数均大于 0.7，内部一致性效度为 0.85，题目鉴别度均大于 0.30，区分度良好；适用于青少年大学生心理韧性的评定。

---

① 参见赵曦《羌文化宝库，人类童心美景——羌族妮莎诗经解读》，载毛明军《羌族妮莎诗经》，四川师范大学（电子出版社）2015 年版，第 1—23 页。

② 参见毛明军《羌族妮莎诗经》，四川师范大学（电子出版社）2015 年版。

（4）情绪调节习惯问卷（ERQ）由黄敏儿（2001）编制，共24题，采用1—4级评分，测量日常生活中人们对6种具体情绪（包括兴趣、快乐、厌恶、愤怒、悲伤、恐惧）进行原因调节（忽视、重视）和反应调节（抑制、宣泄）的调节频率。量表由24个题项构成，以4个等级反映调节频率的差异。在大学生样本中，总量表克隆巴赫 α 系数为0.73。

（5）情绪智力量表（EIS）由Schule（1998）改编而成，共33个题项，采用5级评分；包括情绪知觉、自我情绪管理、理解他人情绪和运用情绪四个维度；它具有较高的信效度，其信度系数为0.87—0.90。王才康引进了该量表并且翻译为中文版，验证了其效度系数（α 系数为0.83）。

五　研究程序

本研究量表施测分为三个阶段，实验前测、实验处理和实验后测。实验组和控制组均参加实验前测：填写抑郁、焦虑自评量表、心理韧性量表、情绪调节问卷和情绪智力量表等。实验处理阶段：实验组15人于2015年6—7月参与团体音乐辅导活动，为期8周，每周1次，每次90—100分钟；在此期间控制组不接受实验处理，进行正常的学校生活。在"接受式音乐治疗"实验干预最后一次结束后，实验组与控制组成员进行立即性后测，包括：前测中所有量表的填写，实验组成员还要填写《团队因子评价表》《接受式音乐治疗反馈单》。

六　研究结果

（一）羌族大学生抑郁、焦虑症状调查结果

1. 描述性统计分析

以组别（实验组、控制组）为自变量，各因变量在测量时间（前测、后测）的得分进行描述性统计分析（平均数、标准差、直方图），见表10-2。

表10-2　　　　　抑郁、焦虑症状的描述统计（$n=30$）　　　　　单位：分

变量	测量时间	实验组		控制组	
		平均数	标准差	平均数	标准差
抑郁	前测	50.50	6.28	46.75	6.92
	后测	44.67	5.95	53.25	4.84

续表

变量	测量时间	实验组		控制组	
		平均数	标准差	平均数	标准差
焦虑	前测	42.25	5.87	41.08	4.60
	后测	40.33	5.38	45.42	8.72

实验组后测抑郁和焦虑得分明显低于前测，而控制组后测抑郁、焦虑得分高于前测，初步说明实施音乐干预的大学生，其抑郁和焦虑症状明显下降，实验组可能存在干预效应。下列直方图的比较更能有效说明，但是否真实存在干预效应，将做进一步协方差分析（图 10-1、图 10-2）。

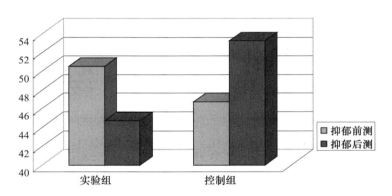

图 10-1　羌族大学生抑郁自评得分

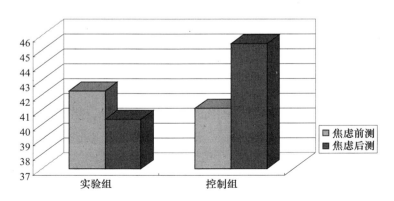

图 10-2　羌族大学生焦虑自评得分

2. 协方差分析结果

选取抑郁、焦虑自评量表的前测数据作为协变量，组别（实验组、控制组）作为自变量，后测数据作为因变量。通过回归系数同构型检验显示：$F_{抑郁} = 1.827$，$P_{抑郁} = 0.188$；$F_{焦虑} = 1.121$，$P_{焦虑} = 0.299$，符合协变量回归系数同构型假定，可以进行协方差分析（表 10 - 3）。

表 10 - 3（A）   A 实验组、控制组抑郁自评得分上协方差分析结果摘要

变异来源	SS	df	MS	F
组间（组别）	779.21	1	779.21	45.67***
组内（误差）	460.66	27	17.06	

注：* $P < 0.05$, ** $P < 0.01$, *** $P < 0.001$；下同。

表 10 - 3（B）   B 实验组、控制组焦虑自评得分上协方差分析结果摘要

变异来源	SS	df	MS	F
组间（组别）	351.76	1	351.76	7.73**
组内（误差）	1228.72	27	45.51	

表 10 - 3 显示，在排除前测数据不均的影响后，实验组成员在"抑郁""焦虑"量表的后测得分显著低于控制组：$F_{抑郁} = 45.67$，$P_{抑郁} < 0.001$；$F_{焦虑} = 7.73$，$P_{焦虑} < 0.01$；即实验组和控制组在"抑郁"和"焦虑"得分因实验处理而呈现出显著差异，说明音乐干预对缓解大学生抑郁和焦虑症状具有立即性辅导效果。

（二）羌族大学生心理韧性调查结果

1. 描述性统计分析

以组别（实验组、控制组）为自变量，以大学生心理韧性在测量时间（前测、后测）的得分进行描述性统计分析（平均数、标准差、直方图）。

表 10 - 4   羌族大学生心理韧性的描述统计（$n = 30$）

变量	测量时间	实验组		控制组	
		平均数	标准差	平均数	标准差
心理韧性	前测	19.61	1.92	20.29	2.27
	后测	21.77	1.60	18.64	1.97

表 10 - 4 说明，实验组后测心理韧性得分高于前测，而控制组后测心理韧性得分低于前测，初步说明实施音乐干预的大学生，其心理韧性水平有显著上升，实验组可能存在干预效应。图 10 - 3 的比较更能有效说明，但是否真实存在干预效应，将做进一步协方差分析。

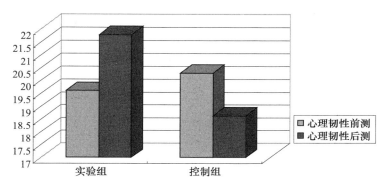

图 10 - 3　羌族大学生心理韧性得分

2. 协方差分析结果

选取大学生心理韧性的前测数据作为协变量，组别（实验组、控制组）作为自变量，后测数据作为因变量。通过回归系数同构型检验显示：$F = 0.037$，$P = 0.848$ 符合协变量回归系数同构型假定，可以进行协方差分析（表 10 - 5）。

表 10 - 5　　实验组、控制组心理韧性得分上协方差分析结果摘要

变异来源	SS	df	MS	F
组间（组别）	94.32	1	94.32	81.88 ***
组内（误差）	31.10	27	1.15	

表 10 - 5 数据显示，在排除前测数据不均的影响后，实验组成员在心理韧性量表的后测得分显著高于控制组：$F = 81.88$，$P < 0.001$；即实验组和控制组的心理韧性水平因实验处理而呈现出显著差异，说明接受式音乐治疗对提升大学生心理韧性水平具有立即性辅导效果。

（三）羌族大学生情绪调节方式调查结果

1. 描述性统计分析

以组别（实验组、控制组）为自变量，各因变量（各分量表）在测量时间（前测、后测）的得分进行描述性统计分析（平均数、标准差、直方图），见表 10 - 6。

表 10 - 6　　　　　　羌族大学生情绪调节方式的描述统计（$n=30$）

变量	测量时间	实验组		控制组	
		平均数	标准差	平均数	标准差
正情绪	前测	18.00	2.07	18.47	1.73
	后测	21.07	1.62	17.93	1.28
负情绪	前测	32.27	3.51	35.93	6.87
	后测	27.93	3.69	34.60	4.22
增强型调节	前测	26.47	2.97	26.67	4.15
	后测	29.73	2.12	24.27	3.88
减弱型调节	前测	24.73	3.67	25.40	2.75
	后测	21.33	3.52	26.47	2.83

上述结果表明，实验组在正情绪、增强型调节上，后测数据均高于前测数据，而控制组均低于前测；初步说明实验组进行音乐干预后，羌族大学生的正情绪均有所上升，情绪调节多以增强型（重视、宣泄）调节为主。同时，实验组在负情绪和减弱型调节上，后测数据也低于前测；控制组的负情绪有所下降，但减弱型调节得分高于前测，说明音乐干预可能有效降低实验组的负情绪，同时改善情绪调节的方式；而控制组在负情绪上得分虽有所下降，但情绪调节以减弱型调节（忽视、抑制）为主（图 10 - 4）。直方图的比较更能有效说明，但是否真实存在干预效应，将做进一步协方差分析。

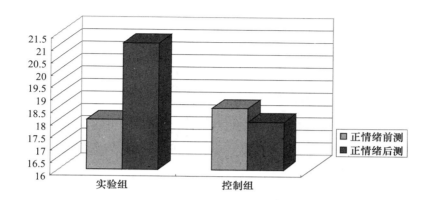

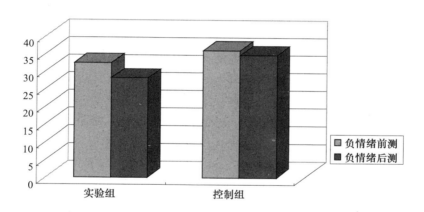

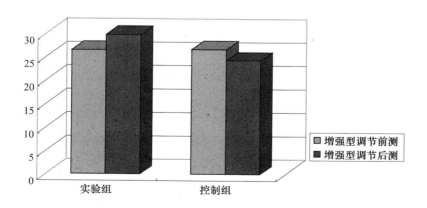

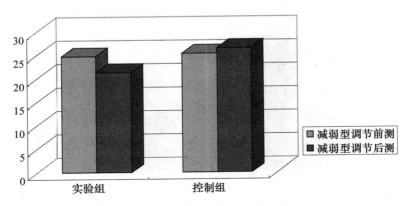

图 10 - 4   羌族大学生正情绪、负情绪、增强型调节和减弱型调节得分

2. 协方差分析结果

选取大学生正情绪、负情绪、增强型调节和减弱型调节变量的前测数据作为协变量，组别（实验组、控制组）作为自变量，后测数据作为因变量。通过回归系数同构型检验显示：$F_{正情绪} = 2.105$，$P_{正情绪} = 0.159$；$F_{负情绪} = 0.036$，$P_{负情绪} = 0.851$；$F_{增强型} = 1.886$，$P_{增强型} = 0.181$；$F_{减弱型} = 0.285$，$P_{减弱型} = 0.598$；符合协变量回归系数同构型假定，可以进行协方差分析（表 10 - 7）。

表 10 - 7（A）   A 实验组、控制组"正情绪"上协方差分析结果摘要

变异来源	SS	df	MS	F
组间（组别）	85.18	1	85.18	83.92***
组内（误差）	27.41	27	1.01	

表 10 - 7（B）   B 实验组、控制组"负情绪"上协方差分析结果摘要

变异来源	SS	df	MS	F
组间（组别）	228.24	1	228.24	15.48***
组内（误差）	398.21	27	14.75	

表 10 - 7（C）　　C 实验组、控制组"增强型调节"上协方差分析结果摘要

变异来源	SS	df	MS	F
组间（组别）	234.36	1	234.36	48.67 ***
组内（误差）	129.97	27	4.81	

表 10 - 7（D）　　D 实验组、控制组"减弱型调节"上协方差分析结果摘要

变异来源	SS	df	MS	F
组间（组别）	174.71	1	174.71	20.22 ***
组内（误差）	233.25	27	8.64	

　　表 10 - 7 结果显示，在排除前测数据不均的影响后，实验组成员在正情绪、增强型调节上的后测得分显著高于控制组，而在负情绪和减弱型调节上的后测得分低于控制组；即实验组和控制组的情绪调节方式和水平因实验处理而呈现出显著差异，说明接受式音乐治疗对提升羌族大学生正性情绪和积极的情绪调节水平具有立即性辅导效果。

　　（四）羌族大学生情绪智力调查结果

　　1. 描述性统计分析

　　以组别（实验组、控制组）为自变量，各因变量（总表和各分量表）在测量时间（前测、后测）的得分进行描述性统计分析（平均数、标准差、直方图）。

表 10 - 8　　　　　　羌族大学生情绪智力的描述统计　（n = 30）

变量	测量时间	实验组		控制组	
		平均数	标准差	平均数	标准差
情绪智力	前测	124.93	7.49	127.20	8.06
	后测	129.67	7.12	124.67	11.80
情绪知觉	前测	41.93	5.89	43.93	3.31
	后测	48.53	3.40	45.47	3.85
自我情绪管理	前测	24.93	2.19	31.27	3.17
	后测	30.13	2.53	23.93	2.84
理解他人情绪	前测	23.80	2.34	23.67	2.44
	后测	37.40	2.64	25.73	2.63

续表

变量	测量时间	实验组		控制组	
		平均数	标准差	平均数	标准差
情绪运用	前测	25.20	3.95	26.33	3.15
	后测	27.47	4.37	22.80	2.83

表 10 – 8 显示，实验组在情绪智力各维度上后测数据均高于前测，而控制组均低于前测（情绪知觉和理解他人情绪除外）；初步说明实验组接受音乐干预后，羌族大学生的情绪智力水平明显上升，表现在对情绪知觉、自我情绪管理、理解他人情绪及情绪运用等方面的能力。图 10 – 5 比较更能有效说明，但是否真实存在干预效应，将做进一步协方差分析。

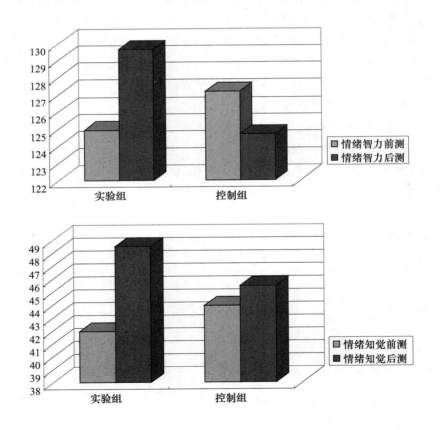

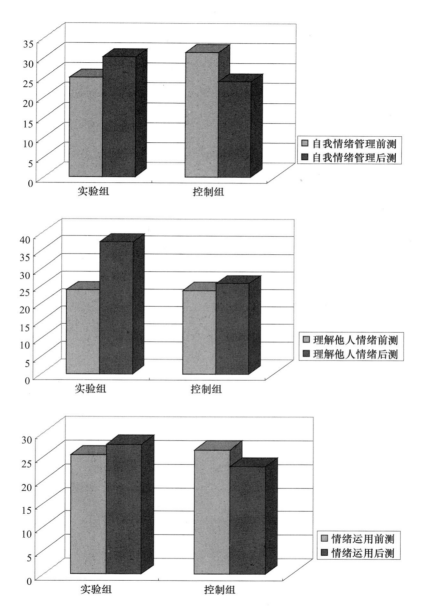

图 10－5　羌族大学生情绪智力、情绪知觉、自我情绪管理、
理解他人情绪和情绪运用得分

2. 协方差分析结果

选取大学生情绪智力总表及各分量表变量的前测数据作为协变量，组别（实验组、控制组）作为自变量，后测数据作为因变量。通过回归系数同构型检验显示：$F_{情绪智力} = 0.460$，$P_{情绪智力} = 0.504$；$F_{情绪知觉} = 0.002$，$P_{情绪知觉} = 0.984$；$F_{自我管理} = 0.138$，$P_{自我管理} = 0.714$；$F_{理解他人} = 0.135$，$P_{理解他人} = 0.717$；$F_{情绪运用} = 1.135$，$P_{情绪运用} = 0.297$；符合协变量回归系数同构型假定，可以进行协方差分析（表 10 – 9）。

表 10 – 9（A）　　　　A 实验组、控制组"情绪智力"上协方差分析结果摘要

变异来源	SS	df	MS	F
组间（组别）	356.25	1	356.25	6.97 **
组内（误差）	1379.65	27	51.10	

表 10 – 9（B）　　　　B 实验组、控制组"情绪知觉"上协方差分析结果摘要

变异来源	SS	df	MS	F
组间（组别）	93.47	1	93.47	7.84 **
组内（误差）	322.00	27	11.93	

表 10 – 9（C）　　　　C 实验组、控制组"自我情绪管理"上协方差分析结果摘要

变异来源	SS	df	MS	F
组间（组别）	218.12	1	218.12	33.32 **
组内（误差）	176.75	27	6.55	

表 10 – 9（D）　　　　D 实验组、控制组"理解他人情绪"上协方差分析结果摘要

变异来源	SS	df	MS	F
组间（组别）	1011.41	1	1011.41	157.99 ***
组内（误差）	172.84	27	6.40	

表 10 – 9（E）　　　　E 实验组、控制组"情绪运用"上协方差分析结果摘要

变异来源	SS	df	MS	F
组间（组别）	182.44	1	182.44	14.09 ***
组内（误差）	349.55	27	12.95	

表 10 - 9 结果显示，在排除前测数据不均的影响后，实验组成员在情绪智力总分及各维度上后测得分均高于控制组；即实验组和控制组的情绪智力因实验处理而呈现出显著差异，说明接受式音乐治疗对提升羌族大学生情绪智力具有立即性辅导效果。

七　讨　论

情绪调节是一个古老而又年轻的话题。中国传统医学把情绪调节放到了相当重要的位置，如"怒伤肝，忧思伤脾"的观点，反映了朴素的心理免疫思想以及对情绪与身心健康关系的认识。情绪调节是指个体根据内外环境的要求，在对情绪进行监控和评估的基础上，采用认知和行为策略对情绪进行修正的心理过程[①]。"情绪调节"包含着两个二级概念：情绪调节策略和情绪调节能力，二者界定的是个体情绪调节特质的不同方面。情绪调节策略是指个体在调节消极情绪过程中所运用的各种认知策略和行为策略；Gross 把情绪调节策略分为两大类，即认知重评（cognitive reappraisal）和表达抑制（expression suppression）[②]。情绪调节发生于情绪反应过程之中，可以区分为原因调节和反应调节[③]；原因调节主要调整（减弱或增强）情绪的评价过程，基本调节方式包括评价忽视（忽视）和评价重视（重视）；反应调节主要调整（减弱或增强）情绪反应成分，基本调节方式包括表情抑制（抑制）和表情宣泄（宣泄）。情绪调节能力特指个体通过有效运用情绪调节策略，实现目标所应当具有的心理特质，情绪调节能力是对个体情绪调节完成结果的积极判定。"情绪智力"既属于个体基本的心智能力之一，同时也是情绪调节能力的表现，即感知、评估、表达和理解情绪的能力，调节情绪促进思维智力发展的能力以及运用知识推理和解决问题的能力[④]。

抑郁和焦虑是大学生最易出现的情绪问题。研究发现，情绪调节策略

---

① 参见孟昭兰《情绪心理学》，北京大学出版社 2005 年版，第 204—205 页。

② Gross, J. J. The emerging field of emotion regulation: An integrative review. *Review of General Psychology*, No. 2, 1998, pp. 271 - 299.

③ 参见黄敏儿、郭德俊《原因调节和反应调节的情绪变化过程》，《心理学报》2002 年第 4 期。

④ Mayer, J. D., Salovey, P., Caruso, D. R. Emotioal Intelligence: Theory, *Findings and Implications. Psychological Inquiry.* Vol. 15, Nol. 3, 2004, pp. 197 - 215.

可以有效预测大学生抑郁和焦虑[①]。音乐治疗对焦虑症有很好的辅助治疗
效果，能改善患者的焦虑、抑郁情绪，增强主动性[②]；接受式音乐治疗在
缓解大学新生焦虑情绪方面具有显著的效果，帮助大学新生更好地适应学
习生活、构建良好的情绪心理和人际关系起到积极的促进作用[③]。

心理韧性（Resilience）作为一种特质或能力的观点已得到越来越多研
究者的认同[④]。心理韧性被认为是一种涉及一个人的健康与幸福生活等的
重要心理素质，个体心理韧性可以通过有效训练得到提高和改善[⑤][⑥]。情
绪是心理韧性的一个重要影响因素，Cohn 等人对大学生的调查发现，积
极情绪对心理弹性和生活满意度有预测作用[⑦]，而心理韧性较强的个体更
能从压力事件或逆境中获得积极的情绪[⑧]。因此，本部分研究将抑郁、焦
虑、心理韧性、情绪调节策略和情绪智力作为羌族大学生情绪调节能力与
心理韧性成长的主要指标进行考察。

在音乐素材的选择上，采用羌族传统多声部民歌经典"妮莎"作为
诵读和赏析的内容之一，一方面希冀羌族儿女对民族文化的瑰宝更深入地
理解，另一方面是将羌文化精髓与个体心理发展相结合，这也是对传统文
化的活态传承方式之一。同时，选用中国古典音乐，如人们耳熟能详的

① 参见李丞凤等《大学生认知情绪调节与抑郁、焦虑的相关性研究》，《国际精神病学杂志》2011 年第 1 期。

② 参见何芳梅《音乐干预对焦虑症患者情绪治疗的效果观察》，《现代临床护理》2013 年第 6 期。

③ 参见田野《接受式音乐治疗对大学新生适应性焦虑的干预研究——以天津音乐学院为例》，硕士学位论文，天津音乐学院，2014 年，第 39 页。

④ Connor, K. M., & Davidson, R, J. Development of a new resilience scale: The Connor-Davidson Resilience Scale (CD-RISC). *Depress Anxiety*, Vol. 18, No. 2, 2003, pp. 76 – 82.

⑤ Utsey, S., Hook, J., Fisher, N., & Belvet, B. Cultural orientation, ego resilience, and optimism as predictors of subjective wellbeing in African Americans. The *Journal of Positive Psychology*, Vol. 3, No. 3, 2008, pp. 202 – 210.

⑥ Ahangar, R. G. A study of resilience in relation to personality, cognitive styles and decision making style of management students. Africa *Journal of Business Management*, Vol. 4, No. 6, 2010, pp. 953 – 961.

⑦ Cohn, M. A., Fredrickson, B. L., Brown, S. L., Mikels, J. A., & Conway, A. M. Happiness unpacked: Positive emotions increase life satisfaction by building resilience. *Emotion*, Vol. 9, No. 3, 2009, pp. 361 – 368.

⑧ Tugade, M. M., Fredrickson, B. L., & Barrett, L. F. Psychological resilience and positive emotional granularity: Examining the benefits of positive emotions on coping and health. *Journal of Personality*, Vol. 72, No. 6, 2004, pp. 1161 – 1190.

《春江花月夜》《渔舟唱晚》《平沙落雁》《良宵》《高山流水》《阳关三叠》等名曲，它们作为民族文化的重要载体深植于中国古典哲学和美学的土壤之中，充分浸润着中华文化的根本精神。通过妮莎诗经和中国古典乐曲的赏析，能促进羌族大学生对羌文化和中华文化实践价值的体悟，增进对民族文化的深厚情感，促进其积极情绪和心理韧性的发展。

1. 接受式音乐治疗对羌族大学生抑郁、焦虑症状的干预效果

通过为期 8 周的中国古典音乐治疗，实验组 15 名大学生的抑郁自评症状降低 19.5%，而控制组 15 名大学生抑郁自评症状上升 1.2%；实验组焦虑症状降低 4.5%，而控制组焦虑症状上升 10.6%；前、后测数据的协方差分析也表明音乐治疗对实验组、控制组在抑郁和焦虑上存在显著差异，即接受妮莎诗经诵读与古典音乐赏析对缓解实验组大学生的抑郁和焦虑症状具有立即性辅导效果。这与已有研究结果相一致，音乐治疗对焦虑症有很好的辅助治疗效果，能改善患者的焦虑、抑郁情绪，增强主动性[1]。黄敏儿等考察了大学生情绪调节方式与抑郁的关系，结果表明高抑郁的个体在感受消极情绪时有更多的重视和宣泄，在感受积极情绪时则存在比较多的忽视和抑制，不恰当的情绪调节方式可能是抑郁增强的重要原因[2]。实验组大学生反馈，音乐治疗是一种最好的休息，能使他们从烦恼、压力中解放出来，在治疗过程中感觉很舒服、很享受，结束后感觉非常轻松，这也说明音乐治疗具有改善注意力、调整心境、产生镇静、释放能量等作用，从而能帮助大学生有效对抗抑郁、焦虑情绪，摆脱各种身心症状，建立起一种积极的情绪[3]。同时，音乐的审美价值也帮助大学生通过音乐想象促进情绪获得释放与宣泄，使积极的情绪强化，消极的情绪排除，甚至可以使原来的消极状态转化为积极状态，缓解躯体的应激状态，解除心理扭曲和紧张。

2. 接受式音乐治疗对羌族大学生心理韧性的干预效果

通过 8 周的接受式音乐治疗，实验组 15 名大学生的心理韧性水平提

---

[1] 参见张明廉等《音乐治疗对焦虑症患者情绪改善的疗效观察》，《中国康复医学杂志》2008 年第 8 期。

[2] 参见黄敏儿《大学生情绪调节方式与抑郁的研究》，《中国心理卫生杂志》2001 年第 6 期。

[3] 参见张旻琰《论音乐放松技术对学生考试焦虑情绪的缓解作用》，《教育与职业》2005 年第 35 期。

升 11%，而控制组 15 名大学生心理韧性水平下降 8.1%；前、后测数据的协方差分析也表明音乐治疗对实验组、控制组在心理韧性上存在显著差异，即接受式音乐干预对提升实验组大学生心理韧性水平具有立即性辅导效果。Richardson 将心理韧性定义为：①在压力和逆境中能良好应对的能力；②能够从压力和逆境中得到积极的成长①。心理韧性作为一种个体压力应对资源，能有效地抵御压力所产生的负面影响，因而成为积极心理学研究的热点问题②。心理韧性对大学生心理健康成长具有十分重要的意义，在面对消极刺激时，个体可以主动地进行情绪调节，从而减少心理和生理上的情绪反应和情绪变化③。心理韧性较高的大学生可能采用积极的情绪调节方式，在面对压力情境时，能更好地作出积极的应对④。羌族大学生作为 5·12 地震的亲历者，在面对逆境、创伤或其他重大压力时，心理韧性帮助他们实现良好的适应⑤或创伤后成长；在逆境或压力条件下，积极情绪在心理韧性对压力适应或幸福感的作用路径中发挥中介效应⑥⑦。研究认为，团体咨询中的互助联盟关系是大学生心理韧性改变的关键因素⑧，符合时宜的音乐运用，能调动个体的正情绪，促进个体增强型情绪调节的能力。正如 Frederickson 提出的 "积极情绪的扩展—建设理论"（Broaden-building theory of positive emotion）认为，积极情绪能够扩展个体瞬间的思维与行动序列，帮助个体发展和建设个人资源，个体个人资源的

---

① Richardson, G. E. The metatheory of resilience and resiliency. *Journal of Clinical Psychology*, No. 58, 2002, pp. 307 – 321.

② Frydenberg, E. Coping competencies: What to teach and when. *Theory into Practice*. Vol. 43, No. 1, 2004, pp. 14 – 22.

③ Jackson, D. C., Malmstadt, J. R., Larson, C. L., Davidson, R. J. Suppression and enhancement of emotional responses to unpleasant pictures. *Psychophysiology*. No. 37, 2000, pp. 515 – 522.

④ 参见张佳佳《军校大学生心理弹性的特点及心理弹性的促进研究》，硕士学位论文，第三军医大学，2011 年，第 26 页。

⑤ Luthar, S. S., Cicchetti, D., & Becker, B. The construct of resilience: a critical evaluation and guidelines for future work. *Child Development*, Vol. 71, No. 3, 2000, pp. 543 – 562.

⑥ Zautra, A. J., Arewasikporn, A., & Davis, M. C. Resilience: Promoting well-being through recovery, sustainability, and growth. *Research in Human Development*. Vol. 7, No. 3, 2010, pp. 221 – 238.

⑦ 参见崔丽霞、殷乐、雷雳《心理弹性与压力适应的关系：积极情绪中介效应的实验研究》，《心理发展与教育》2011 年第 3 期。

⑧ 参见郭磊、皮凤丽《团体咨询对提高大学生心理韧性的作用》，《中国健康心理学杂志》2015 年第 4 期。

增强又有助于个体更好地应对生活挑战，利用各种机会取得成功。无论是作为短暂的积极情绪状态还是比较稳定的积极情绪状态——心境，对于个人资源具有建设效应，如积极情绪抵消消极情绪的心理效应[①]，促进对挑战与挫折的适应性应对，增强自我韧性，从而促进个体从压力性事件中的恢复[②]。

3. 接受式音乐治疗对大学生情绪调节策略的干预效果

通过接受式音乐治疗，实验组大学生正情绪所占比例上升 17%，负情绪比例下降 13.5%；控制组大学生正情绪比例下降 2.9%，负情绪比例下降 3.7%；两组前、后测数据协方差分析结果显示，音乐干预使实验组大学生的情绪调节方式和水平因实验处理而呈现出显著差异，妮莎诗经诵读和古典音乐赏析对提升大学生正情绪和增强型情绪调节具有立即性辅导效果。本研究中，无论实验组还是控制组，大学生负情绪在后测中都有所下降，说明总体上大学生的积极情绪（正情绪）多于消极情绪（负情绪），积极情绪在大学生情绪生活中可能占主导地位。Lyubomirsky 等人研究也发现，积极情绪是个体幸福与成功关系的重要中介变量[③]，大学生的积极情绪占主导的情绪特点具有一定的积极意义，有助于他们在将来学习或工作中获得成功。

在情绪调节策略的运用上，实验组更侧重增强型（重视、宣泄）的情绪调节方式，后测得分较前测提高 13.1%，同时在减弱型情绪调节方式的运用上降低 13.7%；控制组更侧重减弱型（忽视、抑制）情绪调节方式，后测得分较前测提高 4.2%，并在增强型情绪调节方式的运用上降低了 8.9%。Gross 认为，善于使用认知重评策略（重视和宣泄）的个体其幸福感、抑郁和满意度等反映心理健康水平的指标较积极；而使用表达

---

① Frederickson, B. L., Cohn, M. A., Coffey, K. A., Pek, J., & Finkel, S. M. Open hearts build lives: Positive emotions, induced through loving-kindness meditation, build consequential personal resources. *Journal of Personality and Social Psychology*, Vol. 95, No. 5, 2008, pp. 1045 – 1062.

② Cohn, M. A., Fredrickson, B. L., Brown, S. L., Mikels, J. A., & Conway, A. M. Happiness unpacked: Positive emotions increase *life satisfaction by building resilience*. *Emotion*, Vol. 9, No. 3, 2009, pp. 361 – 368.

③ Lyubomirsky, S. L., King, L., & Diener, E. The benefits of frequent positive affect: Does happiness lead to success? *Psychological Bulletin*, 2005, 131 (6), pp. 803 – 855.

抑制的个体其心理健康水平较低①。研究还发现，抑制消极情绪表达增强了消极情绪体验，抑制积极情绪表达降低了积极情绪体验②。本研究结果表明，妮莎诗经和中国古典音乐对改善大学生情绪调节方式具有一定效果：妮莎中"日子话语""玩耍欢乐"唱述人类在社会活动中玩耍游戏，欢喜快乐的起源来历；唱词中人间主客、兄妹、姐弟、姐妹能够聚会，共唱妮莎，笑、欢、玩成为最高价值和最高享受。这是羌人古朴的美学观和价值观的真实再现。中国古典音乐崇尚"天人合一"的思想，《吕氏春秋》提出以五音配五行、十二律配十二月的思想，构成宇宙图式，认为音乐来自自然，就应该像自然一样平和、适中，而这样的音乐也就可以用来立身、治国。在接受式音乐治疗中，联想、想象极为自由、广阔，它具有创造想象的成分，能充分发挥出人的"内听觉"与"内视觉"的审美感受达到完美的和谐统一。关于音乐产生的身心效应，一种理论认为音乐首先影响人的情绪，产生出各种各样的心境，然后作用于人的生理机制；另一种理论认为音乐是通过作用于人的生理从而影响人的心理。日本音乐美学家渡边就音乐与情绪的密切关联提出四点：（1）音乐与情绪都在时间的过程中进行；（2）音乐与情绪都具有一种非物质的性质；（3）音乐与情绪都是与视觉的固定性没有关系；（4）音乐与情绪都内含有动力性的运动性③。正如《乐记》中所述："乐者，音之所由生也；其本在人心之感于物也。""夫民有血气心知之性，而无哀乐喜怒之常，应感物而动，然后心术形焉。"

4. 接受式音乐治疗对羌族大学生情绪智力的干预效果

情绪智力（Emotional Intelligence）主要是在后天环境培养中不断地成长与提高，在人生的整个阶段都在发展，其发展速度不同，青少年时期是情绪智力发展的关键期④。研究表明，情绪智力并非天生或遗传，而是可

---

① Gross，J. J. The emerging field of emotion regulation：An integrative review. *Review of General Psychology*，1998，2，pp. 271 – 299.

② Gross，J. J. ，John，O. P. Individual differences in two emotion regulation processes：implications for affect，relationships，and well-being. *Journal of Personality and Social Psychology*，2003，85（2），pp. 348 –362.

③ 参见沈靖《音乐治疗及其相关心理学研究述评》，《心理科学》2003 年第 1 期。

④ Mayer J D，Salovey P. What is emotional intelligence? In：Salovey P，Sluyter D Eds. *Emotional development and emotional intelligence：Implications for educators*. New York：Basic Books，1997. pp. 3 – 31.

以通过学习在一生中得到不断的改善与提高①。Bar-on 也认为，情绪智力可以通过教育与辅导获得改善与提高②。大学生作为信息社会的中坚力量，他们的情绪智力正处于迅猛发展的时期，音乐治疗对大学生的情绪调适、自我激励、社会交融等方面具有显著效果③，情绪智力整体水平得到了显著的提高④。本研究中，实验组经过 8 周的接受式音乐治疗，情绪智力增长 3.8%，情绪知觉增长 15.7%，自我情绪管理增长 20.9%，理解他人情绪增长 57.1%，情绪运用增长 9%；而控制组除在情绪知觉（增长3.5%）和理解他人情绪（增长 8.7%）外，在情绪智力各维度上均呈下降趋势。研究结果表明，接受式音乐治疗对羌族大学生情绪智力提升具有立即性效应。

　　相关研究表明，情绪调节策略和情绪调节能力存在密切的关联，积极情绪调节策略和情绪调节能力存在显著的正相关，消极情绪调节策略和情绪调节能力存在显著的负相关⑤，这与本研究结果相一致，羌族大学生增强型情绪调节能力与其情绪智力增长趋势呈正向一致性。研究发现，大学生的情绪智力与心理韧性具有高度相关，情绪智力对心理韧性具有预测作用⑥；同样，心理韧性的提高对于增加积极情绪，减少消极情绪有重要的影响。Block 等人认为积极情绪和消极情绪可以视为心理韧性的结果⑦。上述研究结果提示，要提高大学生的情绪调节能力，不能仅着眼于消除其消极情绪调节策略（如减弱型情绪调节方式），而且要让其善于运用积极情绪调节策略，进行情绪调节干预时要将认知干预和行为干预相结合，选取时宜的音乐用于情绪认知干预中，提高大学生情绪知觉能力和运用能

① Goleman, D. Emotional intelligence. In Sadock, B. and Sadock, V. (Eds.), *Comprehensive textbook of psychiatry*, seventh edition. Philadelphia: Lippincott Williams & Wilkins. 2000.

② Bar-on, R. The Bar-On model of emotional-social intelligence (ESI). *Psicothema*, No. 18, 2006, pp. 13 – 25.

③ 参见李维灵、郭世和、张利中《音乐偏好与情绪智力之相关研究——以某大学休闲系一年级学生为例》，《大叶学报》2004 年第 2 期。

④ 参见王威《接受式音乐治疗对大学生情绪智力的影响研究》，硕士学位论文，浙江师范大学，2009 年，第 56 页。

⑤ 参见刘启刚《青少年情绪调节策略与情绪调节能力的关系研究》，《心理研究》2011 年第 6 期。

⑥ 参见马会敏《大学生情绪智力和心理韧性的相关研究》，硕士学位论文，东北师范大学，2013 年，第 22 页。

⑦ Block, J., Kremen, A. M. IQ and ego-resiliency: Conceptual and empirical connections and separateness. *J Pers Soc Psychol*, Vol. 70, No. 2, 1996, pp. 349 – 361.

力，进而促进情绪调节能力和心理韧性水平的发展。

第二节　羌族大学生团体音乐辅导的质化分析

本部分研究通过单元反馈单和现场录音、记录等质性资料对接受式音乐治疗进行效果评估，即用质性分析来探讨实验组羌族大学生在接受式音乐治疗后，在情绪调节和心理韧性方面的变化与收获，并随时收集实验成员对接受式音乐治疗反馈和建议，逐步完善接受式音乐治疗的辅导方案（表 10 - 10）。

表 10 - 10　　　　　　　　接受式音乐治疗团辅方案

主题名称		单元辅导目标	单元辅导流程
感知情绪的能力悦纳自我和他人	1. 音乐中相知	1. 建立团体、成员间彼此相识，明确团体目标 2. 增强团体凝聚力，营造温馨的氛围	1. 暖场游戏：抓乌龟/滚雪球/你好拍手舞 2. 相识是缘 3. 音乐之我：介绍妮莎和古典乐曲 4. 建立团体契约、团体歌曲 5. 填写单元回馈单
	2. 我知我心	1. 广泛认知、感知各种情绪 2. 学会感知自己的情绪 3. 悦纳自我	1. 暖场游戏：踢"球"游戏 2. 我现在的心跳 3. 看我 72 变——情绪地图 4. 音乐欣赏和妮莎诵读 5. 填写单元回馈单
	3. 我懂他心	1. 体会音乐的情绪性 2. 学会感知他人的情绪 3. 表达自我情绪 4. 悦纳和欣赏他人	1. 暖场游戏："大小风吹" 2. 音乐赏析 3. 团体音乐绘画——《渔舟唱晚》 4. 故事分享——《我的朋友》 5. 填写单元回馈单
调节情绪的能力正确认知和应对挫折	4. 我的情绪我做主	1. 学会了解与调节自我情绪 2. 学会对挫折的积极认知	1. 暖场游戏：词语接龙、节奏练习 2. 妮莎诵读；音乐想象——高山、大海、森林、小溪 3. 构建音乐安全岛 4. 填写单元回馈单
	5. 挫折伴我成长	1. 学会调节自我和他人的情绪 2. 学会勇敢、正确地应对挫折	1. 暖场游戏：开火车 2. 渐进性肌肉放松训练 3. 情景表演：面对挫折 4. 填写单元回馈单

续表

主题名称		单元辅导目标	单元辅导流程
运用情绪的能力提升心理韧性	6. 跟着节奏走	1. 理解和运用音乐的情绪性 2. 学会运用自我情绪	1. 暖场游戏：007 2. 音乐配话，说情绪 3. 音乐同步——情绪共鸣 4. 填写单元回馈单
	7. 做情绪超人	1. 学会理解情绪、表达情绪、运用情绪的能力 2. 提高注意力、意志力，增强行为的自控力	1. 暖场游戏：团队呼啦圈 2. 再遇情绪地图 3. 模拟情境：我该怎么做？ 4. 音乐赏析与妮莎诵读 5. 填写单元回馈单
	8. 明天会更好	总结团辅过程 表达自我情绪 处理离别情绪	1. 暖场游戏：电流传递 2. 音乐歌唱与妮莎诵读 3. 全程团体辅导回顾与总结 4. 填写参加此次活动的感想 5. 互赠留言与祝福

接受式音乐治疗选取的中国古典音乐曲目由最初的 62 首曲目，经由音乐学专业的教师和学生进行评定，从乐曲喜欢程度、表达情绪和症状拟合度三个方面来筛选入库乐曲，最终选取《月夜》《平湖秋月》《春江花月夜》等 20 首古典音乐作为此次团体辅导使用的音乐曲目，具体见表10－11。

表 10－11　　　　　　　　20 首中国古典音乐曲目

序号	曲目	喜好程度	表达情绪	症状拟合度
1	《月夜》	4.63	4.50	4.47
2	《欢乐歌》	4.55	4.41	4.38
3	《春江花月夜》	4.48	4.35	4.32
4	《平湖秋月》	4.48	4.35	4.32
5	《花好月圆》	4.48	4.35	4.32
6	《良宵》	4.43	4.30	4.27
7	《渔舟唱晚》	4.38	4.25	4.22
8	《姑苏行》	4.38	4.25	4.22
9	《高山流水》	4.38	4.25	4.22

序号	曲目	喜好程度	表达情绪	症状拟合度
10	《夕阳箫鼓》	4.33	4.20	4.17
11	《喜相逢》	4.32	4.18	4.15
12	《彩云追月》	4.32	4.18	4.15
13	《光明行》	4.28	4.15	4.12
14	《早晨》	4.28	4.15	4.12
15	《空山鸟语》	4.28	4.15	4.12
16	《荫中鸟》	4.25	4.11	4.08
17	《步步高》	4.25	4.11	4.08
18	《云庆》	4.23	4.10	4.07
19	《胡笳十八拍》	4.23	4.10	4.07
20	《平沙落雁》	4.23	4.10	4.07

一 团体辅导摘要分析

1. 主题活动一：音乐中相知

第一阶段通过暖身活动滚雪球，团队中的 15 名成员在欢快的气氛中逐渐熟悉起来，在团队领导者简要介绍音乐治疗的原理后，开始了"音乐知我"的旅程。每位成员轮流向大家介绍一首自己最喜爱的乐曲，成员们可以充分表达自己为何喜爱这首音乐作品，以及聆听的情绪情感分享。同时用心体会团队其他成员推介的作品中蕴含的情绪情感。如缪拉推荐的《明天，你好》，"淡淡的忧伤，沁人心脾，凝聚着青春的气息和对未来、成长坚定的勇气"。她的感受引起了其他成员的共鸣，如激发了志秀对生命的看法，"生命历程的流动性，我们要淡定从容地面对生命"。有三位同学不约而同地推介《夜空中最亮的星》来表达自己对未来充满希望，不断激励自己前行的激情。大家都为他们的励志和默契报以热烈的掌声。当然这也是一个自我展示的舞台，有些同学积极活跃，而部分同学则被动聆听，反映出个体在情绪表达上的特点。有些同学就过于表达自己，而忽略了其他同学的情绪。同时，在自己评价其他人带来的音乐作品时，有些同学也会过于抒发自己的情绪，而忽略他人和团队活动的气氛。当这种情境出现时，团队的成员思然就会提示我，中止这一现象，可见她感知他人情绪的能力较强。同时，团队成员思宇、纳吉在分享自己喜爱的音乐作品时，触景生情流下了激动而开心的眼泪，她们说："……音乐见证了我成长的轨迹。""……音乐陪伴我的喜、怒、哀、乐。"

第二阶段，分享给大家一首中国古典乐曲《喜相逢》。初听时，许多同学惊呼："是笛子演奏的……"也有同学小声讨论："好欢快哦……感觉春回大地、万物复苏的样子。""不对，感觉像两个人相约见面的情形……"大家都非常认真，沉浸其中。当我呈现乐曲意境时，许多同学感叹音乐的奇妙功用，通过曲调、节奏向人们诉说如歌的爱情故事和圆满相逢的美好结局。正如燕妮同学所述："没想到古典音乐还有这么美妙的意境，这和流行音乐的表现形式似乎完全不同，但又能给我轻松、美好的感觉。"

第三阶段，向成员们介绍羌族妮莎，大部分成员都是"90"后在城镇长大的孩子，他们并不知道什么是妮莎，只有少数几个同学表示听说过；而当介绍它属于"羌族多声部歌曲中有歌词部分"时，兰朵同学率先说："就是原生态民歌呀，都上过央视的。"这下激起了团队成员的共鸣，大家七嘴八舌地开始了讨论……稍作停顿后，继续介绍由毛明军老师主编的《羌族妮莎诗经》的概要：妮莎在实际演唱中有大量衬词，每部开头起兴述说今天是好日子，每部分唱完后，有副歌，即这部分歌唱得很好，远未尽兴，还要用力尽兴向上抛起地唱。妮莎歌诗从宇宙、人类、万物父母到开天辟地以来的说唱，涉及宇宙、人类万物起源，人类历史、神话、宗教、占卜、天象、历法、生产、经济、贸易、狩猎、游牧，等等。涉及村落形成、婚俗、文化、习俗、服饰、伦理、语言、审美、价值、哲学等丰富内容。多声部妮莎是羌族文化表达的整体方式，它以一种直接而具体的方式进行。

紧接着带领大家一起诵读了松潘埃溪雷簇传承的"天人形成"：这部歌词描述关于宇宙天地构成、上古时期天翻地覆的巨变、相应时期人的形成等内容。从羌族远古口述语言作品的角度，提供地球在远古存在时的变迁、地壳运动状态的口述诗句，如"这次要唱远古时，主唱客随定和好。远古的那代时代，地往上翻又往下翻转，天往下又往上翻转……地壳下面装了木头底，人居住在地壳上面。木头着火向上烧，地烧着向上翻滚……"成员们都非常认真而虔诚地诵读，这种虔诚，不仅是作为羌族儿女的责任，更是对妮莎的尊敬，对古老羌文化的敬仰。唯一遗憾的是

"原版"的妮莎是用羌语进行说唱，而团队成员中大部分人只会日常问候语，并不会系统的羌语，因而诵读起来少了些许"原生态的韵味"，但大家尽力从唱词中去体会先祖用智慧创造的文化瑰宝。

2. 主题活动二：我知我心

通过暖身活动"大树与松鼠"让 15 名成员的情绪兴奋起来，将注意力集中在团队活动上，也借此拉近成员间的心理距离。本次活动的主旨是感知自我情绪。情绪地图是教大家认识生活中 70 种常见的情绪，在每人一份的 70 张情绪卡片中，把自己常见、影响深刻的挑选出来，按照距离的远近、对自己的影响程度在自己面前随意摆放。观察员看到每个成员都很认真、投入，面对 70 张情绪卡片，他们沉浸其中，经历着一次情绪之旅。在摆放完毕后，让团队成员互相参观、提问，在感受、了解自己的情绪世界后，尝试去了解、感知周围成员的情绪世界。情绪地图的摆放，比较真实地再现了成员的情绪状态：海霞和扎西都不约而同地将"爱、快乐、幸福"列为自己最重要的情绪；志秀等 6 位同学的重要情绪中都包括了"茫然、彷徨、烦恼、浮躁、困惑"等负性情绪；兰朵等 3 位同学的情绪中都表达了"痛苦、愤怒、紧张、焦虑"等压力性情绪状态；而纳吉和佳玲等 5 位同学的情绪则认为"自由和快乐"是自己最重要的情绪。其他同学的情绪地图表达各异，针对志秀同学的"地图"中缺少"爱"，问她："你的情绪中为什么没有'爱'或'恨'这类基本情绪呢？"这个问题让她再次陷入沉思。在后面的主题活动中，还会安排一次成员们情绪地图的摆放活动，回顾团体活动给自己情绪认知和感受带来的变化。

音乐欣赏与讨论环节，由团体领导者带领成员们欣赏了二胡乐曲《月夜》，在宁静的夜晚，浩瀚的星空下，二胡的旋律引领大家感受宁静背后的力量与激情。而这首古典乐曲也引发了成员们的讨论，关于青春、激情和坚定的信念。大家将古曲的意境和自己喜爱的乐曲联系起来，如阿卡丽说："正如我喜欢的《丹顶鹤》也体现了现代女大学生无私的爱与勇气。"小牟说："每当重要时刻播放《义勇军进行曲》时，我由心底滋生起民族的自豪感、荣誉感，给我一种愿为理想而奋不顾身的力量。"扎西说："聆听《月夜》让我想起《故乡》，同意婉转的曲调，而许巍苍凉的歌声让家乡的画卷展现在我眼前。"咪咪说："《月夜》给我的感觉很像《青花瓷》，淡淡的忧伤，有历史感和亲和感，令人感到宁静而温馨。"同时，成员们在讨论乐曲的同时，还讲述了歌曲背后的故事，大家流露出对美好时光的眷恋，共鸣与讨论的气氛也达到了高潮。

　　本次活动中诵读的妮莎是雷簇传承中"望下看上"：这部唱词是对高海拔的植物生长、开花节令规律观察的总结及诗意回答。同时演唱对于人间村寨构成、人类职业、物种的性质等做了诗意的探寻与回答。把官员、铁匠、勇猛美男、麦子、释比，归为一个类别，给予其美好的利他的品格秉性。如说他人有难，官员以一步跨三座山的勇气与努力去办事解难，而自己有难，不会全力去为自己解难，跨不了三个栅栏，等等。妮莎颂扬美好的品格，影响、引导美的品格长远高扬。如歌词中"官员别人有难怎么做？如丝线疙瘩能解开。自有难时怎么做？如铁疙瘩解不开。……人有难释比怎么做？做了释该与和勒该①。他自有难怎么做？自难没法做法术。……"成员们诵读得越来越有韵味，虽然用的是汉语，但正如阿卡丽所讲："我边读边想着那时候的情境，寨子、翡翠花、小狗、村民们非常安宁地生活在一起。"思宇则认为，让她印象深刻的是人们都能舍己为人、乐于助人的美德。

　　3. 主题活动三：我懂他心

　　暖场活动"大小风吹"让成员很快融入团队中，经过一周的学习，大家都尽情地借此机会享受放松与愉悦的情绪。歌曲讨论《渔舟唱晚》（古筝），首先由播放配有图画的古筝曲，营造一种恬静的氛围，大家跟着音乐的节奏自然情感流露。伴随优美的古曲，每位成员写下对这首作品的理解及背后蕴含的丰富情感。大家发言十分踊跃，小张谈到了思乡、小程谈到了小说《边城》给予他的情绪体验、小刘谈到了其中的乐器。当介绍这首作品源自《滕王阁序》中"渔舟唱晚，响穷彭蠡之滨"，大家对这首歌曲的情感把握又深了一个层次，诗句形象地表现了古代的江南水乡在夕阳西下的晚景中，渔舟纷纷归航，江面歌声四起的动人画面。团体音乐绘画，也是建立在感知对方情绪的基础上完成的活动。

　　成员彼此不用语言，在一张画纸上书画出自己对音乐作品《渔舟唱晚》的理解，把15名成员分成四组。在进行过程中，三组从开始就很默契，各自在前面成员所画的基础上，书画出自己的情感理解，最后成了一幅主题鲜明的作品；而四组成员似乎在自我陶醉地作画，而不去理会其他成员的情感，最后形成一幅"各自为阵"的风景画；一组成员从最初的

---

　　①　指一种特别难做的法术。

迷茫，经过短暂讨论后，小组成员间达成共识，共同完成作品。二组成员则与三组相似，从构思到完成都是自己对这首音乐作品的个人理解，但有考虑其他成员的情绪理解。四个小组都派了代表向大家描述画作背后所蕴藏的丰富情感，画作本身并无优劣之分，重要的是让团队成员有机会去感知他人的情绪和情感。

在"故事分享"环节中，每位成员都分享了关于朋友的故事。成员们分享的"朋友"故事中包含：友情、矛盾、误会、奋斗、愉快、委屈、伤心……佳玲和莎莎在回忆分享自己故事时，流下了感动的泪水，但这群大孩子们觉得，青春有烦恼，但更多的是快乐，友谊是青春不可或缺的装备。

4. 主题活动四：我的情绪我做主

通过暖场活动"节奏练习"让成员间快速熟悉，并重拾默契，团员们彼此配合协作，团队力量得以体现。本次音乐想象的意象活动包括大自然中的四个意象——高山、大海、森林、小溪，选用大家熟悉的轻音乐《山林小溪》让成员练习想象音乐情境，体会音乐情绪。正式音乐选用古筝名曲《高山流水》，让成员在自己内心勾勒出栩栩如生的画面和情景，找到属于自我内心的宁静与强大。节选的音乐也都是和意象匹配，能更好地带领成员走进这个意象世界的音乐。这些意象也为接下来的音乐安全岛的构建做了铺垫。

这期间穿插了妮莎诗经中"天地柱子"的吟诵，天地间有四根柱子，受佛教思想影响，分别是指四川峨眉山、浙江普陀山、山西五台山和安徽九华山；而在后来的说唱传承中，九华山变为金河山，五台山变为窦团山。天柱四根的唱述表达羌族早期天圆地方的观念，原型与羌族牛毛毡帐篷的生活有关。这部唱词比较简短，成员们吟诵比较轻松、活泼，如"天地间有几根柱子？天地间有四根柱子。一根柱子叫什么？江油窦团山是一根……"

在古典音乐《早晨》和《平沙落雁》的配合与指导语的引导下，成员们各自建构了只属于自己内心温暖、安全而赋予力量的世界，在事后分享环节，14位成员（1位生病暂时缺席）都成功地建构了属于自己的"安全岛"。小刘等6位同学构建的"安全岛"围绕"家"的形式出现，有熟悉的房间、床、台灯、客厅、沙发等，温暖而安全，给他们带来美好的回忆和生活的勇气与力量。其余同学构建的安全岛则与自然景观相契合，如小孙的安全岛位于大海的中央，一块铺满鲜花的绿地上，蓝天和白云让她感觉非常放松而舒适。小李同学的安全岛则位于雪山上，夜幕降临，远处小镇灯火阑珊，半山腰的小屋内炉火与雪景相互辉映，宁静而温馨。小黄的安全岛在茂密的森林中，森林里有蓝蓝的湖泊、美丽的樱花树、绿色的大草地，宛若人间仙境。接下来的实践环节，成员们两两搭配，学习构建安全岛，这能进一步帮助他们在生活中学会调节自我和他人的情绪。

5. 主题活动五：挫折伴我成长

通过现场讲解、示范，团队成员很快学会从身体上调节人的情绪——腹式呼吸。在悠扬的古曲《姑苏行》中，成员们练习用腹式呼吸。在接下来的渐进性肌肉放松训练（PMR）中，他们首先学习了主动性肌肉放松，在肌肉紧张与松弛中体会突然放松后带来的情绪体验，从头部到脚趾，自上而下，逐块肌肉进行紧张与松弛，成员们都感觉到这种简易的放松方法对调节情绪的适用性。接下来学习被动性音乐肌肉放松法，从音乐想象中体会放松带来的舒适感觉。伴随《高山流水》《彩云追月》等古曲，成员们沉浸在音乐想象放松的情境中。缪拉分享说，以后她想骂人时，就先紧握拳头，再突然放松，这样一来她可能就不那么生气了，这是一种简易的方法。思然说，从音乐情境中获得放松，调节身体的紧张，这个方法不错，以后可以多试试。扎西说，把肌肉放松训练和欣赏音乐结合起来，效果超乎我的预料，放松效果更好。同样，在实践环节中，团队成员通过搭配练习，进一步掌握了渐进性肌肉放松训练的要领，为更好地调节自身情绪、理解和帮助他人调节情绪打下基础。

在"情景表演"环节，15 位成员分成三组，每组自设一个挫折情景，分角色进行表演。如阿卡丽小组以"高考失败"为主题，描述了一个羌族女生没有考上理想大学后的失落、难过，经过朋友的劝慰、家人的安抚，最后自己决心努力奋斗的情景。纳吉小组以"原谅"为主题，描述了朋友之间因为误会而产生了小纠纷，吵架，互不谅解，伤害了彼此的友谊。随着年龄的增长，大家慢慢理解了对方，最终取得了朋友的谅解。小牟小组以"竞选失败"为主题，演绎了大一新生参加学生会岗位竞选失败后，师兄师姐们的鼓励和帮助，让她认识到自己的优点和不足后，以更大的热情和信心投入学习生活之中。

6. 主题活动六：跟着节奏走

"音乐配画说情绪"环节中，我向大家展示了《花好月圆》和《胡笳十八拍》两首古曲，大家很惊讶音乐的神奇力量，同样一个展现中国风光的短片，配上两种不同曲风的音乐，让大家想到的情景故事完全不一样。扎西说，音乐可以影响他的情绪，进而影响他看问题的角度；其他成员也表现出赞同。接下来的"音乐同步"中就解释了这种原理，让大家在古曲库（大家选出的20首古典乐曲）中寻找表达"喜、怒、哀、乐、悲、惧"这些基本情绪的乐曲片段。小刘说，很多时候难以判断一种音乐的情绪性，这与个体对音乐的理解的差异性有关。的确如此，接下来的"我的音乐配话"活动就是为自己寻找"音乐良方"。

有三位同学以《平湖秋月》为背景音乐，进行配乐诗朗诵、散文诵读等。两位同学选取《渔舟唱晚》，两位同学选取《胡笳十八拍》进行音乐共情等，其他同学选取《月夜》《春江花月夜》《夕阳箫鼓》等古曲进行配乐朗诵，大家找到了自己情绪的音乐良方。最后在古曲《姑苏行》中，将所有的情绪回归平静。成员们都觉得这种聆听方式很独特，大家似乎体会到如何利用音乐来调节自己的情绪，找到适合自己的"良方"。

7. 主题活动七：情绪超人

本次活动延续前面的情绪感知、理解和调节的练习。通过欣赏、吟唱古曲《彩云追月》将全体成员的情绪调整到平静、安宁的状态。在古曲《姑苏行》赏析后，进入"再看我的情绪地图环节"。经过前面6周的情绪调适练习，成员们对自己的情绪变化有了更为客观的认知和理解，对情绪的调节能力有了进一步提升。如志秀在第二次的情绪地图中将"压力"排在第一位，但紧接着的是"专注"和"爱"，用她的话讲："虽然有压力，但是能够专注应对，自己能够调整压力，尽量让自己感受爱的力量。"兰朵则感受到前次"情绪地图"中负性情绪成为其主要情绪，而这一次在努力之后感受到幸福、期待，在压力中能感受开心与平静。"自己对情绪的理解又进了一步，能客观地看待情绪的波动，尽力把它调整到最好状态。"燕妮的情绪变化比较明显：从"茫然、烦恼、害怕"的主导情绪状态，到"幸福、爱、亲密"的情绪感受，用她的话讲："其实幸福和爱一直都在，只是自己没有客观地认识到，情绪被错误地聚焦了。"15名成员在不同程度上感受到了情绪的变化和情绪认知的重要性，对于情绪的调适途径也有了新的认识。如思然说："倾诉和聊天都是很好的情绪宣泄途径，而静静地聆听音乐，寻找适当的情绪音乐却是一条奇妙的路径。"小牟则认为："之前对内心的浮躁找不到合适的应对方法，而音乐却在以无声的力量安抚我焦躁的情绪，帮助我释放了部分压力。"

在"模拟情境"环节，命题表演"我该怎么办？"以一名家庭遭遇变故的大学生的生活经历为题材，面对父母离异、家庭经济拮据、学业上的困惑等压力，让各小组续演。各组成员很快进入情境角色，有悲伤、有沮丧，但结局都趋于"在压力下成长"的积极情境。这也反映了团队成员对挫折和压力的认知和态度。

在妮莎诵读环节，选取"日子话语"，描述妮莎唱说语言、歌诗、句子，它们具有最高、最好的价值。它们是"日、星、月"。它带来妮莎歌唱者最好、快乐、欢笑的生活。唱词从天地万物、林间小鸟、兄妹血缘、生活哲理，无一不尽地融入妮莎唱词中，这部分唱词是妮莎本体价值论的核心歌唱与表述。如："弟弟唱：唱说日子话语吧。妹妹唱：弟弟之后妹跟来。弟弟唱：日子不好何时好？妹妹唱：日子不好日子好。……弟弟唱：姐弟中间玩什么？妹妹唱：又玩玩耍又玩笑。……妹妹唱：星夜好时遇见什么？弟弟唱：夜星好时遇姐妹。……"成员们通过诵读，进一步体会羌族文化在日常生活中的点滴表现。

8. 主题活动八：明天会更好

在最后一次团队活动中，我们选取妮莎中"天地父母"的唱词进行诵读，希望激发成员们对民族、父母、亲朋的感恩与爱。"天地父母"对万物做了拟人化分类，说万物有多少类就有多少"噢戈"父母。噢戈原指把一对牛在一架架单下套起；引申为一个物体下两个系在一起的事物。本部分唱词包括：天、地、酒父母等部分。以"天父母"为例："……大地父母有多少架？人类样父母是一对。父的大名是什么？取名撒贝呢夺吉。母的大名是什么？不是夺依是德依。""地父母"则唱说人类父母产生，在大地的儿子们是生长在哪些地方，开创寨落："和石地有几兄弟？和石地方有七兄弟。老大出生在什么地方？觉里落合①出生。老二出生在什么地方？出生么兹呐奎依②。……"成员们深情地诵读，用心体会羌族文化对天地万物、人类的质朴解读，怀着感恩的心面对生活。

① 今阿坝州黑水西北一带。
② 今阿坝州茂县一带。

接下来大家一起回顾了 7 次主题团队活动的精彩部分，一起见证学习与成长；团队轻松、和谐的气氛让成员们不舍得离开。在讨论整个主题活动的收获时，成员们都非常积极地参与：阿卡丽说，第一次正式接触妮莎，作为羌族人既感叹先祖的伟大，同时身为羌族人对羌文化的了解不多又觉得汗颜；缪拉同学说自己对情绪的利用能力提升了，能更加客观地处理自己的各种情绪，并能主动去观察朋友的情绪和情感了；小牟认为音乐渐进性放松技术真的让她受益匪浅，让她更有效地调节自己的情绪状态，特别是面对压力时，有办法让自己快速放松；思然说，整个团队活动很轻松，在团队领导者的带领下，我们更加客观地认知自己的情绪（情绪地图的实用），学会理解他人的情绪（音乐配话），能逐步主动利用音乐来调节自己的情绪状态，让自己在面对紧张、压力和困难时不至于无从做起。最后每个成员都通过填写自我评价单、他人评价单和团队活动评价单，进行整个活动的总结与反思，对其他成员送上温馨的祝福；领导者也代表课题组送给每位成员一份小礼物；团队活动在《步步高》的喜庆氛围中愉快地结束。

二　单元反馈单的分析

本研究将在每次单元辅导结束前 5—10 分钟请每位团队成员填写单元反馈单，旨在了解成员在每次辅导后的收获以及对辅导的意见，帮助领导者全面了解辅导情况，以便接下来的辅导活动能更顺利地进行。具体单元反馈信息分析如下。

1. 具体内容分析

主题一：音乐中相知

"活动自由而有趣，很期待，希望和大家一起分享音乐，一起加油。"

"很高兴和大家在一起，活动时有些丢脸，但还是很开心与大家分享我的感受。"

"从开始的紧张，逐渐轻松，很开心加入这样的团队。"

"今天对妮莎有了新的认识，也为自己身为羌族人而自豪。"

"开心，放松，又有点小紧张；很开心和大家一起分享喜爱的音乐。"

"希望体验到不同的活动，让自己内心越来越强大。"

主题二：我知我心

"音乐能让我心灵放松，静心聆听自己的情绪和感受，很不错的。"

"看到其他伙伴们的'情绪地图'，发现原来好多情绪是大家共有的，自己并不'孤独'。"

"诵读妮莎开始觉得很枯燥，但是渐渐地融入其中，一种敬畏慢慢在心中滋长。"

"通过这个环节，让我对羌文化有了更深的理解。"

"从同伴们的情绪词排列里感受到他们背后的故事。"

"让我对自己的情绪体验更加明显，知道此刻我正处于什么样的情绪状态中。"

主题三：我懂他心

"我感受到小牟对恬静田园生活的向往，在她的画中透着浓浓的思乡之情。"

"我们小组成员彼此交流对歌曲的理解，虽然大家有不同的看法，但是透过图画，更能理解他们背后被赋予的情感。"

"从开始画画的无措感到画中的兴奋到绘画完成后小小的成就感，让我感受到音乐的力量。"

"第一次通过绘画来感受他人的思想、情感，很有意思。"

"大家将朋友间的故事分享给彼此，真情流露，原来'倾听'也能让人很开心。"

"分享我与朋友的故事，让我反思处理友谊的不成熟，在未来我会更加珍惜朋友，珍惜友情。"

主题四：我的情绪我做主

"'天地柱子'的诵读很有意思，像儿歌，简单易懂。"

"音乐想象很舒服，整个人都放松下来了，只是很容易睡着。"

"音乐意象让我仿佛回归大自然，成为自然中的一员，极度松弛，我以后焦虑、苦恼的时候，就能回想这种意境，它已经深深刻在我的脑海中，对我很有用。"

"我终于构建了属于自己的安全岛，雪山上是我的梦，我的生活我做主，感谢我建造的天堂。"

"安全岛建成后，最后的那个手势，让我更加明白自己在做什么，感觉极度自信，极度舒适与安全。"

主题五：挫折伴我成长

"情境表演让我印象深刻，回忆自己曾经经历的困苦和挫折，有辛酸和委屈，但我也从中收获了生活的勇气和力量。"

"每个人都有不愿提及的过往，个中苦乐自知，但生活是一面镜子，你对它笑，它用笑脸回报你；你对它哭，它也只能会用泪水回复你。"

"通过肌肉放松，从头到脚，感觉很平静，浮躁的心情也渐渐平复，头脑很清晰，很放松。"

"从练习调整呼吸开始，感觉到自己气息在身体里缓缓流动，遵循老师的指导语，随着呼—吸排解了许多压抑的情绪。"

"从头到脚，逐渐地放松，从肌肉到毛孔，慢慢松弛开了，某个时刻，我甚至有飘起来的感觉。"

主题六：跟着节奏走

"我开始感受到音乐原来也是有'情绪'的，它可以带给我如此轻松而又新奇的感受。"

"情绪可以调节认知，而认知又可以调控情绪，同一画面，不同背景的音乐，不同的节奏都赋予我不同的情绪体验。"

"音乐可以影响情绪，但我对音乐的选择却能帮助我调整我所需要的情绪状态，其实喜、怒、哀、乐都在一念之间。"

"我发现原来音乐的功用，不再为泛泛而听，有选择地索取，才能让音乐本身的情绪功能得以发挥。"

主题七：做情绪超人

"以前情绪不好的时候，一切都变得灰暗，很茫然；现在我渐渐理解了各种情绪，试着去接纳、调整它，让它不能影响我的生活、学习状态。"

"生活其实很简单，就如唱词中那样，快乐和欢笑应该是生活的主旋律。"

"通过几周的学习，让我了解了音乐的情绪性，以及学习如何去利用它来调适我的不良情绪，这种方法让我意识到音乐的巨大能量。"

"再次排列我的情绪地图，感受自己情绪的变化，回忆自己这期间对情绪变化的反应，我觉得自己控制情绪的能力提高了。"

主题八：明天会更好

"8周的时间转瞬即逝，我觉得收获很多，特别是感知自我情绪的能力。"

"从陌生到熟悉，我感觉自己渐入佳境，给自己的情感自由地放松，细细品味自己和伙伴们情绪的变化，这种感觉很好。"

"很开心能参加这个团队，古典音乐对我来说是陌生而又熟悉的，通过这种方式，让我见识了妮莎和古曲的魅力，坚定我喜爱音乐的信仰。"

"这次的诵读是关于父母的，古人对天地父母的崇敬，而我们很多人都做得不够好。"

"音乐对人的影响真是潜移默化的，让音乐为我所用，是我最大的收获。"

"希望有机会再参加这样的活动，做一个能正确认知自己和他人情绪的人，做一个幸福的进取者。"

2. 单元反馈单小结

通过团队成员们对活动的反馈信息，发现 15 名成员逐渐找到适合自己的情绪处方，逐步理解自己和客观看待他人的情绪，并掌握了一些缓解压力的方法，在感知、理解和运用情绪上取得了不小的进步。大多数成员以前很少接触羌族妮莎，通过对唱词的介绍，大家很快融入其中，通过想象理解古歌诗。对于中国古典音乐，许多是大家耳熟能详的，在第三次团辅后，成员们一致要求将精选的 20 首中国古典乐曲共享出来，说明这群"90"后对中国古典音乐的热爱。在第六次团辅中，成员们在"音乐配话"环节，各自选取自己钟爱的古典音乐进行表演，个个深情款款，融入其中，既有对古乐的理解，更有自己情绪情感的寄托。从单元反馈单中不难看出，成员们大都逐步认识到音乐对情绪的影响和作用，只是没有高度浓缩与概括。如在音乐安全岛反馈中，有完全进入状态的同学，最后的鉴定手势说明他们已经寻找到了只属于自己的那一方净土；渐进性音乐放松技术对成员们来说是最实用的技术，跟着音乐在引导语的提示下肌肉真的逐渐得到舒缓，压抑或紧张的情绪得到了从未有过的舒缓与放松。

三　团队成员自我评价分析

15 名团队成员在第八次团辅结束时，从"感知情绪、调节自我情绪、理解他人情绪和运用情绪释放压力"等方面对自己进行评价（表 10 - 12）。成员们都表示从团队活动中收获颇多，从前期量化调查和自我信息反馈中，成员们对自己情绪的认知和情绪运用相对较好，而对他人情绪的理解和调节较困难，这与个体学习能力、经历和训练有关，调节他人情绪能力属于情绪智力的高级活动，对成员们来说具有一定难度，需要进一步深入学习和练习。

表 10 – 12　　　　　　　　　团队成员自我评价单分析

	感知情绪	评分	调节自我情绪	评分	理解他人情绪	评分	运用情绪释放压力	评分
艳琼	我觉得我对自己情绪的认知更加客观了	4	总体说来还行，但也有不想控制的时候，特别是对自己亲近的人	3.5	能对他人的情绪感同身受，但无法用语言去表达，只能默默陪伴	3	情绪运用还是会和心境有关，个人的控制力起主要作用	3
阿卡丽	我觉得对自己情绪的感知变得越来越灵敏	5	我对自己情绪的调节能力还有待提高，情绪容易大起大落	3	能比较容易地感受他人的情绪变化，能"共情"和倾听	4	能利用音乐或其他因素来调节自己的情绪，能比较有效应对各种压力，但还不够好	3
莎莎	原来比较木讷，现在渐渐能客观感知自己的情绪变化	3.5	能运用一些方法来科学地调试不良情绪	4	自己调节情绪的方法也可以和同伴共享，帮助他人调节情绪	4	能比较客观地分析自己的情绪，借助音乐来舒缓、调试自己的情绪，增强对压力的适应	4
思然	能感受到自己的喜、怒、哀、乐，并能客观分析	4	学会怎样从压抑、难过的情绪中比较迅速地找到出口	4.5	通过察言观色和言语交流，能理解同伴的情绪状态，帮助他们进行调整	4.5	能根据不同的情绪状态，进行合理的调节	4.5
扎西	基本能够感知到自己情绪的变化和状态	3.5	自己调节情绪的能力受环境的影响，时好时坏	3.5	这方面还要努力，能理解但有些害羞，不好意思表达	3	通过这次辅导，能将音乐作为情绪调节的重要手段，增强内心力量和信心，是最大的收获	3.5
小牟	原来自己的情绪是如此丰富，以前都没有细细感受过	4	通过练习能较好地调整自己不良情绪，很快恢复	4	收获很大，从设身处地为他人着想，到客观地帮助他们分析、调整情绪状态，是质的飞跃	4	学会借用媒介来调整自己的情绪状态，控制不良情绪的爆发，感觉收获比较大	4.5

续表

	感知情绪	评分	调节自我情绪	评分	理解他人情绪	评分	运用情绪释放压力	评分
缪拉	我比较好动，但在这里有机会静下来，体会自己情绪的变化	4	通过这次活动，我对自己的负性情绪有了更好的把控	4	我逐步学会了用科学的方法去帮助朋友调整他们的不良情绪	4	我学会了情绪放松的方法，利用音乐来缓解压力，是个不错的选择	4
兰朵	多数时候我都能比较客观地感知自己的情绪	4	能较好地控制自己的不良情绪，学会调整	4	了解朋友此刻的情绪状态，用自己快乐的情绪去感染影响他们	4	我体会到积极情绪的强大力量，也学会利用音乐来调整情绪	4.5
佳玲	我对自己情绪的变化比较敏感	4.5	能较好地控制、调整自己的情绪	4.5	利用音乐放松技术，我和朋友们分享、调整不良情绪	4.5	懂得如何运用音乐来调整自己的情绪状态，做自己情绪的主人，增进自己心理健康	4.5
咪咪	我能较清楚地感知到我们每时每刻情绪的变化	4.5	可以调节负面情绪，让它们不影响我的学习和生活，但需要时间	4	能感受到他人情绪的变化，但不擅长去调节	3	容易被自己的情绪左右，但对不良情绪能很快调整	4.5
思宇	能细致地感受自己情绪的变化过程	4.5	比较容易察觉、分析并调整自己的情绪状态	4.5	能够察觉、理解他人的情绪，但有时不清楚如何帮助他们	4	能够较为恰当地表达或抑制自己的情绪，但感觉内心不强大，不能经历风雨	4.5
纳吉	让我有机会仔细审视自己现在的情绪状态	4	我要更加爱自己，接纳自己的情绪，努力调整到最佳	4	我愿意做朋友们的"倾听者"，用我所学，去分忧解难	4	能主动借助外力来调整自己的情绪，消除不良情绪的影响	4
海霞	现在发现自己胆小的外表下有一颗热情的心	3.5	逐渐学会用语言、非语言来调整自己的情绪状态	4	能发现朋友的情绪状态，但还不知道如何帮助他们	3	能主动调整我的情绪状态，尽量乐观、积极地应对一切	4

续表

	感知情绪	评分	调节自我情绪	评分	理解他人情绪	评分	运用情绪释放压力	评分
志秀	让我有机会看清自己内心丰富的情绪、情感	4	我不会掩藏自己的不快了，我学会了如何调整不良情绪	4	能感受到他们情绪变化，但是还不会调节他们的情绪	3	面对压力和困难，学会用音乐或自我暗示的语言进行自我情绪调节，比较有用	4
燕妮	能准确地感知自己的情绪，并表达给他人	4	音乐同步放松这个方法对我比较有用	4.5	我把安全岛技术分享给室友，希望对他们也有用	3.5	积极情绪会增加办事效率，我学会调整自己的情绪以保持最佳状态	4

四　团队因子评价单

8 次团队活动完成后，实验组 15 名羌族大学生针对整个团体因子，如团体感受、团体凝聚力等作出主观评价（表 10 – 13）。

表 10 – 13　　　　　　　　团队因子评价单

	团队凝聚力	团队气氛	团队和睦度	团队安全性	主试领导力	整体满意度
艳琼	4	5	4	4	5	5
阿卡丽	4	5	5	5	4	4
莎莎	3	3	4	4	4	4
思然	4	4	5	4	5	4
扎西	3	5	5	5	5	4
小牟	4	4	5	5	5	5
缪拉	4	4	4	4	5	4
兰朵	4	5	5	5	5	4
佳玲	3	4	4	5	4	4
咪咪	3	4	5	5	4	4
思宇	3	5	5	5	4	4
纳吉	4	4	4	4	5	5
海霞	4	4	4	4	5	4
志秀	5	4	5	4	4	5

续表

	团队凝聚力	团队气氛	团队和睦度	团队安全性	主试领导力	整体满意度
燕妮	4	5	4	4	5	4
M	3.73	4.33	4.53	4.60	4.60	4.27

注：采用1—5级评分：1代表很不好，3代表一般，5代表很好。

经过为期 8 周的音乐治疗团体辅导，成员们对团体因素感知的整体情况较好，其中对团队安全性和主试领导力的评价最高，其次是团队和睦度、团队气氛、整体满意度，而团队凝聚力相对较弱；这与团队自由的氛围有关，成员们对团队整体满意度在 4.27 非常好；其团队和睦度、团队的安全性建设得比较不错，成员能感知到一种家庭的温暖与温馨。

五　接受式音乐治疗反馈分析

1. 成员对此次接受式音乐治疗学习的整体印象

对此次接受式音乐治疗学习的整体印象：90% 选择了很喜欢，10% 选择喜欢。可见大家对此次接受式音乐治疗学习的评价很高，而吸引成员们的亮点主要集中在以下几方面：第一，主题鲜明，氛围自由、轻松，活动形式新颖多样；第二，结合音乐赏析，学习放松情绪、提升心理韧性的方法；第三，可以很好地"感知情绪""调节情绪"和"运用情绪"，倾听自己，放松自我；第四，能近距离与同学们一起讨论和分享积极情绪和应对压力/挫折的想法等。此外，许多成员认为团队里面氛围温馨，领导者很用心设计每次活动，让大家有家的感觉。

2. 喜欢的主题

对于自己喜欢的主题，大家各抒己见，相对集中的前三位主题分别是：我的情绪我做主、挫折伴我成长和情绪超人，这三个主题分别对应着调节自我情绪、应对挫折、运用情绪提升韧性。

3. 你最喜欢哪个活动

大家的意见相对集中反映在"情境表演""团体音乐画""音乐安全岛""音乐配话""007"和"节奏练习"等活动，成员们乐享活动中学习和成长是一件非常惬意的事情。

4. 最想说的话

成员们言真意切："音乐活动对我的情绪和心理调节起到了作用，此刻我的心情非常棒！"" 音乐能给人带来巨大的情绪共鸣，我似乎找到了知音。"" 是一次很不错的体验，超棒！"" 很高兴认识大家，愿团队中的每一位成员都开心、快乐。"" 非常高兴这个团队带我走过的心路旅程，也希望音乐能帮助每一个需要帮助的人。"" 还想再来一次，体验对情绪的认知和分享对调整心情的方法。"" 我们可以通过很多方式来驱散不愉快的情绪。"" 每个人都在成长，要学会控制自己的情绪，合理地利用情绪，让自己的内心渐入佳境。" 成员们的言语中，不仅表达了自己的体会，也对其他成员送上了良好的祝福。

　　5. 你对整个接受式音乐治疗的建议

　　在接纳、喜爱接受式音乐治疗的同时，成员们也对团队活动提出了自己的看法，主要归纳如下：（1）成员间讨论和交流的时间太短，领导者能否在时间安排上多考虑一些；（2）对羌族妮莎和古典音乐欣赏的内容范围是否可以扩大，音乐欣赏与回忆环节时间还可以更充分些；（3）团队凝聚力还有待加强，感觉太自由而显得松散。

本章小结

　　积极情绪的扩展—建设理论认为，积极情绪的建立对个体心理健康具有正向促进作用，大量研究也证实了这一理论。羌族大学生作为 5·12 重大灾难的经历者通常是创伤后应激障碍的易感人群；已有研究表明，音乐治疗对焦虑、抑郁等情绪问题具有较好的辅助疗效；本研究发现，中国古典音乐和羌族妮莎对大学生心理韧性、情绪智力、情绪调节能力和心理韧性的影响各不同，量化调查和质化分析得出以下结论。

　　（1）选取羌族妮莎和中国古典乐曲，采用接受式音乐治疗能有效地缓解羌族大学生的抑郁、焦虑情绪，取得显著的立即性辅导效应。

　　（2）诵读、赏析羌族妮莎和中国古典乐曲有助于羌族大学生心理韧性水平的提升。

　　（3）接受式音乐治疗在促进羌族大学生正情绪发生频率，有效提升增强型情绪调节（重视、宣泄）方式具有明显的立即性辅导效应。

　　（4）情绪调节方式与情绪智力具有正向一致性，接受式音乐治疗对提升羌族大学生总体情绪智力水平具有显著效用，尤其在理解他人情绪、自我情绪管理和情绪知觉上效果显著。

附录　妮莎唱词节选（选自《羌族妮莎诗经》，
主编 毛明军,2015）

1.《天人形成》节选

题解： 这部古歌唱词保存了羌族关于宇宙天地构成、上古时期天地有过天翻地覆的巨变、相应时期人的形成等内容。

唱词：

这次要唱远古时，

主唱客随定和好。

远古的那代时代，

地往上翻又往下翻转，

天往下又往上翻转，

人是巨人，

一度一度量有九度高。

乳房硕肥，

一卡一卡量有九卡大。

牙齿尖长，

一指一指有九指长。

人有九度高大的那代，

地壳下面装了木头底，

人居住在地壳上面。

木头着火向上烧，

地烧着向上翻滚，

天烧着向下翻转，

人生存不了。

这是最以前的那代，

这代大神是莫朵勒秘西，

这代神消失了。

2.《望下看上》节选

题解： 该部分从望高山底下之地开始，如果不清楚，再往下望。这是对于高海拔的植物生长、开花节令的规律观察总结，诗意回答。同时对于人间寨落构成、人类职业、物种的性质等做了诗意的探寻与回答。

唱词：

……我俩中寨看上去。

十八户羊部落在哪里？

十八户羊部落在上寨。

三十二户羊部落在哪？

三十二户羊部落在中寨。

二十五户羊部落寨在哪里？

二十五户羊部落在下寨。

上寨没出官出什么？

没出官员出衙门。

俊男没出出什么？

俊男没出出大刀。

没降和尚降什么？

和尚没降出经房。

铁匠没出出什么？

铁匠没出出铁墩。

麦类没出出什么？

麦类没出出升斗……

3.《天地柱子》节选

题解：羌族文化中有着对天地结构的认知与表述，羌族认为，天由天柱也就是山柱支撑，共有四根柱子。四根柱子的名字在口述传唱中有多种唱法。本曲受佛教思想影响，四根柱子由峨眉山、普陀山、九华山（变为金河山）和五台山（变为窦团山）。天柱四根的唱述表明羌族早期持有天圆地方观念，原型与羌族早期四柱支撑牛毛毡篷生活有关。

唱词：

天地间有多少根柱子？

天地间有四根柱子。

一根柱子叫什么？

江油窦团山是一根。

二根地柱叫什么？

南坪金河山是二根柱。

三根地柱叫什么？

四川峨眉山是三根柱。

四根柱子叫什么？

浙江普陀山是四根柱。

4. 《日子话语》节选

题解：日子话语，主客或者兄妹、姐弟、兄弟、姐妹从相见开始，就开始相互称赞见面是好日，一直细细叨叨从年月日到天日月星夜都打上好日子的浓浓暖暖的氛围色彩。在这个话题中，最重要的是表达了妮莎歌唱者对于妮莎的价值定论。

唱词：

弟弟唱：唱说日子话语吧。

妹妹唱：弟弟之后妹跟来。

弟弟唱：日子不好何时好？

妹妹唱：日子不好日子好。

弟弟唱：星晚不好何时好？

妹妹唱：星晚不好星夜好。

弟弟唱：一百五十天何时好？

妹妹唱：一百五十天今夜好。

弟弟唱：一百五十夜何时好？

妹妹唱：一百五十夜今夜好。

弟弟唱：年中最好是何年了？

妹妹唱：年中最好是今年……

5. 《天地父母》节选

题解：羌族人认为天地万物都是父母，是从父母开始。由此解说世界人事。本部分对于万物做了拟人化分类。说万物有多少类就有多少"噢戈"父母。噢戈，原意指把一对牛在一架架单下套起，即一个物体下两个系在一起的事物。妮莎唱词认为天地间有十八个噢戈或者更多的架类。天地父母仅为其中一部分。

唱词：

天父母——

这次唱天地父母，

主唱客随定和好。
天地间有几架类？
天地间有十八架。

第一架类哪一架？
人类是一架类。
人类父叫什么名？
人类父为帕勒帝耶老人。
人类母叫什么名？
人类母名玛勒年沁娜莎。

大地父母有多少架？
人类样父母是一对。
父的大名是什么？
取名撒贝呢夺吉。
母的大名是什么？
不是夺依是德依……
地父母——
父在嚁日地处出生。
怎样称呼父亲名？
华塔称为父亲名。
母出生地在哪里？
母在俄日地降生。
怎样称呼母亲名？
慧美是为母亲名……

附　　录

附录1　中小学生心身健康量表

请在下列句子描述中，请你根据自己的近期的实际情况选取①—⑤中的一个最能代表你实际情况的描述。

①完全不符合　②比较不符合　③不确定　④比较符合　⑤完全符合

1. 我仍不自主（难控制）的想到那件可怕的经历或画面。	2. 我大脑中不自主的出现我遇难的家人、亲戚或朋友。	
3. 我总是觉得地震灾难还会降临到我头上。	4. 我害怕别人与我谈论有关地震的事情。	
5. 我觉得这些发生的事情不是真的，到目前为止还很难受。	6. 我宁愿一个人呆在一边也不愿意与别人谈论点什么。	
7. 我不想或刻意避免听到、看到、想到、与这事件有关的事情或字眼。	8. 我现在看到蚂蚁、老鼠、蛇等动物的异常行为就很紧张。	
9. 我很容易把别人的言语或行为与自己联系起来。	10. 我感到心慌慌的，紧张或容易被惊吓（如：听到一些声音就吓一跳）。	
11. 当我看到遇难者尸体时，除了有些恐惧外，没有什么感觉。	12. 我还没想过未来该怎么办。	

......

附录2　症状自评量表（SCL－90）

在下列句子描述中，请你根据自己的最近一段时间 的实际情况选取①—⑤中的一个最能代表你实际情况的描述。

①没有　②很轻　③中度　④偏重　⑤严重

1. 头痛	2. 神经过敏，心中不踏实。
3. 头脑中有不必要的想法或字句盘旋。	4. 头昏或昏倒。
5. 对异性的兴趣减退。	6. 对旁人责备求全。
7. 感到别人能控制您的思想。	8. 责怪别人制造麻烦。
9. 忘记性大。	10. 担心自己的衣饰整齐及仪态的端正。
11. 容易烦恼和激动。	12. 胸痛。

……

附录3　应对方式问卷（修订）

在下列句子描述中，请你根据自己的实际情况选取①—⑤中的一个最能代表你实际情况的描述。

①完全不符合　②有点不符合　③不确定　④有点符合　⑤完全符合

C1. 在遇到地震灾难时，我避开地震灾难以求得心境平和。	C2. 我经常用比如睡觉、吃东西等方法去逃避地震灾难（带来的痛苦）。
C3. 我认为我自己的能力有限，因此遇到不幸或灾难只能忍受。	C4. 我常幻想自己有克服灾难的本领。
C5. 我常想如果我没有那么多的地震灾难该有多好。	C6. 我常爱想些高兴的事情来自我安慰。
C7. 我常不相信那些对自己不利的事情。	C8. 灾难后我经常责备自己不好。
C9. 我常怪自己不像别人那么有出息。	C10. 灾难后我经常抱怨自己没有好的运气。
C11. 在我遇到烦恼的时候，我喜欢找自己熟悉的人倾诉烦恼。	C12. 我遇到地震灾难时常请求别人帮助自己克服地震灾难。

……

附录4　羌族文化认同问卷

以下是此次调查的具体题目，题目分为"完全不符合"、"有点不符合"、"不确定"、"有点符合"、"完全符合"五个等级，请根据你自己的实际情况进行评定，在方框内写上答案。

①完全不符合　②有点不符合　③不确定　④有点符合　⑤完全符合

4－1 羌文化认同分问卷

A4. 我了解羌族的"瓦尔俄足节"（俗称"歌仙节"）	A97. 我觉得自己是一个地道的羌族人	
A9. 我了解羌绣	A101. 我更喜欢用羌族审美方式看待事物	
A10. 我了解羌族的节日	A104. 羌族文化让我引以自豪	
A14. 我了解"羌历年""祭山会""牛王节"的主要活动	A106. 对羌族传统文化正被逐渐淡化的现象，我深感忧虑	
A17. 我认为羌族婚礼聘"红爷""吃酒"等习俗应当保留	A107. 我认为每个羌族人都应该讲好羌语	
A19. 羌族至今仍保留火葬、土葬等习俗	A109. 我为自己身为羌族人而自豪	

……

4－1 中华文化认同分问卷

A13. 学习中华民族的历史对我来说很重要	A15. 我熟悉中华传统"二十四节气"	
A16. 我赞同"四大名著"是中华文学宝库中的瑰宝	A18. 我认为现有的少数民族政策有利于羌族的发展	
A21. 我了解中国的茶文化	A23. 我对汉族的生活习俗也能良好适应	
A26. 我赞同以孔子、孟子为代表的儒家文化精神	A95. 我愿意成为中华文化的传播者	
A96. 在汉区学校生活，我感到很幸福	A102. 我赞同儒家"自强不息"的人生态度	
A105. 我赞同儒家五常"仁、义、礼、智、信"的价值观	A122. 我的生活习惯与其他主流文化社会中的个体没有明显差异	

……

附录5　心理韧性量表（CD－RISC）

　　请根据您近 1 个月内的实际情况，选择您对以下陈述的同意程度；如果有些特殊情境未发生，则回答假如发生了您的感受会是怎样的。请在方框中回答。

①从不　②很少　③有时　④经常　⑤几乎总是

D1. 当发生变化时，我能够适应。	D2. 当面对压力时，我至少拥有一个亲近且安全的人可以帮助我。
D3. 当我的问题无法清楚地获得解决时，有时命运或神能够帮助我。	D4. 不管我的人生路途中发生任何事情，我都能处理。
D5. 过去的成功让我有信心去处理新的挑战和困难。	D6. 当面对问题时，我试着去看事情幽默的一面。
D7. 由于经历过磨练，我变得更坚强了。	D8. 在生病、受伤或困难之后，我很容易就能恢复过来。
D9. 不管好坏，我相信事出必有因。	D10. 不管结果如何，我都会尽最大的努力。
D11. 纵然有障碍，我相信能够实现我的目标。	D12. 纵然看起来没有希望，我仍然不会放弃。

……

附录6　大五人格量表

　　下面列出了一些描述您在日常生活行为和态度的说法请根据你自己的实际情况进行评定，在方框内写上答案。

①完全不同意　②不太同意　③有些同意　④同意　⑤完全同意

C1. 我无忧无虑。	C2. 我喜欢周围人多。
C3. 我不喜欢想入非非。	C4. 我尽量对我所遇到的任何人以礼相待。
C5. 我将自己的物品保持得干干净净且井井有条。	C6. 我常常感到不如别人。
C7. 我很容易大笑。	C8. 我发现哲学争论很无聊。
C9. 我经常同我的家人和同事争吵。	C10. 我比较善于安排将事情按时做完。
C11. 当我压力重重时，有时就会感到身心崩溃。	C12. 我并不认为自己的心情非常愉快。

……

附录7　精神信仰问卷

　　请根据你的实际情况，对以下陈述的同意程度，在方框中回答。

①完全不同意　②比较不同意　③中立　④比较同意　⑤完全同意

E1. 人活着就是为了挣更多的钱	E2. 国家的利益比个人的生命还重要
E3. 在任何情况下都不应选择舍生取义	E4. 个人的最大愿望就是享受荣华富贵
E5. 选择工作的最重要因素是工资待遇	E6. 愿意成为优秀民族的一员
E7. 关心政权交接的变化是重要的事	E8. 金钱是衡量个人价值的最重要的标准
E9. 确实有灵魂附体的事	E10. 有钱什么都能买到
E11. 为过上豪华舒适的生活可以不择手段	E12. 人生确实存在来世

……

附录 8　领悟社会支持量表

G 以下每一个句子后面各有 7 个答案。请您根据自己的实际情况在每句后面选择一个答案。

①极不同意　②很不同意　③稍不同意　④中立　⑤稍同意　⑥很同意　⑦极同意

G1. 在我遇到问题时有些人（领导、亲戚、同事）会出现在我的身旁	G2. 我能够与有些人（领导、亲戚、同事）共享快乐与忧伤
G3. 我的家庭能够切实具体地给我帮助	G4. 在需要时我能够从家庭获得感情上的帮助和支持
G5. 当我有困难时有些人（领导、亲戚、同事）是安慰我的真正源泉	G6. 我的朋友们能真正的帮助我
G7. 在发生困难时我可以依靠我的朋友们	G8. 我能与自己的家庭谈论我的难题
G9. 我的朋友们能与我分享快乐与忧伤	G10. 在我的生活中有某些人（领导、亲戚、同事）关心着我的感情
G11. 我的家庭能心甘情愿协助我做出各种决定	G12. 我能与朋友们讨论自己的难题

……

附录 9　应对方式问卷

以下每个条目有两个答案"是"、"否"。请您根据自己的情况在方框中作答。

①是　②否

F1. 能理智地应付困境	F2. 善于从失败中吸取经验	
F3. 制定一些克服困难的计划并按计划去做	F4. 常希望自己已经解决了面临的困难	
F5. 对自己取得成功的能力充满信心	F6. 认为"人生经历就是磨难"	
F7. 常感叹生活的艰难	F8. 专心于工作或学习以忘却不快	
F9. 常认为"生死有命，富贵在天"	F10. 常常喜欢找人聊天以减轻烦恼	
F11. 请求别人帮助自己克服困难	F12. 常只按自己想的做，且不考虑后果	

……

附录 10　总体幸福感量表

在这一部分里总共有 25 道和生活、感觉有关的题目，每道题后面都有几个选项，请您根据最近 1 个月您的情况，选择最符合自己的一个答案。直接在选项上画"√"。

I1. 你的总体感觉怎样	①好极了　②精神很好　③精神不错　④精神时好时坏　⑤精神不好　⑥精神很不好
I2. 你是否为自己的神经质或"神经病"感到烦恼	①极端烦恼　②相当烦恼　③有些烦恼　④很少烦恼　⑤一点也不烦恼
I3. 你是否一直牢牢地控制着自己的行为、思维、情感或感觉	①绝对的　②大部分是的　③一般来说是的　④控制得不太好　⑤有些混乱　⑥非常混乱
I4. 你是否由于悲哀、失去信心、失望或有许多麻烦而怀疑还有任何事情值得去做	①极端怀疑　②非常怀疑　③相当怀疑　④有些怀疑　⑤略微怀疑　⑥一点也不怀疑
I5. 你是否正在受到或曾经受到任何约束、刺激或压力	①相当多　②不少　③有些　④不多　⑤没有
I6. 你的生活是否幸福、满足或愉快	①非常幸福　②相当幸福　③满足　④略有些不满足　⑤非常不满足
I7. 你是否有理由怀疑自己曾经失去理智、或对行为、谈话、思维或记忆失去控制	①一点也没有　②只有一点点　③有些　④不严重有些　⑤相当严重是的　⑥非常严重
I8. 你是否感到焦虑、担心或不安	①极端严重　②非常严重　③相当严重　④有些　⑤很少　⑥无
I9. 你睡醒之后是否感到头脑清晰、精力充沛	①天天如此　②几乎天天　③相当频繁　④不多　⑤很少　⑥无

I10. 你是否因为疾病、身体的不适、疼痛或对患病的恐惧而烦恼	①所有的时间　②大部分时间　③很多时间 ④有时　⑤偶尔　⑥无
I11. 你每天的生活中是否充满了让你感兴趣的事情	①所有的时间　②大部分时间　③很多时间 ④有时　⑤偶尔　⑥无
I12. 你是否感到沮丧和忧郁	①所有的时间　②大部分时间　③很多时间 ④有时　⑤偶尔　⑥无

……

附录 11：感知到主流文化群体态度问卷（修订）

您认为，作为一位主流文化成员的汉族人，会怎样评价你们民族中的典型成员，请在下列答案中选择。用 7 点列表来评分，数字代表程度的不同。请您在选择前先仔细阅读例题。

例题：淳朴——狡诈　请在你认为正确的数字上画圈 "O"

淳朴　　　　　　　　　　　　狡诈

1——2——3——4——5——6——7

①——表示"汉族人认为我们民族是最淳朴的"　　④——表示"汉族人认为我们民族正好介于淳朴与狡诈之间"　⑦——表示"汉族人认为我们民族是最狡诈的"

J2　淳朴　　　　　　　　　狡诈	J3　可信任的　　　　　　不可信任的
1——2——3——4——5——6——7	1——2——3——4——5——6——7
J5　热情　　　　　　　　　冷漠	J6　善良　　　　　　　　　凶恶
1——2——3——4——5——6——7	1——2——3——4——5——6——7
J7　好　　　　　　　　　　坏	J8　聪明　　　　　　　　　愚蠢
1——2——3——4——5——6——7	1——2——3——4——5——6——7
J9　勤劳　　　　　　　　　懒惰	J10　善于交际的　　　　不善交际的
1——2——3——4——5——6——7	1——2——3——4——5——6——7
J11　灵活的　　　　　　　顽固的	J13　自卑的　　　　　　　自信的
1——2——3——4——5——6——7	1——2——3——4——5——6——7
J14　洒脱　　　　　　　　拘谨	
1——2——3——4——5——6——7	

附录 12   生活满意度量表

下面的一些陈述涉及人们对生活的不同感受。请阅读下列陈述，在方框内回答。

①同意   ②不同意

B1. 当我老了以后发现事情似乎要比原先想象得好。		B2. 与我所认识的多数人相比，我更好地把握了生活中的机遇。	
B3. 现在是我一生中最沉闷的时期。		B4. 我现在和年轻时一样幸福。	
B5. 现在是我一生中最美好的时光。		B6. 我所做的事多半是令人厌烦和单调乏味的。	
B7. 我现在做的事和以前做的事一样有趣。		B8. 回首往事，我相当满足。	
B9. 我已经为一个月甚至一年后该做的事制订了计划。		B10. 回首往事，我有许多想得到的东西均未得到。	
B11. 与其它人相比，我惨遭失败的次数太多了。		B12. 我生活中得到了相当多我所期望的东西。	
B13. 不管人们怎样说，许多普通人是越过越糟，而不是越过越好了。			

附录 13   绘画特征操作定义

c1 房子没有屋顶	c2 画出一片片瓦
c3 屋顶完全空白无任何修饰	c4 屋顶有修饰：网线、线条、点等
c5 烟囱冒烟	c6 厚重屋顶
c7 房屋两层或两层以上的	c8 房屋没有任何窗户，包括天窗
c9 房屋有窗户，且窗户开着	c10 没有画门
c11 画门，门开着	c12 画门，门很小，小于墙面的 1/4
c13 门口有阶梯	c14 门前有路通向外界
c15 门前有路，并对路有进一步描绘的	c16 墙壁空白无任何修饰
c17 墙壁涂黑或用杂乱线条修饰	c18 墙壁线条十分清淡或断续不连贯，歪曲
c19 房屋面积很小 <1/5	c20 房屋变形或歪曲
c21 房屋偏右，房屋整体在纸张中垂线偏右	c22 房屋偏左，房屋整体在纸张中垂线偏左
c23 构成房屋的线条之间 5 处以上断裂、缺失、错位等	c24 没有树根（评定，树干低端为柱状；有地平线封口或围栏封口的不是）

c25 须状根，用长的一堆线条描述	c26 没有地平线的
c27 树根部没有做任何修饰的	c28 大地是透明的，能看到地下的树根
c29 树干空白	c30 树干轻度描绘用点或少量线条加以描绘
c31 弯曲的树干	c32 树干有疤痕
c33 树干是单一的线条	c34 描绘树干的两条主线条轻淡，不连续，不确定
c35 树干很细，宽度小于树冠的 1/8 ，单线条不算	c36 树干顶端闭合
c37 用波浪线组成的树干	c38 树干主线条反复描绘
c39 用杂乱的线条组成的树干	c40 树枝向下发展的，柳树不算
c41 三角形树冠	c42 树上有果实或花朵
c43 树冠区空白	c44 树冠区域做适度描绘
c45 树冠区域过度描绘或涂黑杂乱线条描绘	c46 巨型树冠
c47 树全为干枝，没有线条表示树冠，也没有叶子，花，果实	c48 刺状或尖状树枝，或树枝上有刺，树干呈现尖锐状也算
c49 树画得像小草，小树苗，小花	c50 树很小，占纸张面积 1/9
c51 树下有花草	c52 树单调、贫乏、抽象
c53 尖顶树	c54 树偏右，在整个纸张中垂线偏右
c55 树偏左，在整个纸张中垂线偏左	c56 大头，比肩还宽的头
c57 没有画出头发的	c58 乱线条画出头发的
c59 刺状头发的	c60 头发一根根画出
c61 头部适度的刻画的（一定发型，发饰，帽子等，涂黑和空白不算）	c62 眼睛为空白圆圈，椭圆状，无眼珠或瞳孔
c63 没有画眉毛的	c64 画出一根根睫毛
c65 没有画嘴巴	c66 嘴巴为张开圆圈状
c67 嘴巴为一条线	c68 没有画耳朵
c69 表情是快乐的，笑口，眯眼等	c70 表情是不快乐的，眉毛下吊，口倒挂
c71 表情愤怒	c72 无表情，木讷
c73 （清晰刻画出的）身体部分空白的	c74 没有脖子的
c75 穿着适度描绘的	c76 画出一根根手指是尖的
c77 单线条画的四肢的	c78 手放在身后
c79 双手紧贴身体两侧	c80 手里有抓握东西的
c81 手臂张开伸向左右，呈水平状的	c82 没有画脚的

c83 腿很细 ，双维	c84 人很小，面积小于纸面的 1/5
c85 没有刻画出人的五官或躯体，模糊错乱	c86 画人的线条轻淡，短促，断续，不顺畅
c87 画出一颗颗纽扣	c88 画人的侧面或背面
c89 人是坐着或躺着的	c90 人物变形
c91 线条过粗过黑	

主要参考文献

中文参考文献（按姓氏拼音排序）

安献丽、郑希耕：《惊恐障碍的认知偏向研究》，《心理科学进展》2008年第2期。

白亮：《文化适应对少数民族大学生心理健康的影响》，《民族教育研究》2006年第3期。

白晓丽、姜永志：《和谐社会视域下蒙古族大学生民族认同与文化适应研究》，《民族高等教育研究》2013年第3期。

崔丽霞、殷乐、雷雳：《心理弹性与压力适应的关系：积极情绪中介效应的实验研究》，《心理发展与教育》2011年第3期。

崔新建：《文化认同及其根源》，《北京师范大学学报》（社会科学版）2004年第4期。

陈侃：《绘画心理测验与心理分析》，广东高等教育出版社2008年版。

陈莉、李文虎：《心境对情绪信息加工的影响》，《心理学探新》2006年第4期。

陈少华、郑雪：《人格特质对选择性加工偏向的影响》，《心理科学》2005年第5期。

陈文锋、褚宇明、刘烨、傅小兰、付秋芳：《创伤后应激障碍的认知功能缺陷与执行控制——5·12震后创伤恢复的认知基础》，《心理科学进展》2009年第3期。

陈兴龙：《羌族释比文化研究》，四川民族出版社2007年版。

陈珍妮、何芙蓉、周欢等：《地震灾区初中生心理弹性及其影响因素分析》，《中国学校卫生》2012年第4期。

陈正根、张雨青、刘寅等：《不同民族创伤后应激反应模式比较的质性研究——汶川地震后对羌汉幸存者的访谈分析》，《中国临床心理学杂志》

2011 年第 4 期。

楚彩云、张理义、张元兴:《汶川地震青少年心身健康的特点及其心理承
　　受力的研究》,《精神医学杂志》2011 年第 4 期。

邓宏烈:《羌族的宗教信仰与"释比"考》,《贵州民族研究》2005 年第
　　4 期。

邓宏烈:《羌族宗教信仰与藏文化的关系考察研究》,《青海民族研究》
　　2012 年第 1 期。

邓敏:《哈尼族、彝族大学生民族认同及注意偏向特点研究》,硕士学位
　　论文,西南大学,2010 年。

邓延良:《羌笛悠悠:羌文化的保护与传承》,四川人民出版社 2012
　　年版。

丁娅:《军人积极人格特质及其与心理弹性的关系研究》,硕士学位论文,
　　重庆师范大学,2012 年。

董惠娟、顾建华、邹其嘉:《论重大突发事件的心理影响及本体应对——
　　以印度洋地震海啸为例》,《自然灾害学报》2006 年第 4 期。

董莉、张月治、克拉热·卡米力:《维吾尔族大学生文化认同的发展及影
　　响因素》,《教育与教学研究》2013 年第 4 期。

董镕:《地震灾区初中生心理弹性的团体音乐辅导》,硕士学位论文,华
　　东师范大学,2012 年。

范方、柳武妹、郑裕鸿等:《震后 6 个月都江堰地区青少年心理问题及影
　　响因素》,《中国临床心理学杂志》2010 年第 1 期。

方静:《教师心理弹性对注意偏向和记忆偏向的影响》,硕士学位论文,
　　宁夏大学,2013 年。

方舒:《青少年宗教经验与生活事件、心理韧性的关系研究》,硕士学位
　　论文,福建师范大学,2013 年。

费孝通:《中华文化在新世纪面临的挑战》,《中华文化与二十一世纪(上
　　卷)》,中国社会科学出版社 2000 年版。

冯文锋、罗文波、廖渝、陈红、罗跃嘉:《胖负面身体自我女大学生对胖
　　信息的注意偏好:注意警觉还是注意维持》,《心理学报》2010 年第
　　7 期。

高天:《音乐治疗学基础理论》,世界图书出版社 2011 年版。

高永久:《论民族心理认同对社会稳定的作用》,《中南民族大学学报》

（人文社会科学版）2005 年第 5 期。

葛鲁嘉：《心理文化论要》，辽宁师范大学出版社 1995 年版。

葛艳丽：《影响羌族震后心理复原力的文化因素研究》，硕士学位论文，四川师范大学，2010 年。

郭力平：《再认记忆测验中抑郁个体的心境一致性记忆的研究》，《心理学报》1997 年第 4 期。

侯玉波、朱滢：《文化对中国人思维方式的影响》，《心理学报》2002 年第 1 期。

胡寒春：《青少年核心心理弹性的结构及其特征研究》，博士学位论文，湘雅三医院，2009 年。

胡兴旺、蔡笑岳、吴睿明等：《白马藏族初中学生文化适应和智力水平的关系》，《心理学报》2005 年第 4 期。

胡月琴、甘怡群：《青少年心理韧性量表的编制和效度验证》，《心理学报》2008 年第 8 期。

黄敏儿、郭德俊：《原因调节和反应调节的情绪变化过程》，《心理学报》2002 年第 4 期。

吉沅洪［日］：《树木——人格投射测试》，重庆出版社 2007 年版。

贾银忠：《中国羌族非物质文化遗产概论》，民族出版社 2010 年版。

孔又专、吴丹妮：《云端里的绚丽：羌民族宗教文化研究九十年》，《西北民族大学学报》（哲学社会科学版）2010 年第 4 期。

喇明英：《羌族文化灾后重构研究》，《西南民族大学学报》（社科版）2012 年第 5 期。

蓝李焰、陈昌文：《论民族地区灾后心理危机干预中的跨文化问题》，《内蒙古社会科学》（汉文版）2011 年第 6 期。

李炳全：《文化心理学》，上海教育出版社 2007 年版。

李二霞、沃建中、向燕辉：《5·12 重震区儿童青少年心身健康与应对特点及关系》，《社会心理科学》2010 年第 4 期。

李维灵、郭世和、张利中：《音乐偏好与情绪智力之相关研究——以某大学休闲系一年级学生为例》，《大叶学报》2004 年第 2 期。

李小麟、李涛、吴学华：《结合藏文化的心理干预对玉树地震伤员急性应激反应的效果》，《中国心理卫生杂志》2011 年第 7 期。

李小新：《绘画测验：评估灾后儿童的心理状态和人际关系功能的有效工

具》，《福建医科大学学报》（社会科学版）2009 年第 10 期。

林静：《羌族族群认同的变迁——以四川省北川县大禹庙的重建为个案》，硕士学位论文，北京师范大学，2008 年。

刘俊升、桑标：《内隐——外显态度的关系及其行为预测性》，《华东师范大学学报》（教育科学版）2010 年第 2 期。

刘桂兰、马林山、宋志强：《绘画心理投射测验对玉树灾后学生心理状态评估与治疗作用的探讨》，《青海医药杂志》2012 年第 3 期。

刘启刚：《青少年情绪调节策略与情绪调节能力的关系研究》，《心理研究》2011 年第 6 期。

刘娅、袁萍、贾红等：《汶川震后灾区中学生 PTSD 时间趋势分析》，《中国公共卫生》2011 年第 3 期。

刘志荣、白珍、杨烨：《论羌族传统文化的基本类型与表现形式》，《阿坝师范高等专科学校学报》2010 年第 2 期。

梁漱溟：《中国文化要义》，学林出版社 1996 年版。

梁宝勇：《"非典"流行期民众常见的心理应激反应与心理干预》，《心理与行为研究》2003 年第 3 期。

骆鹏程：《留守儿童心理弹性与人格、社会支持的关系研究》，硕士学位论文，河南大学，2007 年。

马会敏：《大学生情绪智力和心理韧性的相关研究》，硕士学位论文，东北师范大学，2013 年。

马宁：《羌族社会的人生礼仪研究》，硕士学位论文，西北民族大学，2004 年。

马宁、钱永平：《羌族宗教研究综述》，《贵州民族研究》2008 年第 4 期。

马前锋：《音由心生，乐者药也——个性化音乐治疗的探索性研究》，博士论文，华东师范大学，2008 年。

毛明军：《羌族妮莎诗经》，四川师范大学（电子出版社）2015 年版。

毛淑芳：《复原力对自我复原的影响机制》，硕士学位论文，浙江师范大学，2007 年。

孟沛欣、郑日昌：《西方绘画评定的进展》，《中国心理卫生杂志》2004 年第 5 期。

孟昭兰：《情绪心理学》，北京大学出版社 2005 年版。

娜日：《蒙古族成年人的文化适应与生活满意度及其相关性》，硕士学位论文，内蒙古师范大学，2009 年。

聂衍刚、杨安、曾敏霞：《青少年元认知大五人格与学习适应行为的关系》，《心理发展与教育》2011 年第 2 期。

彭丹、李晓松、张强等：《汶川地震灾区居民心理健康状况的影响因素分析》，《现代预防医学》2012 年第 6 期。

秦向荣：《中国 11 至 20 岁青少年的民族认同及其发展》，硕士学位论文，华中师范大学，2005 年。

邱鸿钟、吴东梅：《抑郁症患者明尼苏达多项人格测验与房树人绘画特征的相关性研究》，《中国健康心理学杂志》2010 年第 11 期。

沈靖：《音乐治疗及其相关心理学研究述评》，《心理科学》2003 年第 1 期。

史慧颖：《中国西南民族地区少数民族民族认同心理与行为适应研究》，博士学位论文，西南大学，2007 年。

宋兴川、乐国安：《藏族大学生精神信仰现状研究》，《青海师范大学学报》（哲学社会科学版）2009 年第 2 期。

孙凯民、曹清波：《全球视野下民族地区文化认同建构路径》，《内蒙古财经学院学报》2012 年第 4 期。

陶塑、王芳、许燕等：《5·12 汶川地震后灾区教师主观幸福感的变化趋势及中介效应分析》，《心理科学进展》2009 年第 3 期。

陶云、张莎、唐立、刘艳：《不同心理弹性大学生在有或无应激情景下的注意偏向特点》，《心理与行为研究》2012 年第 3 期。

田浩、葛鲁嘉：《文化心理学的启示意义及其发展趋势》，《心理科学》2005 年第 5 期。

田野：《接受式音乐治疗对大学新生适应性焦虑的干预研究——以天津音乐学院为例》，硕士学位论文，天津音乐学院，2014 年。

童辉杰：《投射技术——对适合中国人文化的心理测评技术的探索》，黑龙江人民出版社 2004 年版。

涂阳军、郭永玉：《创伤后成长：概念、影响因素、与心理健康的关系》，《心理科学进展》2010 年第 1 期。

万明钢、王亚鹏：《藏族大学生的民族认同》，《心理学报》2004 年第 1 期。

万明钢、王亚鹏、李继利：《藏族大学生民族与文化认同调查研究》，《西北师范大学学报》（社会科学版）2002 年第 5 期。

王雷、余晓慧：《民族文化认同的逻辑、机制及其建构》，《贵州民族研究》2014 年 4 期。

王明珂：《民族学与灾后重建——震灾中的羌族：简况与建议》，《西北民族研究》2008 年第 3 期。

王明珂：《羌在汉藏之间——川西羌族的历史人类学研究》，中华书局 2009 年版。

王沛、胡发稳：《民族文化认同：内涵与结构》，《上海师范大学学报》（哲学社会科学版）2011 年第 1 期。

王萍萍、许燕、王其峰：《汶川地震灾区与非灾区儿童动态房树人测验结果比较》，《中国临床心理学杂志》2010 年第 6 期。

王婷、韩布新：《创伤后应激障碍记忆机制研究述评》，《中国农业大学学报》（社会科学版）2010 年第 2 期。

王威：《接受式音乐治疗对大学生情绪智力的影响研究》，硕士学位论文，浙江师范大学，2009 年。

王相兰、陶炯、温盛霖等：《汶川地震灾民的心理健康状况及影响因素》，《中山大学学报》（医学科学版）2008 年第 4 期。

王一卉：《音乐团体治疗对大学生心理健康发展的实证研究》，硕士学位论文，兰州大学，2010 年。

王永、王振宏：《大学生的心理韧性及其与积极情绪、幸福感的关系》，《心理发展与教育》2013 年第 1 期。

王玉龙、姚明、邹淼：《不同心理弹性青少年在挫折情境下的认知特点》，《心理研究》2013 年第 6 期。

王振宏、郭德俊：《情感风格及其神经基础》，《心理科学》2005 年第 3 期。

蔚然：《中国成人的心理弹性结构初探》，硕士学位论文，华东师范大学，2011 年。

吴明证、梁宁建、许静、杨宇然：《内隐社会态度的矛盾现象研究》，《心理科学》2004 年第 2 期。

吴胜涛、李娟、祝卓宏：《地震遇难者家属的个体韧性及与社会支持、心理健康的关系》，《中国心理卫生杂志》2010 年第 4 期。

吴幸如、黄创华等译：《音乐治疗理论与实务》，心理出版社（台北）

2008 年版。

吴垠、陈雪军、郑希付：《汶川地震极重灾区妇女创伤后应激症状、心理健康及其影响因素》，《中国临床心理学杂志》2011 年第 1 期。

席居哲：《基于社会认知的儿童心理弹性研究》，博士学位论文，东北师范大学，2006 年。

席居哲、桑标、左志宏：《心理弹性研究的回顾与展望》，《心理科学》2008 年第 4 期。

席居哲、左志宏、WU Wei.《心理韧性研究诸进路》，《心理科学进展》2012 年第 9 期。

辛玖岭、吴胜涛、吴坎坎等：《四川灾区群众社会支持系统现状及其与主观幸福感的关系》，《心理科学进展》2009 年第 3 期。

徐铭：《羌族白石信仰解析》，《西南民族大学学报》（哲学社科版）1999 年第 3 期。

徐平：《文化的适应和变迁——四川羌村调查》，上海人民出版社 2006 年版。

严虎、陈晋东：《画树测验在一组青少年抑郁症患者中的应用》，《中国临床心理学杂志》2012 年第 2 期。

闫顺利、郭鹏：《中华民族文化认同的哲学反思》，《阴山学刊》2009 年第 1 期。

严文华：《心理画外音》（修订版），锦绣文章出版社 2011 年版。

杨凡、林沐雨、钱铭怡：《地震后青少年社会支持与创伤后成长关系的研究》，《中国临床心理学杂志》2010 年第 5 期。

杨国枢、余安邦：《中国人的心理与行为》，桂冠图书公司 1992 年版。

杨慧芳、郭永玉、钟年：《文化与人格研究中的几个问题》，《心理学探新》2007 年第 1 期。

杨素萍、尚明翠：《广西汉、壮族大学生文化认同调查研究》，《广西师范学院学报》（哲学社会科学版）2011 年第 7 期。

杨小冬、罗跃嘉：《注意受情绪信息影响的实验范式》，《心理科学进展》2004 年第 6 期。

杨寅、钱铭怡、李松蔚：《汶川地震受灾民众创伤后成长及其影响因素》，《中国临床心理学杂志》2012 年第 1 期。

雍琳、万明钢：《影响藏族大学生藏、中华文化认同的因素研究》，《心理与行为研究》2003 年第 3 期。

游永恒、张皓、刘晓：《四川地震灾后中小学教师心理创伤评估报告》，《心理科学进展》2009 年第 3 期。

于辉：《朝鲜族大学生民族认同、文化适应与心理健康的关系研究》，硕士学位论文，延边大学，2008 年。

于肖楠、张建新：《韧性（resilience）——在压力下复原和成长的心理机制》，《心理科学进展》2005 年第 5 期。

臧伟伟等：《自然灾难后身心反应的影响因素：研究与启示》，《心理发展与教育》2009 年第 3 期。

曾维希、张进辅：《少数民族大学生在异域文化下的心理适应》，《西南大学学报》（人文社会科学版）2007 年第 2 期。

张本、张凤阁、王丽萍等：《30 年后唐山地震所致孤儿创伤后应激障碍现患率调查》，《中国心理卫生杂志》2008 年第 6 期。

张海峰：《大学生生活事件、大五人格与心理韧性的关系研究》，硕士学位论文，南京师范大学，2012 年。

张海鸥、姜兆萍：《自尊、应对方式与中职生心理韧性的关系》，《中国特殊教育》2012 年第 9 期。

张海钟、姜永志、赵文进：《中国区域跨文化心理学理论探索与实证研究》，《心理科学进展》2012 年第 8 期。

张金凤、赵品良、史占彪等：《玉树地震后幸存者创伤后应激症状、生活满意度与积极情感/消极情感》，《中国心理卫生杂志》2012 年第 4 期。

张劲梅：《西南少数民族大学生的文化适应研究》，博士学位论文，西南大学，2008 年。

张京玲：《藏、壮少数民族大学生文化认同态度与文化适应的关系研究》，硕士学位论文，西南大学，2008 年。

张敏、卢家楣：《青少年负性情绪信息注意偏向的情绪弹性和性别效应》，《心理与行为研究》2013 年第 1 期。

张旻琰：《论音乐放松技术对学生考试焦虑情绪的缓解作用》，《教育与职业》2005 年第 35 期。

张明廉等：《音乐治疗对焦虑症患者情绪改善的疗效观察》，《中国康复医学杂志》2008 年第 8 期。

张倩、郑涌：《创伤后成长：5·12 地震创伤新视角》，《心理科学进展》

2009 年第 3 期。

张姝玥、王芳、许燕：《受灾情况和复原力对地震灾区中小学生创伤后应激反应的影响》，《心理科学进展》2011 年第 3 期。

张曦：《持颠扶危：羌族文化灾后重建省思》，中央民族大学出版社 2009 年版。

张妍：《地震亲历者创伤后压力反应的神经生理机制》，博士学位论文，西南大学，2012 年。

赵冬梅：《创伤性分离个体注意加工的警戒—回避模式研究》，《心理科学》2009 年第 4 期。

赵曦、赵洋、彭潘丹犁：《图示羌族文化美》，中国戏剧出版社 2013 年版。

赵曦：《神圣与亲和——中国羌族释比文化的调查研究》，民族出版社 2010 年版。

赵曦、赵洋：《神圣与秩序——羌族艺术文化通论》，民族出版社 2013 年版。

赵延东：《社会资本与灾后恢复：一项自然灾害的社会学研究》，《社会学研究》2007 年第 5 期。

郑瑞涛：《羌文化的传承与嬗变——四川羌村追踪调查》，博士学位论文，中央民族大学，2010 年。

郑雪、David Sang：《文化融入与中国留学生》，《应用心理学》2003 年第 9 期。

郑雪、王磊：《中国留学生的文化认同、社会取向与主观幸福感》，《心理发展与教育》2005 年第 1 期。

周丽清、孙山：《大学生文化取向内隐效应的实验研究》，《心理发展与教育》2009 年第 2 期。

祝红娟等：《创伤患者心理弹性的支持系统》，《中华损伤与修复杂志（电子版）》2013 年第 2 期。

外文参考文献

Ahangar, R. G. A study of resilience in relation to personality, cognitive styles and decision making style of management students. Africa Journal of Business Management, Vol. 4, No. 6, 2010, p. 953–961.

Alexander, K. W. , Redlich, A. D. , Goodman, G. S. , & Peterson, M. Interviewing children. In M. Durfee & M. Peterson (Eds.), Guidelines for the identification, reporting, and management of child abuse and neglect for hospitals, clinics, and health professionals. Los Angeles, CA: California State Department of Health Services. 2001.

Alison, D. , & Eleanor, R. Music Therapy and Group Work Sound Company. London: Jessica Kingsley Publishers. 1998.

Altenmüller, E. , Schürmann, K. , Lim, V. K. , Parlitz, D. Hits to the left, flops to the right: different emotions during listening to music are reflected in cortical lateralisation patterns. Vol. 40, No. 13, 2002.

Arends, T. J. , Fons, J. R. , & Vijve, V. D. "Acculturation attitudes: A comparison of measurement methods". Journal of Applied Social Psychology, Vol. 37, No. 7, 2007.

Bar-On, R. The Bar-On model of emotional-social intelligence (ESI). Psicothema, No. 18, 2006.

Basoglu, M. , Kilic, C. , Salcioglu, E. , & Livanou, M. Prevalence of posttraumatic stress disorder and comorbid depression in earthquake survivors in Turkey: an epidemiological study. Journal of Traumatic Stress, No. 17, 2004.

Benet-Martínez, V. , & Haritatos, J. Bicultural identity integration (BII): Components and psychosocial antecedents. Journal of Personality, No. 73, 2005.

Berry, J. W. "Immigration, acculturation, and adaptation". Applied Psychology: An International Review, Vol. 46, No. 1, 1997.

Berry, J. W. "Intercultural relations in plural societies". Canadian Psychology, No. 40, 1999.

Berry, J. W. "Conceptual approaches to acculturation: Advances in theory, measurement, and applied research". Washington, DC: American Psychological Association. 2003.

Berry, J. W. "Acculturation: Living successfully in two cultures". International Journal of Intercultural Relations, No. 29, 2005.

Bhui, K. , Stansfeld, S. , Head, J. , Haines, M. , Hillier, S. , Taylor, S. , &

Booy, R. "Cultural identity, acculturation, and mental health among adolescents in east London's multiethnic community". Journal of Epidemiology and Community Health, No. 59, 2005.

Bhushan, B. , Kumar, J. S. Emotional distress and posttraumatic stress in children surviving the 2004 tsunami. Journal of Loss and Trauma, Vol. 12, No. 3, 2007.

Birman, D. "Biculturalism and ethnic identity: An integrated model". The Society for the Psychological Study of Ethnic Minority Issues, Vo. 18, No. 1, 1994.

Block, J. , Kremen, A. M. IQ and ego-resiliency: Conceptual and empirical connections and separateness. J Pers Soc Psychol, Vol. 70, No. 2, 1996.

Bonanno, G. A. "Loss, trauma, and human resilience: Have we underestimated the human capacity to thrive after extremely aversive events?" American Psychologist, Vol. 59, No. 1, 2004.

Bonanno, G. A. , Westphal, M. , Mancini, A. D. Resilience to loss and potential trauma. Annual Review of Clinical Psychology, No. 7, 2011.

Bonanno, G. A. , Galea, S. , Bucciarelli, A. , & Vlahov, D. "What predicts psychological resilience after disaster? The role of demographics, resources, and life stress". Journal of Consulting and Clinical Psychology, Vol. 75, No. 5, 2007.

Brewin, C. R. , Gregory, J. D. , Lipton, M. , & Burgess, N. Intrusive images in psychological disorder: characteristics, neural mechanisms, and treatment implications. Psychological Review, Vol. 117, No. 1, 2010.

Bussell, V. A. , & Naus, M. J. A longitudinal investigation of coping and posttraumatic growth in breast cancer survivors. Journal Psychosocial Oncology, Vol. 28, No. 1, 2010.

Camara, W. J. , Nathan, J. S. , & Puente, A. E. Psychological test usage: Implications in professional psychology. Professional Psychology: Research and Practice, Vol. 31, No. 2, 2000.

Campbell-Sills, L. , Cohan, S. L. , & Stein, M. B. "Relationship of resilience to personality, coping and psychiatric symptoms in young adults". Behavior Research and Therapy, No. 4, 2005.

Carretie, L. , Hinojosa, J. A. , Martin-Loeches, M. , Mercado, F. , & Tapia,
M. Automatic attention to emotional stimuli: neural correlates. Human Brain
Mapping, No. 22, 2004.

Cohn, M. A. , Fredrickson, B. L. , Brown, S. L. , Mikels, J. A. , & Conw-
ay, A. M. Happiness unpacked: Positive emotions increase life satisfaction by
building resilience. Emotion, Vol. 9, No. 3, 2009.

Connor, K. M. , Davidson, R. T. "Development of a new resilience scale: the
Connor-Davidson Resilience Scale (CD-RISC)". Depress Anxiety, Vol. 18,
No. 2, 2003.

Cunningham, W. A. , Preacher, K. J. , & Banaji, M. R. "Implicit attitude
measures: Consistency, stability, and convergent validity". Psychological
Science, No. 12, 2001.

Davidson, R. J. Affective neuroscience and psychophysiology: Toward a syn-
thesis. Psychophysiology, Vol. 40, No. 5, 2003.

Diener, E. , Lucas, R. E. , Scollon, C. N. Beyond the hedonic treadm ill Revi-
sions to the adaptation theory of well-being. American Psychologist. Vol. 61,
No. 4, 2006.

Doll, B. , Lyon, M. A. "Risk and resilience: Implications for the delivery of
educational and mental health services in schools". School Psychology Re-
view, Vol. 27, No. 3, 1998.

Doyle, W. J. , Gentile, D. A. , Cohen, S. Emotional style, nasalcytokines,
and illness expression after experimental rhinovirus exposure. Brain Behavior,
and Immunity. Vol. 20, No. 2, 2006.

Edwards, L. M. , & Lopez, S. J. "Perceived family support, acculturation,
and life satisfaction in Mexican American youth: A mixed-methods explora-
tion". Journal of Counseling Psychology, Vol. 53, No. 3, 2006.

Eggerman, M. , & Panter-Brick, C. "Suffering, hope, and entrapment: Resili-
ence and cultural values in Afghanistan". Social Science & Medicine,
Vol. 71, No. 1, 2010.

Ericsson, K. , Winblad, B. , & Nilsson, L. Human-figure drawing and memory
functioning across the adult life span. Archives of Gerontology and Geriatrics,
No. 32, 2001.

Fazel, M. , Reed, R. V. , Panter-Brick, C. , & Stein, "A. Mental health of refugee and internally displaced children resettled in high-income countries: Risk and protective factors". The Lancet, Vol. 379, No. 9812, 2011.

Feliciano, C. "The benefits of biculturalism: Exposure to immigrant culture and dropping out of school among Asian and Hispanic youths". Social Science Quarterly, Vol. 82, No. 4, 2001.

Folkman, S, Moskowitz, J. T. Positive affect and the other side of coping. American Psychologist. Vol. 55, No. 6, 2000.

Fox, E. , Russo, R. , & Dutton, K. Attentional bias for threat: Evidence for delayed disengagement from emotional faces. Cognition and Emotion, No. 16, 2002.

Fox, E. , Ridgewell, A. , & Ashwin, C. Looking on the bright side: Biased attention and the human serotonin transporter gene. Proceedings of the Royal Society B-Biological Sciences, No. 276, 2009.

Frederickson, B. L. , Cohn, M. A. , Coffey, K. A. , Pek, J. , & Finkel, S. M. Open hearts build lives: Positive emotions, induced through loving-kindness meditation, build consequential personal resources. Journal of Personality and Social Psychology, Vol. 95, No. 5, 2008.

Friborg, O. , Hjemdal, O. , Rosenvinge, J. H. , & Martinussen, M. A new rating scale for adult resilience: what are the central protective resources behind healthy adjustment? International Journal of Methods in Psychiatric Research, Vol. 12, No. 2, 2003.

Frydenberg, E. Coping competencies: What to teach and when. Theory into Practice. Vol. 43, No. 1, 2004.

Garmezy, N. , Masten, A. , S. , & Tellegen, A. "The study of stress and competence in children: A building block for developmental psychology". Child Development, No. 55, 1984.

Greenwald, A. G. , & Farnham, S. D. "Using the implicit association test to measure self-esteem and self-concept". Journal of Personality and Social Psychology, No. 79, 2000, .

Greenwald, A. G, Nosek, B. A, & Banaji, M. R. "Understanding and Using the Implicit Association Test: I". An Improved Scoring Algorithm Journal of

Personality and Social Psychology, No. 85, 2003.

Gross, J. J. The emerging field of emotion regulation: An integrative review. Review of General Psychology, No. 2, 1998.

Gross, J. J., John, O. P. Individual differences in two emotion regulation processes: implications for affect, relationships, and well-being. Journal of Personality and Social Psychology, Vol. 85, No. 2, 2003.

Hammer, E. F. The Clinical Application of Projective Drawings. Charles Thomas Publisher. 1970.

Hizli, F. G., Taskintuna, N., Isikli, S., Kilic, C., & Zileli, L. Predictors of posttraumatic stress in children and adolescents. Children and Youth Services Review, No. 31, 2009.

Holahan, C. J., Moos, R. H., & Bonin, L. Social support, coping, and psychological adjustment: A resources model. In: Pierce, H. R., Lakey, B. Sarason, I. G., & Sarason, B. R. (Eds.), Sourcebook of social support and personality. New York: Plenum Press. 1997.

Hunter, A. J. "A cross-cultural comparison of resilience in adolescents". Journal of Pediatric Nursing, Vol. 16, No. 3, 2001.

Jackson, D. C., Malmstadt, J. R., Larson, C. L., Davidson, R. J. Suppression and enhancement of emotional responses to unpleasant pictures. Psychophysiology. No. 37, 2000.

Kaniasty, K., & Norris, F. H. Longitudinal linkages between perceived social support and posttraumatic stress symptoms: Sequential roles of social causation and social selection. Journal of Traumatic Stress, Vol. 21, No. 3, 2008.

Kathleen, T., & Janyce, D. Resilience: A historical review of the construct. Holistic Nursing Practice, No. 18, 2004.

Kim, D. Y. "Voluntary controllability of the Implicit Association Test (IAT)". Social Psychology Quarterly, No. 66, 2003.

Kimble, M., Kaloupek, D., Kaufman, M., & Deldin, P. Stimulus novelty differentially affects attentional allocation in PTSD. Biological Psychiatry, No. 47, 2000.

Koster, E. H., De Raedt, R., Goeleven, E., Franck, E., & Crombez, G. Mood-congruent attentional bias in dysphoria: maintained attention to and impaired disengagement from negative information. Emotion, Vol. 5, No. 4, 2005.

Krumhansl, C. L. Rhythm and Pitch in music cognition. Psychological Bulletin, No. 126, 2000.

Kumpfer, L. K. "Factors and processes contributing to resilience: The resilience framework". In M. D. Glantz & J. L. Johnson (Eds), Resilience and development: Positive life adaptations. New York: Academic/Plenum. 1999.

kurman, J., Eshel, Y., & Sbeit, K. "Acculturation attitudes, perceived attitudes of majority, and adjustment of Israel-Arabs and Jewish-Ethiopian student to an Israel university". Journal Social Psychological, Vol. 145, No. 5, 2005.

Livanou, M., Kasvikis, Y., Basoglu, M., Mytskidou, P., Sotiropoulou, V., Spanea, E., Mitsopoulou, T., & Voutsa, N. Earthquake-related psychological Distress and associated factors 4 years after the Parnitha earthquake in Greece. European Psychiatry, No. 20, 2005.

Luthans, Fred. "Experimental Analysis of a Web-Based Intervention to Develop Positive Psychological Capital (with James Avey and Jaime Patera)", Academy of Management Learning and Education, Vol. 7, No. 2, 2008.

Luthar, S. S. " Resilience in Development: A synthesis of research across five decades. In Cicchetti D, Cohen D. J. (Eds.). Developmental Psychopathology: Risk, disorder, and adaptation". New York: Wiley. 2006.

Lyubomirsky, S. L., King, L., & Diener, E. The benefits of frequent positive affect: Does happiness lead to success? Psychological Bulletin, Vol. 131, No. 6, 2005.

Masten, A., S. "Ordinary Magic: Resilience process in development". American Psychologist, Vol. 56, No. 3, 2001.

Mayer, J. D., Salovey, P., Caruso, D. R. Emotioal Intelligence: Theory, Findings and Implications. Psychological Inquiry. Vol. 15, No13, 2004.

Mogg, K., & Bradley, B. P. Selective orienting of attention to masked threat faces in social anxiety. Behavior Research and Therapy, No. 40, 2002.

Mok, A., & Morris, M. W. Cultural chameleons and iconoclasts: Assimilation and reactance to cultural cues in biculturals' expressed personalities as a function of identity conflict. Journal of Experimental Social Psychology, No. 45, 2009.

Oishi, S. Personality in culture: a neo-Allportian view. Journal of Research in Personality, Vol. 38, No. 1, 2004.

Oster, G., & Gould, P. Using drawings in assessment and therapy. New York: Brunner/Mazel. 1987.

Pan, J. Y. "A resilience-based and meaning-oriented model of acculturation: a sample of mainland Chinese postgraduate students in Hong Kong". International Journal of Intercultural Relations, No. 35, 2011.

Peed, S. L. The lived experience of resilience for victims of traumatic vehicular accidents: A phenomenological study. Minneapolis: Capella University. 2010.

Paunovi, N., Lundh, LG., Ost, LG. Attentional and memory bias for emotional information in crime victims with acute posttraumatic stress disorder (PTSD). Journal of Anxiety Disorders, Vol. 16, No. 6, 2002.

Phinney, J. S. "Stages of ethnic identity in minority group adolescents". Journal of Early Adolescence, No. 9, 1989, .

Phinney, J. S. "The multi-group ethnic identity measure: A new scale for use with diverse groups". Journal of Adolescent Research, Vol. 7, No. 2, 1992.

Phinney, J. S., & Haas, K. "The process of coping among ethnic minority first-generation college freshmen: A narrative approach". Journal of Social Psychology, Vol. 143, No. 6, 2003.

Posner, M. I., Petersen, S. E. The attention system of the human brain. Annual Review of Neuroscience, Vol. 13, No. 1, 1990.

Richardson, G. E. "The metatheory of resilience and resiliency". Journal of Clinical Psychology, No. 58, 2002.

Rutter, M. "Psychological resilience and protective mechanisms". In: J. Rolf, A. S. Masten, D. Cicchetti, et al. (Eds.), Risk and protective factors in the development of psychopathology. New York: Cambridge University Press. 1990.

Rutter, M. "Resilience: Some conceptual considerations". Journal of Adolescent Health, No. 14, 1993.

Rütten, B. P. , Hammels, C. , Geschwind, N. , Menne-Lothmann, C. , Pishva, E. , Schruers, K. , van den Hove, D. , et al. "Resilience in mental health: Linking psychological and neurobiological perspectives". Acta Psychiatrica Scandinavica, Vol. 128, No. 1, 2013.

Ryan R. M & Deci E. L. "On happiness and human potentials: A review of research on hedonic and eudaimonic well-being". Annual Review of Psychology, No. 52, 2001.

Seligman, M. E. P. Authentic happiness: Using the new positive psychology to realize our potential for lasting fulfillment. New York Free Press. 2002.

Shahid, M. A case study of acute stress reaction: Intra-familial conflicts. Pakistan Journal of Social and Clinical Psychology, Vol. 7, No. 1, 2009.

Shen, B. J. "A structural model of acculturation and mental health status among Chinese Americans". American Journal of Community Psychology, Vol. 29, No. 3, 2001.

Sirikantraporn, S. "Biculturalism as a protective factor: An exploratory study on resilience and the bicultural level of acculturation among Southeast Asian American youth who have witnessed domestic violence". Asian American Journal of Psychology, Vol. 4, No. 2, 2013.

Strauss, G. P. , & Allen, D. N. Positive and negative emotions uniquely capture attention. Applied Neuropsychology, No. 16, 2009.

Strumpfer, D. J. W. "Psychometric properties of an instrument to measure resilience in adults". South African Journal of Psychology, No. 31, 2001.

Tafarodi, R. W. , Marshall, T. C. , & Milne, A. B. Self-esteem and memory. Journal of Personality and Social Psychology, Vol. 84, No. 1, 2003.

Tedeschi, R. G. , Calhoun, L. G. "The posttraumatic growth inventory: Measuring the positive legacy of trauma". Journal of Traumatic Stress, No. 9, 1996.

Tekcan, A. L. , Cağlar-Taş, A. , Topçuoğlu, V. , & Yücel, B. Memory bias anorexia nervosa: Evidence from directed forgetting. Journal of Behavior Therapy and Experimental Psychiatry, Vol. 39, No. 3, 2008.

Tian, Y. , Klein, R. M. , Satel, J. , Xu, P. , & Yao, D. Electrophysiological Explorations of the cause and effect of inhibition of return in a cue – target paradigm. Brain Topograpy, Vol. 24, No. 2, 2011.

Troy, A. S., & Mauss, I. B. Resilience in the face of stress: Emotion regula-
tion ability as a protective factor. In S. Southwick, D. Charney, M. Fried-
man, & B. Litz (Eds.), Resilience to stress Cambridge University
Press. 2011.

Tugade, M. M., & Fredrickson, B. L. "Resilient individuals use positive emo-
tions to bounce back from negative emotional experience". Journal of Person-
ality and Social Psychology, Vol. 86, No. 2, 2004.

Tusaie, K., Dyer, J. "Resilience: A historical review of the construct". Ho-
listic Nursing Practice, Vol18, No. 1, 2004.

Tychey, C., Lighezzolo - Alnot, J., Claudon, P., Garnier, S., & Demogeot,
N. "Resilience, mentalization, and the development tutor: A psychoanalytic
and projective approach". American Psychological Association, Vol. 33,
No. 1, 2012.

Utsey, S., Hook, J., Fisher, N., & Belvet, B. Cultural orientation, ego re-
silience, and optimism as predictors of subjective wellbeing in African Ameri-
cans. The Journal of Positive Psychology, Vol. 3, No. 3, 2008.

Wagnild, G. M., Young, H. M. "Development and psychometric evaluation of
the Resilience Scale ". Journal of Nursing Measurement, Vol. 1,
No. 2, 1993.

Wang, L., Shi, Z., Zhang, Y., & Zhang, Z. "Psychometric properties of the
10 - item Connor - Davidson resilience scale in Chinese earthquake victims".
Psychiatry and Clinical Neurosciences, Vol. 64, No. 5, 2010.

Ward, C., Searle, W. "The impact of value discrepancies and cultural identity
on psychological and sociocultural adjustment of sojourners". International
Journal of Intercultural Relations, No. 15, 1991.

Waugh, C., E., Thompson, R., J., & Gotlib, I., H. "Flexible emotional
responsiveness in trait resilience". Emotion, Vol. 11, No. 5, 2011.

Weaver, D. "The relationship between cultural/ethnic identity and individual
protective factors of academic resilience". Retrieved from http: //counseling
out fitters. com/vistas/ vistas10/ Article_ 67. pdf. 2010.

Werner, E. E., & Smith, R. S. "Vulnerable but invincible: A longitudinal study of resilient children and youth". New York: McGraw Hill. 1982.

Werner, E. E. Resilience development. American Psychological Society, Vol. 4, No. 3, 1995.

Wilson, T. D., Lindsey, S., & Schooler, T. Y. "A model of dual attitudes". Psychological Review, No. 107, 2000.

Yali, A. M., Lobel, M. Coping and distress in pregnancy: an investigation of medically high risk women. Journal of Psychosomatic Obstetrics & Gynecology, Vol. 20, No. 1, 1999.

Yu, X. N., Lau, J. T., Mak, W. W., Zhang, J., Lui, W. W., & Zhang, J. "Factor structure and psychometric properties of the Connor – Davidson Resilience Scale among Chinese adolescents". Comprehensive Psychiatry, Vol. 52, No. 2, 2011.

Yule, W. Alleviating the effects of war and displacement on children. Traumatology, No. 3, 2002.

Zautra, A. J., Arewasikporn, A., & Davis, M. C. Resilience: Promoting well – being through recovery, sustainability, and growth. Research in Human Development. Vol. 7, No. 3, 2010.

Zheng, X., Sang, D., & Wang, L. "Acculturation and subjective well – being of Chinese students in Australia". Journal of Happiness Studies, Vol. 5, No. 1, 2004.

Zoellner, T., Rabe, S., & Karl, A. Posttraumatic growth in accident survivors: Openness and optimism as predictors of its constructive or illusory sides. Journal of Clinical Psychology, Vol. 64, No. 3, 2008.

后　记

　　作为 5·12 汶川特大地震的亲历者，我深切的体验了灾难发生后人们从最初的惊慌失措、焦虑、恐惧到逐渐化悲痛为力量后的创伤成长。事实上，灾难一直伴随人类的进步，危机带给人们的不仅仅是创伤，更有与创伤努力抗争之后的成长。在汶川地震的极重灾区，蔚然矗立着一个古老的民族—羌族。地震虽然摧毁了羌族人的家园、珍贵的文化遗迹毁于一旦，重要的非遗传承人不幸殒命，但摧毁不了尔玛人顽强的意志和乐观、豁达的精神。促进羌族人灾后心理复原的动力是什么？这成为我博士论文研究的主题，也成为我震后数次前往羌区的动力。博士毕业后，一直希望将羌族震后心理复原的影响机制研究付诸于书稿，让更多的人了解羌族、了解灾后羌族人创伤心理成长的实态。如今，这本专著终将付梓，欣喜之余，思如泉涌，真心感谢一路走来帮助过我的人们！

　　万千感激之情首先敬予我的恩师郑涌教授！学术上，郑老师一以贯之的自由教育思想、主张科研工作与研究志趣结合，融入社会生活，这也促成了我对受灾群体心理的现实关注。生活中，郑老师仁爱谦和、温良谦让、亦师亦友，言语中尽是对学生的鼓励和关爱。每当与老师进行学术上的研讨与交流，常有茅塞顿开、意犹未尽之意。做一个快乐的进取者是老师给予我价值观上最深刻的印记。

　　感谢张进辅教授、陈红教授在开题报告会上的指导，两位老师中肯的建议使我受益匪浅，似一盏明灯，照亮我前进的征程！感谢黄希庭教授、张庆林教授、刘一军教授等心理学部的各位老师，老师们渊博的学识和严谨的治学风格使我受益良多！

　　感谢西民中心张诗亚教授、蒋立松副教授、张培江老师等诸位老师在思想上的关心和学业上的指导，作为中心和学部联合培养的学生，多年来倍受关怀，每思及此，心中的便有一股暖流涌动！

感谢加拿大女王大学的 John Berry 教授！非常有幸能得到 Berry 教授在跨文化心理研究方面的悉心指导。感谢羌文化研究的著名学者赵曦先生，给予羌文化研究的启发。学者们的指点，如醍醐灌顶，不仅拓宽了我对羌族文化心理研究的视野，更激励我在民族心理学研究的道路上奋力前行。

感谢同门吴俊、丽璐、丽军、娟娟、王瑞、艺丹、永霞、惠琴、晶晶、青青；感谢陈维师弟，你们在我的学习和研究过程中给予了许多帮助并提出了宝贵的建议！感谢同学曾莉、马颖、丽娟、明东、杨俊、传景、其鸾、晓伟、喻涛、忠坤、多杰、尔伙；感谢我几任室友们，共同的学习与生活，浇筑了令人难忘的友情！

特别感谢我的好友张妍夫妇一直以来对我学业生活的关心和帮助，你们永远是我的良师益友！感谢好友清波及家人在调查过程中的无私付出！感谢我单位的领导和同事们，在我读博期间给予的极大的理解与支持！

感谢我可爱的学生们，在研究过程中的积极参与！感谢平武中学、南坝中学的老师们的支持！感谢茂县、理县等地淳朴的羌族村民的积极参与！

感谢我亲爱的家人给予极大的支持与鼓励！你们的爱是我不断前行的动力！我将以此为起点，继续前行，做一个快乐的进取者，回报于社会，造福于人群！

韩黎

2016 年 6 月